# Illustrator CS4中文版
# 从入门到精通

郭圣路 杨红霞 侯鹏志 等编著

電子工業出版社

**Publishing House of Electronics Industry**

北京 · BEIJING

# 内 容 简 介

这是一本以由浅入深方式介绍Illustrator CS4中文版的实用图书。Illustrator CS4中文版是用于印刷、多媒体制作及联机制图的应用程序。不管是设计人员，还是为印刷出版制作图形的专家或者为多媒体制作图形的设计者，都可以使用Illustrator CS4中文版来制作专业品质的作品。它既可以处理矢量图形，也可以处理位图图形。本书内容既有基础知识的介绍，也有高级专业知识的讲解，内容浅显易懂，实例实用丰富，可操作性强。阅读本书可以使读者从入门水平提高到高级应用的水平，并能掌握使用Illustrator CS4中文版处理各类矢量图形和位图图形的技巧。

本书适合初级和中级读者阅读，也可以作为各类电脑美术设计人员的参考用书。

**图书在版编目（CIP）数据**

Illustrator CS4中文版从入门到精通/郭圣路等编著.—北京：电子工业出版社，2009.7

ISBN 978-7-121-08771-4

Ⅰ. I··· Ⅱ. 郭··· Ⅲ. 图形软件，Illustrator CS4 Ⅳ. TP391.41

中国版本图书馆CIP数据核字（2009）第069259号

责任编辑：易 昆 wuyuan@phei.com.cn

印　　刷：北京天竺颖华印刷厂

装　　订：三河市鑫金马印装有限公司

出版发行：电子工业出版社

　　　　　北京市海淀区万寿路173信箱　邮编：100036

　　　　　北京市海淀区翠微东里甲2号　邮编：100036

开　　本：787×1092 1/16　印张：19.25　字数：490千字

印　　次：2009年7月第1次印刷

定　　价：34.00元

凡所购买电子工业出版社图书有缺损问题，请向购买书店调换。若书店售缺，请与本社发行部联系，联系及邮购电话：（010）88254888。

质量投诉请发邮件至zlts@phei.com.cn，盗版侵权举报请发邮件至dbqq@phei.com.cn。

服务热线：（010）88258888。

# 前　言

Illustrator CS4中文版是全球最著名的矢量图形绘制软件之一。凭借其强大的功能和容易使用的特性，已经博得了全球很多用户的青睐。据报道，全球有很多的图形设计师在使用Illustrator进行艺术创作。比如在传统的插画设计领域和广告设计方面。另外在专业的印刷出版领域Illustrator也被广泛使用。

随着网络的发展和普及，很多制作网页和在线内容的人员也在使用Illustrator进行设计，因为它的功能是其他软件所不能比拟的。与时俱进，Adobe公司非常重视Illustrator在网络中的应用，增加了Illustrator在网页上发布图像的功能。后来还增加了与其他软件的整合功能。这使得Illustrator的功能愈加强大，用户群也在不断地增加。

在Illustrator中文版中，可以很方便地处理矢量图形元素，我们可以很容易地移动、缩放、拼接它们。我们需要的调整或者编辑工具都可以在Illustrator中找到。另外，我们还可以在Illustrator中文版中处理位图图形，并可以实时地转换它们，也就是说在Illustrator中文版中可以把矢量图形转换为位图图形，也可以把位图图形转换为矢量图形。因此使用它可以极大地提高工作效率。

全书分15章。首先介绍Illustrator的基本操作和工具。其次介绍一些基本的应用。接下来介绍的是稍微高级一些的内容。在内容介绍上，我们从初级读者的角度出发，概念介绍非常清楚，选择的实例都比较简单，这样可以使读者很容易地进行操作。有的干脆就是以实例为基础进行介绍的。这样可以更好地帮助读者掌握所学的知识。

本书在内容介绍上由浅入深，结构清晰，都配有相应的实用案例介绍，适合初级和中级读者阅读和使用。而且重点突出，脉络清楚。希望本书为读者指明学习Illustrator的方向。如果达到这样的目的，我们将不胜欣慰。

本书由郭圣路统筹，参加本书编写的人员有侯鹏志、王广兴、王万春、张秀凤、杨凯芳、杨红霞、庞占英、苗玉敏、刘国力、白慧双、宋怀营、芮红、孙静静和尚恒勇等。

## 给读者的一点建议

根据很多人的经验，学习好Illustrator必须要掌握有关它的基本操作，好比盖一座摩天大厦，必须要把楼基打好，才能把楼房盖得高而且结实。如果基础知识掌握不好，那么就很难制作出非常精美的作品。根据这一体会，本书介绍的基础知识比较多，基本工具的介绍比较多，为的是让读者掌握好这些基本功，为以后的制作打下良好的基础。Illustrator涉及的领域比较多，本书的内容介绍比较全面，而且也比较多。希望读者耐心地阅读和学习，多操作，多练习，不要怕出错误，出现错误是很正常的，更不要因为出现一些问题就气馁。俗话讲得好，"只要功夫深，铁杵磨成针"，只要我们认真学习，就一定能够学会Illustrator。

## 学习Illustrator CS4的必要条件

在开始学习和使用Illustrator CS4中文版之前，读者应该掌握计算机的基本操作，比如，怎样开机和关机，怎样使用鼠标和键盘，怎样保存和关闭文件等。

## 特别致谢

非常感谢电子工业出版社和美迪亚公司的领导的人力支持和编辑的辛苦劳动，正是在他们的帮助之下，本书才成功出版。

由于作者水平有限，书中难免有不妥之处，还望广大读者朋友和同行批评指正。

为方便读者阅读，若需要本书配套资料，请登录"华信教育资源网"（http://www.hxedu.com.cn），在"下载"频道的"图书资料"栏目下载。

# 目　录

# 第1章 Illustrator CS4中文版基础

Illustrator CS4中文版是Adobe公司最新推出的针对中国用户的专业矢量绘图软件。它拥有功能强大的矢量绘图工具，而且与Adobe公司的其他软件能够完美地进行整合。使用该软件可以绘制出所需的具有不同色彩、样式和效果的专业级图像。

在本章中主要介绍下列内容：
- Illustrator CS4中文版简介
- Illustrator CS4中文版的新增功能
- Illustrator CS4中文版的安装及卸载
- 矢量图和点阵图的区别
- 图像的色彩模式
- 常用图像存储格式

## 1.1 Illustrator CS4中文版简介

在这一章的内容中，我们将简要介绍一下Illustrator CS4中文版的一些基本知识。包括它的功能和应用领域。

### 1.1.1 Illustrator CS4中文版概述

Illustrator是全球最著名的矢量图形绘制软件之一。凭借其强大的功能和易用的特性，已经博得了全球很多用户的青睐。据报道，全球决大部分的矢量绘图设计师在使用Illustrator进行艺术创作。比如在传统的插画设计领域和多媒体制作领域。随着网络的发展和普及，很多制作网页和在线内容的人员也在使用Illustrator进行设计。另外还增加了与其他软件的整合功能。这使得Illustrator的功能愈加强大，用户群也在不断地增加。

在Illustrator中，所有的图形元素都是矢量的，可以很容易地移动、缩放、拼接它们。我们需要的调整或者编辑工具都可以在Illustrator中找到，使用它可以极大地提高我们的工作效率。在下面的图1-1到图1-8中，展示了Illustrator的部分应用领域。

图1-1　绘图设计

图1-2　网页设计

图1-3　广告设计

图1-4　动漫设计

图1-5　国画设计

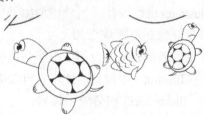

图1-6　插页设计

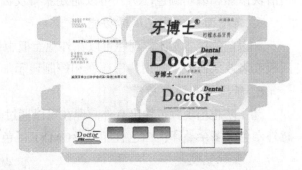

图1-7 海报设计　　　　　　　　图1-8 包装设计

另外，Illustrator在其他领域也有着广泛的应用，比如彩屏设计、商店海报设计、Logo设计和网络游戏设计等，在此不再一一介绍。

### 1.1.2 Illustrator CS4中文版的新增功能

Adobe公司每年都对Illustrator进行改进，基本上每年都有一个升级版本发布。Illustrator CS4中文版就是最新的一个升级版本，而且还有了官方发布的中文版Illustrator。这些改进都极大地方便了设计人员的使用。这一版本相对于前一版本CS3而言有了很大的改进，功能更加强大。从而我们可以方便而且容易地进行设计、绘图、编辑、发布等。下面介绍一下它的新增功能。

**1. 多个画板**

现在我们可以创建包含最多100个、大小各异的画板的文件，并且可以按任意方式显示它们，比如重叠、并排或堆叠等。还可以单独或一起存储、导出和打印画板。将选定范围或所有画板存储为一个多页PDF文件。如图1-9所示。

**2. 新增渐变透明效果**

现在，我们可以定义渐变中的个别色标的透明度，从而可以显示底层的对象或者图像。而且可以使用多图层、挖空和掩盖渐隐创建丰富的颜色和纹理混合。

**3. 新增斑点画笔工具**

现在可以使用画笔进行素描，可以产生清晰的矢量形状，即使描边和重叠也无妨。还可以将斑点画笔工具和橡皮擦及平滑工具结合使用来获得自然的绘图。如图1-10所示。

图1-9 多画板效果　　　　　　　图1-10 新增斑点画笔工具

**4. 新增显示渐变功能**

我们可以在图形对象上交互地设置渐变。而且可以设置渐变的角度、位置和椭圆尺寸。使用滑块添加和编辑颜色，另外可以随处获得反馈信息。效果如图1-11所示。

**5. 新增面板内外观编辑功能**

和以前的版本相比，现在可以在外观面板中直接编辑对象特征，无需打开填充面板、描边面板或者效果面板。使用共享属性和控制显示加快渲染。如图1-12所示。

**6. 新增分色预览功能**

为了防止出现颜色输出意外，现在可以通过分色预览进行检查，比如文本和置入文件中的意外专色、多余叠印、白色叠印以及CMYK黑色等，效果如图1-13所示。

 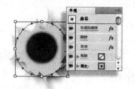 

图1-11　新增加的裁剪区域工具　　　图1-12　新增外观面板　　　图1-13　分色预览效果

**7. 新增剪切蒙版的功能**

现在可以通过在编辑中只查看对象的剪切区域，从而更加轻松地使用蒙版。我们可以充分利用隔离模式，并使用编辑剪切路径进一步加强控制。

**8. 改进了图形样式功能**

现在我们可以结合不同的样式来实现独特的效果，而且还可以提高工作效率。另外，在不影响对象外观的情况下可以应用各种图形样色。还可以使用全新的缩略图预览。

**9. 新增的集成与交付功能**

现在可以借助集成的工具和广泛的格式支持来与工作组进行协作，甚至跨产品工作而不受交付场所的限制。

**10. 界面控件的增强**

在Illustrator CS4的工作界面方面有了一定的改进，包括界面对象控件的增强，从而使我们保持最佳的创作状态。现在我们可以使用全新省时的功能和快捷键与我们的工作顺畅交互，从而极大地提高工作效率。

这些新增加的功能将更加方便我们的设计工作，并能够大幅提高工作效率。另外还有一些改进，在此不再一一介绍。这些新增功能和改进可以使我们这些从事设计工作的人"如虎添翼"。

## 1.2　安装、卸载、启动与退出Illustrator CS4中文版

### 1.2.1　Illustrator CS4中文版的安装

和其他软件一样，如果要使用Illustrator CS4中文版，必须首先把它安装到自己的计算机上。它的安装非常简单，只要打开计算机，把安装盘放进光驱中，或者把安装程序复制到自己

的计算机磁盘上，然后按着下列步骤进行安装即可。

（1）找到Illustrator CS4中文版的安装执行文件，如图1-14所示，图中有阴影部分的图标。

**注意**　在安装Illustrator CS4中文版之前，先检查是否在计算机上安装有以前的版本，如果安装有以前版本的话，最好先把它卸载掉。应在"控制面板"中卸载。

（2）使用鼠标左键双击该图标，则会打开下列安装程序窗口，检查系统的配置文件，如图1-15所示。

图1-14　安装执行图标

图1-15　安装程序窗口

（3）如果当前正打开着其他的Adobe程序，那么将会打开下列对话框，如图1-16所示。用于提示我们要将其关闭。

图1-16　警告信息对话框

（4）如果没有打开其他的Adobe程序，那么打开下列对话框，用于设置程序的安装路径。如图1-17所示。

（5）然后根据打开的窗口提示进行安装即可，直到Illustrator CS4中文版的安装程序安装完成。

（6）安装完成后，通过双击注册机图标 key.exe，打开下列注册机对话框进行注册即可，如图1-18所示。

图1-17　安装程序对话框　　　　　　　　　　　图1-18　打开的注册机对话框

（7）注册完毕后，执行"开始→所有程序→Adobe Illustrator CS4"命令即可启动它。另外还可以在执行"开始→所有程序→Adobe Illustrator CS4"命令时，通过使用鼠标左键拖拽的方式，在桌面上生成一个快速启动图标，如图1-19所示。通过双击桌面上的安装图标也可以打开Illustrator CS4中文版本。

## 1.2.2　Illustrator CS4中文版的卸载

和其他软件一样，如果不再使用Illustrator CS4中文版软件了，那么可以在计算机上把它卸载掉，从而可以节省一定的磁盘空间。下面介绍一下卸载过程。

（1）打开"控制面板"，然后打开"添加或删除程序"对话框，并找到"Adobe Illustrator CS4"项，如图1-20所示。

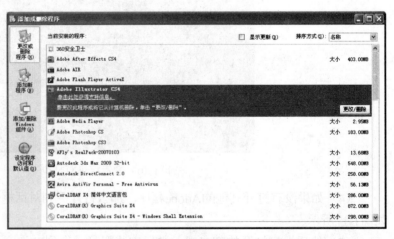

图1-19　Illustrator CS4中文版　　　　　　图1-20　"添加或删除程序"对话框
　　　　　的启动图标

（2）单击右侧的"更改/删除"按钮，将会打开"Adobe Illustrator CS4卸载选项"对话框，如图1-21所示。然后单击"卸载"按钮即可把该程序卸载掉。如果单击"退出"按钮，那么将会关闭"Adobe Illustrator CS4卸载选项"对话框，但是不会卸载Adobe Illustrator CS4。

### 1.2.3　Illustrator CS4中文版的启动

　　Illustrator CS4中文版的启动非常简单，只要在计算机桌面上找到Illustrator CS4中文版的启动图标，然后双击鼠标左键即可。还有一种方法，就是使用计算机窗口左下角的"开始"命令，然后依次使用鼠标左键找到"所有程序→Adobe Illustrator CS4"命令，然后单击即可打开Illustrator CS4中文版的启动界面，如图1-22所示。

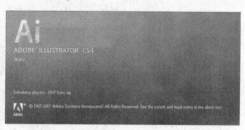

图1-21　提示对话框　　　　　　　　图1-22　Illustrator CS4的启动界面

　　等启动界面关闭后即可打开Illustrator CS4中文版的工作界面了，如图1-23所示。在工作界面中包含一个选择文档面板，在该面板中可以选择自己需要创建的文档类型。

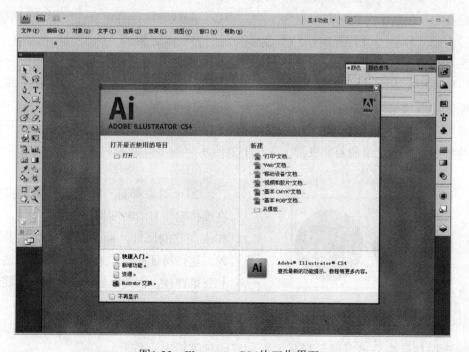

图1-23　Illustrator CS4的工作界面

### 1.2.4　Illustrator CS4中文版的退出

当不需要运行Illustrator CS4中文版或者在制作完成一个项目后，需要退出Illustrator CS4，那么只需保存你制作完成的项目，然后单击Illustrator CS4中文版工具界面右上角的关闭图标（含有×的方框）即可。另外，也可以通过选择"文件→退出"命令退出该程序。

## 1.3　矢量图和位图

根据成图的原理和方式，一般将计算机图形分为矢量图形和位图两种类型，位图也叫点阵图。这两种图形的类型是有区别的，了解它们的区别对于我们的工作非常重要。使用数学方法绘制出的图形称为矢量图形，而基于屏幕上的像素点来绘制的图形称为位图。

### 1.3.1　矢量图

矢量又叫向量，是一种面向对象的基于数学方法的绘图方式，用矢量方法绘制出来的图形叫做矢量图形。在Illustrator CS4中文版中，所有用矢量方法绘制出来的图形或者创建的文本元素都被称为"对象"。每个对象具有各自的颜色、轮廓、大小以及形状等属性。利用它们的属性，用户可以对对象进行改变颜色、移动、填充、改变形状和大小及进行一些特殊的效果处理等操作。

**注意**　在Illustrator CS4中文版中，文本是作为一种特殊的曲线来进行处理的。

当使用矢量绘图软件进行图形的绘制工作时，不是从一个个的点开始的，而是直接将该软件中所提供的一些基本图形对象如直线、圆、矩形、曲线等进行再组合。可以方便地改变它们的形状、大小、颜色、位置等属性而不会影响它们的整体结构。

位图图形是由成千上万个像素点构成的，而矢量图形却跟它有所不同。矢量图形是由一条条的直线和曲线构成的，在填充颜色时，系统将按照用户指定的颜色沿曲线的轮廓线边缘进行着色处理，但曲线必须是封闭的。

矢量图形的颜色与分辨率无关，图形被缩放时，对象能够维持原有的清晰度以及弯曲度，颜色和外形也都不会发生偏差和变形。如图1-24所示，图形被放大后，依然能保持原有的光滑度。

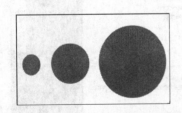

图1-24　矢量图形放大后的效果对比

每个对象都是一个自成一体的实体，可以在维持它原有清晰度和弯曲度的同时，多次移动和改变它的属性，而不会影响图像中的其他对象。这些特征使基于矢量的程序特别适用于绘图和三维建模，因为它们通常要求能创建和操作单个对象。

因为矢量图形的绘制与分辨率无关，所以矢量图形可以按最高分辨率显示到显示器和打印机等输出设备上。

### 1.3.2　位图

位图图形是由屏幕上的无数个细微的像素点构成的，所以位图图形与屏幕上的像素有着密不可分的关系：图形的大小取决于这些像素点数目的多少，图形的颜色取决于像素的颜色。增加分辨率，可以使图形显得更细腻，但分辨率越高，计算机需要记录的像素越多，存储图形的文件也就越大。计算机存储位图图形文件时，它只能准确地记录下每一个像素的位置和颜色，但它仅仅知道这是一系列点的集合，而根本不知道这是关于一个图形的文件。

可以对位图进行一些操作，如移动、缩放、着色、排列等。所有的操作只是对像素点的操作。

放大位图其实就是增加了屏幕上组成位图的像素点的数目，而缩小位图则是减少像素点。放大位图时，因为制作图形时屏幕的分辨率已经设定好，放大图形仅仅是对每个像素的放大。

如图1-25所示，左边的圆是一个位图图形，显示的比例为100%，它的边缘似乎比较光滑。右边是放大后的效果，很明显地可以看出，圆的边缘已经出现了锯齿状的效果。

虽然Illustrator CS4中文版是一个基于矢量图的绘图软件，但它允许用户导入位图并将它们合成在绘图中。这在后面的内容中将会详细讲述。

### 1.3.3　图像的分辨率

我们所说的分辨率是用于描述图像文件信息量的术语。就像使用的计算机屏幕的分辨率，它的数值越大，屏幕内容看起来就越清晰；越小，则越粗糙，也就是说越失真。如图1-26所示。它的描述单位一般是像素/毫米或者像素/英寸。一般它的数值越大，图像的数据也就越大，印刷出来的图像也越大。为了使印刷品获得较好的质量，需要保证图像有足够高的分辨率。但不是说分辨率越高，印刷出的质量就越好，比如在进行网印（一种印刷方式）时，分辨率为印刷网目数的两倍是最合适的。

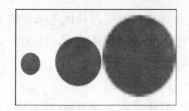

图1-25　位图图形放大后的效果对比

图1-26　对比效果

## 1.4　图像的色彩

在使用Illustrator进行设计时，还需要了解色彩的模式，这是非常重要的。色彩模式是使用数学运算来表现颜色的方式，通俗地讲就是计算机使用什么方式来显示或者输出制作的图像。

### 1.4.1　色彩模式

我们的世界是丰富多彩的，而丰富多彩的世界也是由各种颜色组合而成的。但是，在计算机图像中要用一些简单的数据来定义颜色是不可能的，所以人们就用一些不同的色彩模式来定义色彩，不同的色彩模式所定义的颜色范围不同，所以它们的使用方法也各有自己的特点。

在Illustrator中主要有：RGB（红、绿和蓝）模式，CMYK（青、品红、黄和黑）模式，HSB（色相、饱和度和亮度）模式，灰度模式和专色模式。下面介绍各种色彩模式的特点，以使用户能够更加合理地使用它们。

### 1. RGB模式

RGB是常用的一种色彩模式，不管是扫描输入的图像，还是绘制的图像，几乎都是以RGB模式存储的。RGB模式由红、绿和蓝三种颜色组合而成，然后由这三种原色混合出各种色彩。RGB模式的图像有很多优点，比如图像处理起来很方便，图像文件小。我们知道使用这三种颜色即可生成其他的颜色，比如把这三种颜色叠加到一起即可产生白色，如图1-27所示。

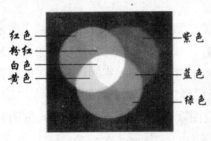

图1-27　三色叠加效果

在这种模式下的色彩比较丰富而且饱满。一般在显示器上显示图像和使用RGB色进行打印时使用这种模式。

### 2. CMYK模式

CMYK模式是一种专用印刷模式，与RGB模式没有什么本质区别，只是它们产生色彩的方式不同，RGB模式产生色彩的方法是加色法，而CMYK模式产生色彩的方式是减色法。

CMYK模式的原色为青色（C）、品红色（M）、黄色（Y）和黑色（K）。在处理图像时，一般不用CMYK模式，主要是因为这种模式的文件大，占用的磁盘空间大。如果是要印刷的话，那么需要使用这种模式，在这种模式下，可以通过控制这四种颜色的油墨在纸张上的叠加印刷来产生各种色彩，也就是人们常说的四色印刷。

当把图像从RGB模式转换到这种模式时，会丢失部分色彩信息。但是在这种模式下的色彩也比较饱满，所以印刷出来的色彩质量也比较好。这是唯一一种进行四色分色印刷的模式。

### 3. HSB模式

HSB模式是一种基于人的直觉的色彩模式，利用这种模式可以很容易地选择各种不同亮度的颜色。其实不能只按色彩的不同来考虑颜色，还需要考虑颜色的其他方面，比如决定颜色的还有它的色相、饱和度和亮度。H表示色相，S表示饱和度，B表示亮度。

### 4. 灰度模式

灰度模式图像的像素是由8bit的位分辨率来记录的，因此能够表现出256种色调，利用256种色调可以将黑白图像表现得很完美。

灰度模式的图像可以和彩色图像及黑白图像相互转换，但要指出的是，彩色图像转换为灰色图像要丢掉颜色信息，灰色图像转换为黑白图像时要丢失色调信息，所以从彩色图像转换成灰度图像，然后由灰度图像转换为彩色图像时就不再是彩色了。

### 5. 专色模式

在进行印刷时，使用青色、洋红色、黄色和黑色基本上可以获得需要的所有色彩。但是为了获得更好的色彩效果，还需要使用一些补充色，这就是所谓的专色。专色是一种特殊的预混合油墨，使用这种油墨可以在印刷时生成超出四色模式色域之外的特殊颜色，比如在一些书籍封面或者彩画上的金属色和荧光色。

## 1.4.2　在Illustrator CS4中文版中的色彩工具

因为在Illustrator中创作时，会经常使用到颜色，因此需要介绍一下它里面的色彩工具。一般我们主要使用颜色面板和色样面板来设置和编辑颜色，如图1-28所示。这是两个主要的工具，通过拖动滑块、输入数值或者单击颜色样本即可设置颜色。在第2章的内容中，将会详细介绍这几个面板。

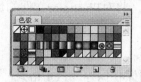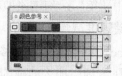

图1-28 四色模式下的"颜色"面板、"色板"面板和"颜色参考"面板

注意在上图中显示的是四色模式下的颜色工具面板，还有RGB模式下的颜色工具面板，如图1-29所示。另外还有其他模式的颜色工具面板。

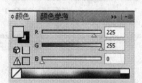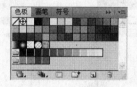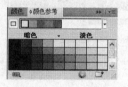

图1-29 RGB模式下的"颜色"面板、"色板"面板和"颜色参考"面板

## 1.5 Illustrator CS4中文版的可用图像存储格式

在Illustrator CS4中文版的"文件"菜单命令下有7种存储命令，如图1-30所示。分别是"存储"、"存储为"、"存储副本"、"存储为模板"、"存储为Web和设备所用格式"、"存储为Microsoft Office所用格式"和"导出"命令。

在选择了"存储"或者"存储为"命令后，将会打开一个格式列表，在"保存类型"中共有7种保存类型或者存储格式，如图1-31所示。分别是\*.AI、\*.PDF、\*.FXG、\*.EPS、\*.AIT、\*.SVG、\*.SVGZ等7种。

图1-30 存储命令

图1-31 存储格式

下面简要介绍一下这几种存储格式。

1. Adobe Illustrator（\*.AI）格式

这是最为常用的一种文件存储格式。选择此格式后，单击"保存"按钮后，将会打开一个"Illustrator选项"对话框，如图1-32所示。

下面介绍一下该对话框中的几个选项。

• "创建PDF兼容文件"：勾选该项后，可以在能够兼容PDF的软件中打开Illustrator文件，比如Acrobat Reader。

- "包含链接文件"：勾选该项后，将会把文件中置入的链接图像嵌入到文件中。
- "嵌入ICC配置文件"：勾选该项后，将会内嵌一个ICC配置文件。
- "使用压缩"：勾选该项后，将对Illustrator文件的数据进行压缩，这样存储的时间将会增加，使存储速度减慢。

### 2. Adobe PDF（*.PDF）格式

如果选择该项，那么绘画的图像将保存为PDF格式，这是一种在Adobe Acrobat软件中使用的格式。在这种格式下，文件的字体、颜色和模式都不会丢失。选择此格式后，单击"保存"按钮后，将会打开"存储Adobe PDF"对话框，如图1-33所示。

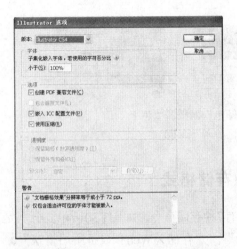

图1-32 "Illustrator选项"对话框

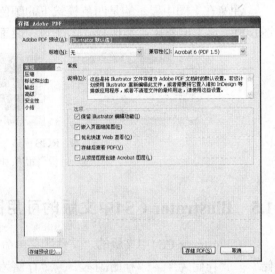

图1-33 "存储Adobe PDF"对话框

下面介绍一下该对话框中的几个选项。

- "保留Illustrator编辑功能"：勾选该项后，可以保持作品的可编辑性。
- "嵌入页面缩览图"：勾选该项后，在页面中嵌入缩览图。

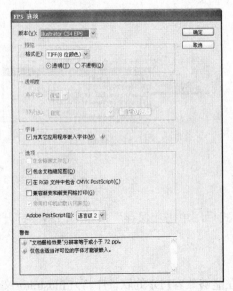

图1-34 "EPS选项"对话框

- "优化快速Web查看"：勾选该项后，优化作品，使之可以在Web上进行快速浏览。
- "存储后查看PDF"：勾选该项后，可以在保存作品后对之进行查看。
- 从顶层图层创建Acrobat图层：勾选该项后，可以从工作图层的最顶层图层创建Acrobat图层。

### 3. Illustrator EPS（*.EPS）格式

这是一种常用的文件格式，很多排版软件和文字处理软件都支持这种格式。选择此格式后，单击"保存"按钮后，将会打开"EPS选项"对话框，如图1-34所示。

下面介绍一下该对话框中的几个选项。

- "格式"：它有3个可选项。**TIFF**（8位颜色），选择该格式可以使**EPS**文件在置入到其他应用软件中时显示一个彩色的预览图；如果选择**TIFF**（黑&白），将会显示一个黑白的预览图；如果选择"无"，则会显示一个带叉号的矩形框。
- "叠印"：用于设置是保留还是丢弃叠印的颜色。有两个选项。
- "字体"：用于设置是否在当前文件中嵌入字体。一般要选中。
- "选项"：选中"包含链接文件"时，将会创建链接文件；选中"包含文件缩览图"时，在打开**Illustrator**文件时，会显示文件的缩览图；选中"在**RGB**文件中包含**CMYK PostScript**"时，将允许**RGB**文件可以在不支持**RGB**文件输出的软件中使用；选中"兼容渐变和渐变网格打印"时，**Illustrator**允许以前版本的打印机和**PostScrip**设备输出渐变和渐变网格效果。

## 4. Illustrator Template（\*.AIT）格式

选用该格式时，将会生成一种特定的模板，它可将文件另存为具有特定尺寸、样式、符号和图层的模板，这些模板可以在以后重复使用，从而节省了我们的很多劳动，提高了工作效率。

选择此格式后，单击"保存"按钮后，即可将文件保存为模板。

除了可以自己制作模板之外，**Illustrator**还为我们提供了很多已经设计好的模板，而且分类比较全面。执行"文件→从模板新建"命令即可打开"从模板新建"对话框，如图1-35所示。从中就可以选择使用它们。

## 5. SVG（\*.SVG）格式和SVG压缩（\*.SVGZ）格式

选用该格式后，图形在浏览器上显示的效果会更好。这种格式是一种可缩放的矢量图形，用于为**Web**提供非光栅化的图形标准。

选择此格式后，单击"保存"按钮后，将会打开"**SVG**选项"对话框，如图1-36所示。

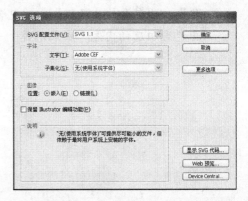

图1-35　"从模板新建"对话框　　　　　图1-36　"SVG选项"对话框

下面介绍一下该对话框中的几个选项。

- "字体"：用于设置字体的子集，子集字体将插入到**SVG**文件中使用的字符中，构造出单独的字体子集。使用这种字体子集可以减小**SVG**文件的尺寸。
- "图像"：用于设置光栅化文件是嵌入在文件中，还是与外部文件相链接。
- "保留**Illustrator**编辑功能"：选中该项后，可以在**SVG**文件中保留**Illustrator**中的特定信息。如果以后需要在**Illustrator**中重新编辑**SVG**文件，那么应该选择该项。

在该窗口中单击"更多选项"按钮后，将会展开更多的选项供我们进行设置，如图1-37所示。

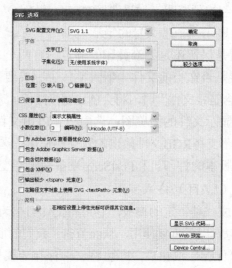

图1-37　打开的更多选项

下面介绍一下该窗口中的几个选项。

• "CSS属性"：用于设置样式表的属性。可使用的选项有：演示文稿属性具有最大的适应性；样式属性可使文件具有更好的可读性，但是会增加文件的尺寸；样式属性（实体参照）可使图像显示的速度更快，而且会减小文件的尺寸；样式组件可为SVG和HTML创建可用的样式表，但是会使文件的显示速度降低。

• "小数位数"：用于设置图像精度的大小。

• "编码"：设置SVG文件中字符的编码格式。

**提示**　在"SVG选项"对话框中的底部还包含一些选项，比如"为Adobe SVG查看器优化"、"包含切片数据"、"包含XMP"等。选中这些选项后即可在保存的文件中包含相应的内容。在此不再一一进行介绍。

# 第2章　Illustrator CS4中文版界面

如果想使用Illustrator CS4中文版进行创作，那么必须熟悉它的工作界面和工具，只有对它的工具熟悉了，才能开始步入我们的设计殿堂。

在本章中主要介绍下列内容：
- Illustrator CS4中文版界面
- Illustrator CS4中文版的菜单命令
- 面板的使用

## 2.1　Illustrator CS4中文版的工作界面

Illustrator CS4工作界面也类似Photoshop和PageMaker，Adobe已经为它的大众化软件应用了类似的操作环境。Adobe图形图像处理软件的工作界面，让人看起来更像是工具箱、菜单、面板以及键盘快捷键的统一组合。当用户熟悉了Adobe公司的一款软件之后，其他的软件就很容易学习了，因为它们的界面构成基本上是相同的。

通过双击它在计算机桌面上的快速启动图标即可启动Illustrator CS4中文版，进入如图2-1所示的Illustrator CS4中文版的工作界面。

图2-1　Illustrator CS4中文版的工作界面构成

**提示** 在默认设置下，工作区不会自动打开，需要执行"文件→新建"命令来创建一个
新的工作区。

图中所示的窗口中有各种面板、菜单栏、工具箱、工作区等，类似于Windows风格的组件，
相信无论是Illustrator以前老版本的用户，还是Illustrator CS4中文版的新用户都已经比较熟悉了。
下面分别介绍Illustrator CS4中文版工作界面上的几个重要组成部分。

### 1. 菜单栏

在菜单栏中包含有在工作时需要的各种命令，比如用于文件处理的"文件"菜单，用于编
辑图形的"编辑"菜单。有很多的命令都有对应的快捷键。在本章后面的内容中，我们将详细
介绍这些菜单命令的功能。

### 2. 控制面板

也有人把控制面板称为属性栏。当我们选择一种工具或者命令后，可以使用属性栏中的相

图2-2 控制面板

关属性选项来设置和控制所选工具的应用，比
如颜色、大小、位置、样式等，如图2-2所示。

### 3. 工具箱

在工具箱中包含了我们进行绘制图形、编
辑图形的各种工具。比如"选择"工具、"钢笔"工具、"铅笔"工具、"渐变"工具和"放
大镜"工具等。要进行创作，必须熟练掌握工具箱中的这些工具。在本章后面的内容中将详细
介绍这些工具的功能。

### 4. 工作区

在屏幕的中央可以看到文件的边界，即一个矩形框。这就是我们进行绘图或者设计的地方，
而且这也是惟一的工作区域。

### 5. 显示比例

紧靠状态栏左边的是显示比例窗口，其中显示了当前文件的缩放百分比。在Illustrator CS4
中共有23级放大分辨率，分别是3.13%、4.17%、6.25%、8.33%、12.5%、16.67%、25%、
33.33%、50%、66.67%、100%、150%、200%、300%、400%、600%、800%、1200%、
1600%、2400%、3200%、4800%、6400%。通过单击此窗口并键入一个数值，就可以任意改变
当前文件的缩放百分率。注意：缩放百分率改变的数值只能从3.13%到6400%之间进行选择。
下面是两幅显示比例不同的图形，如图2-3所示。

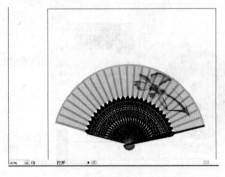

81%显示

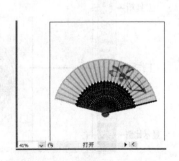

41%显示

图2-3 显示比例不同的两幅图形

**6. 参考标尺**

它们显示在工作区域窗口的顶部和左侧，就像我们日常使用的尺子一样。我们可以使用它来确定所绘图形的大小、长度、显示比例以及位置。通过选择"视图→显示标尺"命令即可显示，如图2-4所示。

图2-4 参考标尺

**7. 面板**

一般情况下，在工作区的右侧会放置一些面板，这些面板用于设置参数、颜色、图形等，比如使用"颜色"面板可以设置图形的颜色。它们是进行设计的辅助工具，而且也是必须要了解的。在本章后面的内容中，将详细介绍这些面板的作用。

> **提示** 在工作区的底部和最右侧是滚动栏，也有人把它叫做滚动条。单击两端的箭头或者拖动滚动条里的滑块，可以在文件窗口中移动页面。如图2-5所示。

**8. 面板缩略图**

它们显示在工作区域窗口的最右侧，通过单击需要的面板缩略图图标即可将其打开。这是在Illustrator CS4中的改进，这样要比通过选择菜单命令打开它们快捷得多，从而可以提高工作效率。下面是单击"符号"面板的缩略图 ♣ 后打开的效果，如图2-6所示。

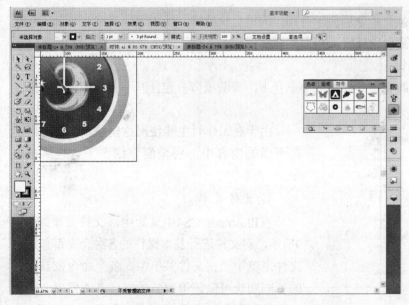

图2-5 向右拖动滚动条的效果

图2-6 打开的"符号"面板

## 2.2 菜单栏

在Illustrator CS4中文版中，菜单栏是功能最强大、命令集成度最高的组件。这是一种以命令名称方式显示的功能，每一条命令都对应地执行Illustrator CS4中文版的一项功能。

菜单栏是几乎所有基于Windows风格的应用程序所共有的组件，Illustrator CS4中文版的菜单栏中集成了Illustrator CS4中文版中所有的文件基本操作命令以及特殊效果命令。包括9个最常用的菜单，它们就是"文件"菜单、"编辑"菜单、"对象"菜单、"文字"菜单、"选择"菜单、"效果"菜单、"视图"菜单、"窗口"菜单以及"帮助"菜单。如图2-7所示。

每个菜单都有自己的下一级子菜单，有的菜单还有第二级子菜单。如图2-8所示就是"效果"菜单中的"风格化"下级的子菜单命令。

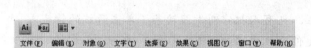

图2-7　Illustrator CS4中文版的菜单栏　　　　　　　　图2-8　滤镜菜单

在Illustrator CS4中文版中，菜单命令的设计和使用遵循以下原则：

· 如果某一菜单中的命令名称后有一个省略号，表示选择该命令后能够弹出相应的窗口，提供使用该命令时的不同选项，必须进行选择后才能够执行该命令；如果后面没有省略号，则选择后可以直接执行。

· 某个菜单中所包含的各个命令后显示有相应的键盘快捷键，使用该快捷键也可以直接执行该命令。如果想详细了解键盘快捷键，可以参考本书附录A部分，在那里详细列出了在Illustrator中使用的所有键盘快捷键。

· 如果在菜单命令的后面有一个黑色的小三角形，表明该命令包含有下一级子菜单。如图2-8所示的滤镜菜单。

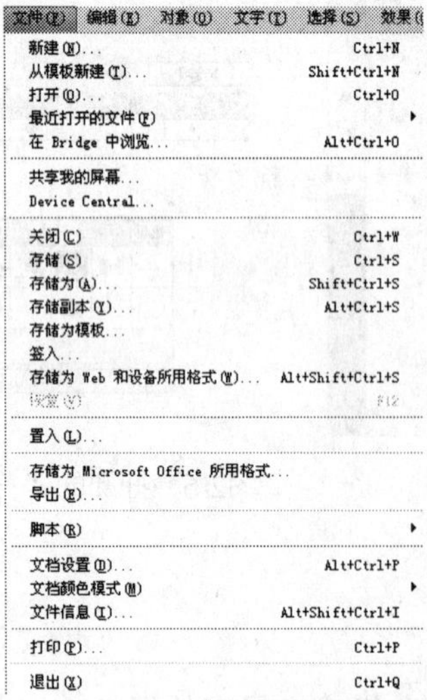

由于在工作时主要使用这些菜单命令，因此在下面的内容中，将全面介绍一下这些菜单命令。

### 1. 文件菜单

在Illustrator CS4中文版中，文件菜单如图2-9所示，对文件进行基本操作的各种命令都包括在文件菜单中。在文件菜单中，各个命令依其执行的不同功能可以简单地分为文件基本管理命令、打印控制命令、参数设置命令和退出命令4种。

· 文件管理命令

新建：用于新建一个文档。执行该命令后，将会打开一个"新建文档"对话框，如图2-10所示。该对话框用于设置新建文档的名称、大小等。

图2-9　文件菜单

从模板新建：选择该命令后，将会打开一个对话框，从中可以选择一些预定义的模板来新建一个文件，使用模板可以为我们节省很多的时间。

打开：用于打开一个本地计算机或网络计算机上的存盘文件。执行该命令后，将会打开一个"打开"对话框，如图2-11所示。该对话框用于打开已创建的文件或者素材文件等。

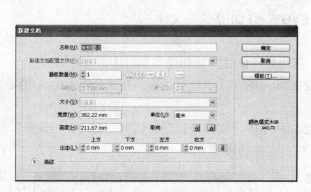

图2-10　"新建文档"对话框　　　　　　　　图2-11　"打开"对话框

最近打开的文件：用于打开最近一个在本地计算机或网络计算机上的存盘文件。

在Bridge中浏览：用于在Bridge中浏览素材或者已创建的文件。

共享我的屏幕：用于设置所用电脑屏幕的共享。

Device Central（设备中心）：这是一个插件，在把它安装上之后才能使用。

关闭：用于关闭当前文件。

存储：用于保存当前文件。注意，也有人把它称为"保存"命令。执行该命令后，将会打开一个"存储为"对话框，如图2-12所示。该对话框用于存储新建的文档，另外还可以设置文档的名称和保存路径等。

存储为：用于另存当前文件。

存储副本：用于把当前文件另存为一个副本文件。

存储为模板：用于把当前文件保存成一个模板。

签入：选择该命令后，将会打开一个"存储为"对话框，用于存储指定的文件。

图2-12　"存储为"对话框

存储为Web和设备所用格式：主要用于将编辑的图片在网上发布或者存储为制定的文件格式。

恢复：用于将当前文件恢复到上一次存盘时的状态，这个命令只对已经打开的存盘文件有效。

置入：用于向当前图形文件中导入一个其他应用程序所创建的矢量图形文件或位图图形文件。

存储为Microsoft Office所用格式：用于把当前文件保存为PNG格式的文件，这种文件可以在Microsoft Office中进行显示和打印。

导出：用于把当前图形文件按指定的文件格式保存为其他应用程序所能够使用的图形文件。

**提示** 置入命令和导出命令既能方便我们在Illustrator CS4中文版中使用其他绘图软件所创建的图形文件，也能够将在Illustrator CS4中绘制的图形文件用于其他的绘图软件。

脚本：该命令用于将文档存储为flash、SVG或者PDF格式的文件。

· 打印控制命令

这一类命令是与打印输出有关的命令，包括文件信息、文档设置和打印命令。

文件信息：选择该命令后可以打开如图2-13所示的文件信息对话框。在这个面板中，可以查看与文件有关的一些信息。

文档设置：选择该命令后可以打开如图2-14所示的"文档设置"对话框。在"文档设置"对话框中，可以进行分辨率、页面大小等一些对文件的设置。

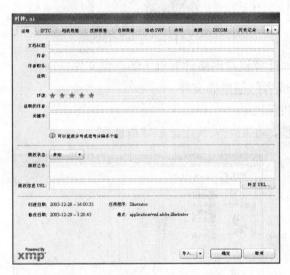

图2-13　打开的文件信息对话框

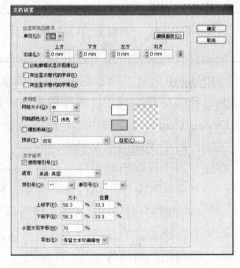

图2-14　"文档设置"对话框

打印：用于打印设计的作品。

· 参数设置命令

参数设置命令包括文档颜色模式命令。

文档颜色模式：该命令用来设置作品的显示颜色模式，共有两种，一种是RGB模式，这种模式主要用于显示和观看；另外一种是CMYK颜色模式，一般指我们常说的四色模式，这种模式主要用于印刷。它们用于平衡显示器显示的颜色和印刷的颜色。

· 退出命令

退出：用于退出Illustrator，在退出之前系统会弹出提示对话框询问你是否保存文件，如图2-15所示。单击"是"按钮进行保存，单击"否" 按钮则不保存。单击"取消" 按钮则关闭该对话框。

2. 编辑菜单

在Illustrator CS4中文版中，编辑菜单最主要的功能是对所打开的文件进行一些常规的编辑工作。在Illustrator CS4中文版的工作窗口中，并没有集成各种编辑操作按钮的"工具栏"。因此，同别的工作窗口中有工具栏的应用软件相比，Illustrator CS4中文版的编辑菜单就显得更加重要了。下面简要介绍编辑菜单中的各种命令，编辑菜单如图2-16所示。

图2-15　提示对话框　　　　　　　　　　图2-16　编辑菜单

**还原移动**：用于将移动后的对象还原到初始位置。

**重做**：用于恢复上一步的撤消操作。

**剪切**：用于将选定的对象放到Windows剪贴板中。

**复制**：用于将选定对象的副本放到Windows剪贴板中。

**粘贴**：用于将剪贴板中的对象粘贴到Illustrator CS4中文版中指定的位置。

**贴在前面**：用于将剪贴板中的对象粘贴到指定图形对象的前面。

**贴在后面**：用于将剪贴板中的对象粘贴到指定图形对象的后面。

**清除**：用于将当前图形文件中选择的对象或者对象的一部分从屏幕上清除。

**查找和替换**：类似于Office Word中的查找和替换功能，能够进行查找和替换。

**查找下一个**：用于查找已定对象的下一个对象。

**拼写检查**：用于检查在文档中的输入。

**编辑自定词典**：用于对自定义的词典进行编辑或者修改。

**定义图案**：用于将指定的图形对象作为图案添加到新增色板中去。

**编辑颜色**：用于对文件中的颜色进行编辑，比如混合颜色或者设置颜色的饱和度。

**编辑原稿**：用于对原稿或者原图进行编辑。

**透明度拼合器预设**：用于调整对象的透明拼合效果。

**描摹预设**：用于预先设置描摹的一些选项。

**打印预设**：用于预先设置文件打印方面的一些选项。

**SWF预设/Adobe PDF预设**：用于对SWF和Adobe PDF的选项进行预先设置。

**颜色设置**：用于设置文件的颜色。

指定配置文件：用于对配置文件进行设置。

键盘快捷键：用于设置键盘的快捷键。

首选项：后面有多个子菜单命令，可以对单位、保存方式、文字、参考线、用户界面进行设置或者改动。比如选择它的子菜单命令"常规"后，将会打开"首选项"对话框，如图2-17所示。从图中可以看到，我们可以设置键盘增量、是否显示工具提示、是否使用精确光标等。

### 3. 对象菜单

在Adobe Illustrator CS4中，对象菜单所包含的各命令针对不同图形对象所进行的执行功能，可以分为三类：

第一，针对多个对象的操作命令，包括编组、排列、混合等命令。第二，针对单个对象的操作命令，包括扩展、光栅化等命令。第三，针对路径的操作命令，包括路径、剪切蒙版、复合路径等操作命令。对象菜单如图2-18所示。

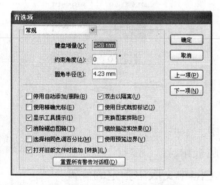

图2-17　"首选项"对话框　　　　　　　　图2-18　对象菜单

下面对对象菜单中的命令进行简要介绍。

变换：该命令包含的子菜单中的各选项，有的直接对应于工具箱中的各个变换按钮，也有的工具箱中没有相应的按钮。无论是哪一种命令，与工具箱中的变换工具按钮作用一样，都能直接打开相应的窗口来实现精确变换。

排列：该命令包含的子菜单中的各命令能将选定的多个对象按指定的方式重新排列。当绘制复杂的图形时，工作窗口中有很多基本图形，这些图形互相重叠，应用排列命令就可以将它们按需要排列。

编组：能够把选定的多个对象组合起来构成一个新的图形对象，组合后的新对象生成后，可以当做一个独立的对象进行操作，如填色、变换等。

取消编组：用来解除对象的组合状态，它的操作对象是应用了组合命令后的组合图形。

锁定：可以将被选定的对象加锁。对象被锁定后，就不能再进行修改、删除、位移等操作。将编辑好了的对象应用锁定命令，不能再进行编辑，可以防止误操作。需要再编辑时，取消锁定即可。

全部解锁：可以将锁定的对象解除锁定。

隐藏：用来隐藏选定的图形对象。图形隐藏之后，在屏幕上不可见，但打印的时候可以打印。

显示全部：用来显示所有的隐藏对象。

扩展：用来对选定的对象设置轮廓线或者进行色彩填色扩充。单击展开命令会弹出"扩展"对话框，如图2-19所示。在该对话框中，可以精确地控制轮廓的宽度和填色颜色。

图2-19　"扩展"对话框

扩展外观：用于将轮廓进行扩展。

栅格化：用于将选定的矢量图形变换为位图图形。

创建渐变网格：用来在选定的图形对象上创建渐变颜色的蒙版效果。

创建对象马赛克：用来在选定的图形对象上创建马赛克效果。

切片：用于新建切片、复制切片和编辑切片等。

路径：用于所有的路径操作，它所包含的子菜单中的命令能够将不同的路径进行合并、重组等操作。

混合：用于实现特殊的混合效果。

封套扭曲：用于新建封套或者编辑封套，从而创建一些特定的图形效果。

实时上色：用于实时地为图形上色。

实时描摹：用于实时地进行描摹。

文本绕排：用于对文本实施绕排。

剪切蒙版：可以为某一图形对象创建蒙版效果、删除蒙版效果、锁定蒙版或者解除锁定蒙版。

复合路径：子菜单中的命令可以将选定图形对象中的路径分离出来成为一个独立的对象进行编辑或者修改。

转换为画报：该命令用于将选择的对象转换为画报。

图表：该命令主要用于创建新的图表，或者对已有的图表进行编辑。

### 4. 文字菜单

**Illustrator CS4**中文版中的文字菜单与以前版本相比基本上没什么变化，文字菜单如图2-20所示。文字菜单中集成了文字处理和文字格式编辑的各种命令，比如使用"字体"命令可以设置文本的字体。另外还可以设置字号、行间距、水平间距、对齐方式、段落属性、字符属性以及进行查找、替换、拼写检查等操作。

### 5. 选择菜单

在工作的时候，需要选择不同的对象或者元素，尤其对于一个包含有多个对象的复杂作品而言，需要使用多种选择方式才能够达到我们的选择目的，因此在Illustrator CS4中文版中把选择命令单独地列了出来。选择菜单命令如图2-21所示。

下面介绍其中的一部分菜单命令。

全部：用于选定屏幕上的全部对象。

取消选择：用于撤消所做的"全部"操作。

重新选择：用于对取消选择的对象重新进行选择。

图2-20 文字菜单                          图2-21 选择菜单

反向：在选择一个或者部分对象后，执行该命令则会选择剩余的其他对象。

上方的下一个对象：用于选择某一对象下面的一个对象（对于竖直排列的对象而言）。

相同：用于选择同一类型的对象。

**提示** 在这一版本的Illustrator中，取消了"滤镜"菜单命令组。

### 6. 效果菜单

在**Illustrator CS4**中文版中，效果菜单的主要功能是针对图像进行一些特殊的效果处理，并获得一定的特殊图形效果。效果菜单如图2-22所示。

下面是对图形应用"变形"子菜单命令中的"膨胀"命令后的效果，从而可以看到效果命令的作用。如图2-23所示。

图2-22 效果菜单                    图2-23 "膨胀"变形效果（右图）

**提示** 关于效果，我们将在本书后面的章节中专门进行介绍。

## 7. 视图菜单

在Illustrator CS4中文版中，视图菜单主要用来管理和控制视图，使用视图菜单中的命令可以在各种视图模式之间切换，改变窗口的大小，进行图像的缩放，还可以选择在屏幕上显示或者隐藏标尺、辅助线、网格线和编辑视图等。视图菜单如图2-24所示。

下面简要介绍一下视图菜单中的部分常用命令。

轮廓：能够将视图中的图形显示为轮廓预览，如图2-25所示。

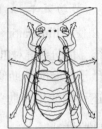

图2-24　视图菜单　　　　　　　　　图2-25　轮廓预览（右图）

放大：放大显示比例。

缩小：缩小显示比例。

画板适合窗口大小：可以使当前画板适应窗口的大小。

全部适合窗口大小：可以使当前所有工作区中的内容适应窗口的大小。

实际大小：将选定的对象以实际尺寸来显示。

隐藏画板：用于隐藏画板。

显示标尺：可以在工作页面上显示标尺。

显示网格：可以在工作页面上显示网格线。

智能参考线：可以在屏幕上使用更加精确的辅助线，从而能够对对象进行方便的定位。

新建视图：在当前图形窗口之外新建一个包含当前图形的窗口。

编辑视图：对当前图形窗口中显示的内容进行编辑。

**提示**　对于该菜单中的其他命令，读者可以根据菜单命令的中文释义进行理解。

## 8. 窗口菜单

在Illustrator CS4中，窗口菜单中的命令可以分为三类：窗口控制命令、工具箱控制命令和面板控制命令。下面分类介绍这三类命令。窗口菜单命令如图2-26所示。

• 窗口控制命令

窗口菜单中的命令很多，运用这些命令可以改变屏幕的外观。窗口控制命令包括新建窗口、层叠、平铺和排列图标这三个命令。

新建窗口：用于创建新的窗口。

层叠：用来层叠窗口。

平铺：用来平铺窗口。

排列图标：用来排列窗口中的图标。

・工具箱控制命令

工具箱控制命令也就是"工具"命令，单击隐藏工具命令可以将工具箱关闭。工具箱关闭后，若想再打开，则再次选择该命令就可以打开工具箱。

・面板控制命令

窗口菜单中的命令除了上面介绍了的几个命令外，其他的都是面板控制命令，可以用来显示或者关闭这些面板，比如颜色面板、图形样式面板和符号库面板等。

**提示** 关于"窗口"菜单中的命令，不再一一介绍。读者可以自己进行尝试。

### 9. 帮助菜单

在使用Illustrator CS4工作的过程中遇到困难，可以求助于Illustrator CS4中文版强大的帮助系统。帮助系统对Illustrator CS4中文版中的基本工具和一些基本概念作了详尽的介绍。同时，还提供了全面的帮助信息，可以通过这些帮助信息解决使用过程中遇到的大部分疑难问题。另外，还可以使用帮助菜单中的命令进行注册、更新等。帮助菜单如图2-27所示。

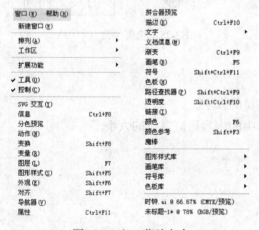

图2-26  窗口菜单命令

图2-27  帮助菜单

## 2.3  工具箱

在Illustrator CS4中文版中，工具箱是一个非常重要的组件，如图2-28所示。相对于老版Illustrator来说，Illustrator CS4中文版中工具箱的变化并不大。工具箱中的工具可以分为以下4

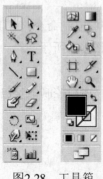

图2-28  工具箱

种类型：选择工具、制作工具、变形工具和其他工具，每一种类型的工具都具有不同的功能。按下Tab键，可以隐藏工具箱和面板；再次按下Tab键，又可以显示工具箱和面板。

下面介绍一下与使用工具箱中的工具有关的一些知识：

・选择所需工具只要单击该工具按钮，就可以使用该工具，并且可以重复使用。在单击另外的工具按钮之前，可以一直使用。

· 工具箱中有的工具按钮的右下角有一个小小的三角形，这些工具按钮包含有展开式工具栏。展开式工具栏中的工具按钮都是功能相近的一组工具，要使用该工具栏中的工具，单击后按住鼠标左键不放，拖动鼠标到所要使用的工具上，松开鼠标左键即可。也可以在选择工具时按下Alt键，鼠标单击将会在一组工具之间切换。

· 在展开式工具栏中，未使用的工具以正常方式显示，当前正在使用的工具以浅灰色显示。

· 使用一些基本绘图工具，如矩形工具、椭圆与多边形工具、星形与螺旋形工具等时，选取该工具后在绘图页面的空白区域单击鼠标左键，可以弹出相应的窗口。利用这些窗口可以对该工具的属性进行精确设置，绘制出精确数值的图形。

**技巧** 使用Shift + 快捷键也可以选取相应的工具。

如果对工具箱中的各个工具不太熟悉，可以通过单击"编辑"菜单中的"首选项"命令，然后再单击"常规"，弹出如图2-29所示的"首选项"对话框。

在"首选项"窗口中选中"显示工具提示"复选项。然后单击"确定"按钮。这样，当鼠标光标移动到工具按钮上时，停顿几秒种，系统就会给出该工具的名称以及对应快捷键的提示信息。

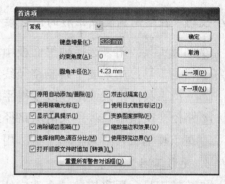

图2-29 "首选项"对话框

下面分类介绍工具箱中各个工具的功能或者作用。

**1. 选择工具**

选择工具：用来选择整个路径，也可以选择成组图形或文字块，还可以按住鼠标左键拖拉矩形覆盖图形的一部分选择整个图形。

直接选择工具：使用频率非常高的一个工具，用来选择单个锚点或某段路径做单独修改，也可以选择成组图形内的锚点或路径做单独修改。

编组选择工具：选择成组图形内的子图形。

套索工具：选择鼠标绘制路径所通过的所有对象。

魔棒工具：选取图形中相同颜色的对象。

**2. 制作工具**

钢笔工具：用于绘制各种路径的最常用工具。

添加锚点工具：用来在绘好的路径上任意增加锚点，以方便路径的修改。

删除锚点工具：用来将现有路径上的锚点删除。

转换锚点工具：用来将直线锚点和曲线锚点相互变换。

文字工具：用来输入文字。

区域文字工具：可以在任意封闭区域内输入文字。

路径文字工具：可以在任意开放路径上输入文字，使文字按路径排列。

垂直文字工具：可以以竖排的方式输入文字。

垂直区域文字工具：可以在任意封闭图形中按竖排方式输入文字。

垂直路径文字工具：可以在任意路径上按竖排方式输入文字。

线形工具：用于绘制直线、弧线、螺旋线和矩形网格线等。注意，在该工具上按住鼠标左键不放，则可以展开更多的绘制线形的工具。具体的绘制线形的工具及名称如图2-30所示。

基本图形工具：用这4个工具分别可以绘制矩形、椭圆、多边形、星形和光晕图形等。具体的绘制图形的工具及名称如图2-31所示。

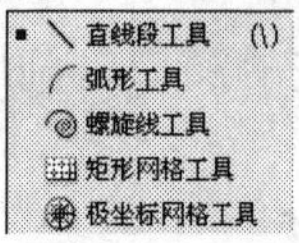

图2-30　线形工具 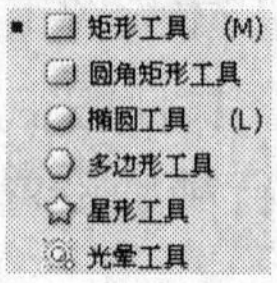　　　　　　　　　　　　　　　图2-31　基本图形工具

**小技巧**　在绘制椭圆或矩形的同时按住Shift键，就可以绘制出圆形或正方形。

画笔工具：用来选择画笔面板中的画笔，可以得到书法效果和任意路径效果。

铅笔工具：用来徒手绘制路径线。

平滑工具：用来使路径线变得平滑。

路径橡皮擦工具：用来清除路径线。

斑点画笔工具：为新增工具，用于绘制斑点。

3. 变形工具

旋转工具：用来旋转一个选定的对象。

镜像工具：用来按镜面反射的方式反射选定的对象。

比例缩放工具：用来放大或缩小选定的对象。

倾斜工具：用来扭曲或者倾斜选定的对象。

改变形状工具：用于编辑对象的锚点，使路径图形进行变形。

变形工具：用来弯曲对象的形状。

旋转扭曲工具：将对象扭转变形。

缩拢工具：将对象进行折叠变形。

膨胀工具：用来将对象膨胀变形。

扇贝工具：用来将对象进行扇贝状变形。

晶格工具：将对象进行晶格化变形。

褶皱工具：将对象进行褶皱变形。

自由变换工具：将对象进行任意变形。

符号喷枪工具：创建一个或者多个符号样本形状。

符号移位器工具：用于移动样本图形中的符号。

符号紧缩器工具：控制样本图形中符号的密度。

符号缩放器工具：用于改变符号的大小。

符号旋转器工具：用于旋转符号。

符号滤色器工具：用于改变符号的颜色。

符号透明器工具：用于调整符号的透明度。

符号样式器工具：用于为符号添加样式。

**4. 其他工具**

图表工具：以及其弹出式工具栏中的各种工具按钮能够创建各种各样的图表，如柱形图、散点图、饼图、折线图等。具体的工具图表及名称如图2-32所示。

网格工具：可以将图形变换成具有多种网格的图形。

渐变工具：用来对选定的对象创建渐变填色。

吸管工具：用来从其他已经存在的图形中取色。

度量工具：用来测量两个点之间的距离和角度。

混合工具：这是一个非常有用的描图工具，它可以在两个图形对象之间从形状到颜色生成混合效果。

实时上色工具：用于按当前的上色属性绘制实时上色组的表面和边缘。

实时上色选择工具：用于选择"实时上色"组中的表面和边缘。

画板工具：使用可以制作画板。

切片工具：可将图形分割成多个组成部分。

切片选择工具：用于选择和移动切片的多个组成部分。

橡皮擦工具：用于裁剪或者擦除图形。

剪刀工具：用来剪断路径，它可以从一个路径中选定点的位置将一条路径分割为两条或多条路径，也可以将封闭路径变为开放路径。

美工刀工具：可以像使用美工刀一样对图形进行裁剪。

抓手工具：用来移动画面，以观看图形的不同部分。

打印拼贴工具：用于制作和打印拼贴。

**技巧**　当你在使用工具箱中的其他工具时，按下空格键不放就可以使用抓手工具。

放大镜工具：用来放大窗口的显示比例。

填色与笔画选择器：显示当前的填色和笔画颜色。单击左下方的小图标可以将填色和笔画设置为默认值，即白色填色，黑色笔画。右上方的小图标可以在填色和笔画之间切换。

在填色与笔画选择器的下方有4个大的按钮图标，通过使用左键单击还可以打开一个列表，效果如图2-33所示。

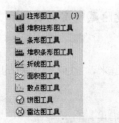

图2-32　图表工具

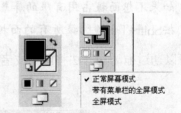

图2-33　按钮图标和打开的菜单命令

单击第一排中的第1个按钮可以快速访问"颜色"面板，单击第2个按钮可以快速访问"渐变"面板，单击第3个按钮能使对象的填色或笔画变为无填色或无笔画。单击第4个按钮将会打开一个菜单，从中可以在标准屏幕模式、带有菜单栏的全屏幕模式以及全屏幕模式这三种屏幕显示模式之间切换。另外还可以通过按键盘上的F键在这三种屏幕显示模式之间进行切换。

## 2.4 面板

在Illustrator CS4中，面板是一种非常实用，非常快捷的工具。Illustrator中的面板越来越多，极大地方便了我们对软件的使用。

Illustrator CS4中文版中共有30多种面板，从窗口命令菜单中就可以看到。它们分别是："符号"面板、"变换"面板、"对齐"面板、"路径寻找器"面板、"笔画"面板、"渐变"面板、"属性"面板、"颜色"面板、"文字"面板、"导航器"面板、"字符"面板、"段落"面板、"MM设计"面板、"风格化"面板、"图层"面板、"动作"面板、"链接"面板、"画笔"面板和"色板"面板等。下面是常用的"符号"面板，如图2-34所示。

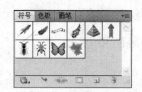

图2-34 "符号"面板

面板总是位于前台，随时可以访问。用鼠标拖动可以移动每一个面板的位置，也可以通过单击面板左上角的箭头 将其隐藏起来或者停放到面板略图列表中。

每一个面板中包含的项目可以是一项，也可以不止一项。对于包含多个项目的面板，可以拖动其中的任意一项形成一个新的面板。如图2-35中的面板中包含有"画笔"、"色板"和"符号"3个选项卡，标签颜色为白色的选项卡表示当前处于激活状态或者可用状态。一般，我们把这样的多个面板的组合称为面板组，我们还可以通过拖动的方法使图2-34中的面板形成如图2-35所示的3个新的独立的面板。

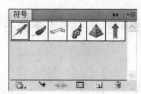 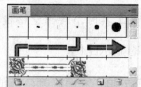 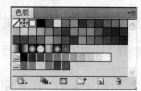

图2-35 新的面板

**注意** 也可以通过拖动的方式将3个面板恢复到原来的组合状态。

**提示** 如果不想面板占用有限的屏幕空间，可以按Tab键隐藏所有的面板和工具箱，或者按Shift+Tab键隐藏所有的面板，但不隐藏工具箱。

还可以通过拖动的方法将两个或者多个面板上下串接起来，组成一个新的面板。如图2-36所示。

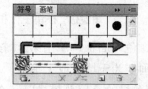 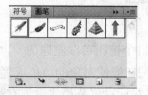

图2-36 组合后的面板

每个面板都有其自己的作用，比如"颜色"面板用于设置颜色，"画笔"面板用于设置使用的画笔，而"符号"面板则用于设置要使用的符号。比如在工具箱中单击"画笔工具"  按钮后，分别使用"画笔"面板中不同大小的画笔绘制的形状，如图2-37所示。

比如在工具箱中单击"符号喷枪"按钮 后，分别使用"符号"面板中的苹果符号、火焰符号进行喷涂而绘制的形状，如图2-38所示。

图2-37　绘制效果

图2-38　喷涂的符号效果

这些面板的具体作用在这里只做简单的介绍，关于它们的应用将在后面的内容中结合具体情况进行介绍。

# 第3章 基本操作

在了解了Illustrator CS4中文版本的界面之后，再学习一些在Illustrator中的基本操作，比如移动对象、缩放对象、删除对象、对齐对象等，这些基本操作对于以后的进一步学习是非常重要的。

在本章中主要介绍下列内容：

- 基本文件操作
- 选择工具的使用
- 对象的选择、移动、旋转和缩放
- 预置Illustrator CS4中文版

## 3.1 基本文件操作

在开始工作之前还需要了解一些基本的文件操作。比如创建新的文件，打开一个已经保存过的文件，保存文件及导出文件等。在这一章中就介绍这些内容。

### 3.1.1 新建文件

我们可能经常使用到Word，启动之后就是一个新的文件。但是Illustrator CS4中文版不是这样的，需要使用"文件→新建"命令创建一个新的文件，这个文件就是我们进行工作用的。下面介绍一下操作步骤。

（1）启动中文版本的Illustrator CS4，并执行"文件→新建"命令或者按Ctrl+N组合键，将会打开"新建文档"对话框，如图3-1所示。

（2）在"新建文档"对话框中设置好文件名称、大小、单位和颜色模式后，单击"确定"按钮，此时会打开一个新的文档，如图3-2所示。

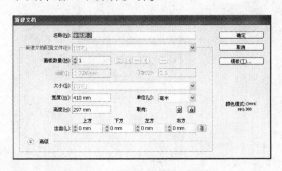

图3-1　"新建文档"对话框

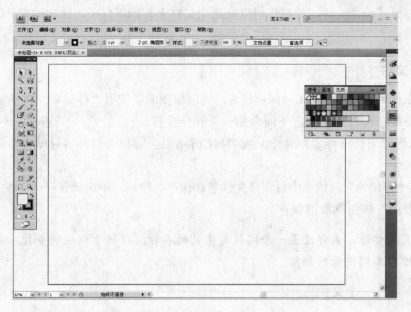

图3-2 新建的文档

这样就创建好了一个新的文件，然后就可以在这个文档中开始工作了，比如绘制图形、喷绘符号、编辑图形和符号等。

### 3.1.2 打开一个已存在的文件

我们会有时需要打开一个已经制作好的或者一个还没有完成的文件，下面就介绍一下操作过程。

（1）执行"文件→打开"命令，或者按**Ctrl+O**组合键，将会打开一个"打开"对话框，如图3-3所示。

（2）在"打开"对话框中选择好需要打开的文件后，单击"打开"按钮，此时会打开一个文件，如图3-4所示。

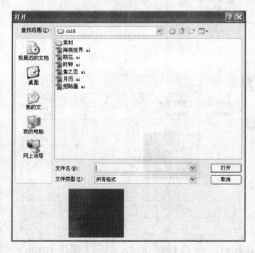

图3-3 "打开"对话框

图3-4 打开的文件

这样就打开了一个文件，然后就可以在这个文件上开始工作了，比如对打开的图形进行编辑和修改等操作。

### 3.1.3 存储文件

当完成工作后，就需要把工作保存起来，可以根据需要使用"存储"、"存储为"、"存储副本"命令把工作保存起来，下面介绍一下操作步骤。

（1）执行"文件→存储"命令，或者按**Ctrl+S**组合键将会打开"存储为"对话框，如图3-5所示。

（2）在"存储为"对话框中设置好文件名和保存类型后，单击"保存为"按钮就可以了。如果单击"取消"按钮则取消保存。

> **注意** 设置名称时，最好设置一个比较有意义的名称，以便于以后的查找。关于保存类型可以参阅前面的介绍。

这样就保存了一个文件。

### 3.1.4 置入和导出文件

置入文件是为了把其他应用程序中的文件输入到Illustrator CS4当前编辑的文件中。置入的文件可以嵌入到Illustrator文件中，成为当前文件的构成部分，类似于合并。也可以与Illustrator文件建立链接。在置入文件后，如果原文件的位置和内容有变化，那么链接就会出现问题。不过可以使用"链接"面板对它们进行管理。在Illustrator CS4中，我们使用"文件→置入"命令置入文件，执行该命令后，将会打开"置入"对话框，如图3-6所示。选择自己需要的文件，然后单击"置入"按钮即可把选择的文件置入进来。

图3-5 "存储为"对话框

图3-6 "置入"对话框

在有些应用程序中不能打开Illustrator文件，像Photoshop。在这种情况下，可以在Illustrator中把文件导出为其他应用程序可以支持的格式，比如BMP文件和JPEG文件。这样就可以在其他应用程序中打开这些文件了。导出文件使用的命令是"文件→导出"，执行该命令后将会打开"导出"对话框，如图3-7所示。在设置好文件名称和文件格式之后单击"导出"按钮即可把制作好的文件进行导出。

图3-7 "导出"对话框

## 3.2 选择工具的使用

在Illustrator中绘制图形的时候，选择对象是经常执行的操作之一。在Illustrator中有多种选择对象的方法，其中选择工具是最常使用的，因为这种方法要比其他方法更快。在这一部分内容中，将主要介绍各种选择工具的使用。

### 3.2.1 选择工具

在Illustrator工具箱中的第一个工具就是选择工具，图标为，它除了具有选择功能之外，还有移动对象、缩放对象和拾取路径的功能。

在工具箱中激活选择工具，然后在工作区中的对象上单击即可选中对象，如图3-8所示。在选中对象的四周会显示一个蓝色框线，并带有几个小方框。如果要选择多个对象，那么可以使用在需要选择的对象上单击鼠标键并拖拽出一个框即可，也可以按住键盘上Shift键逐个选择。

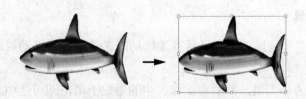

图3-8 选择前和选择后（右图）的对象

提示 在工具箱中单击按钮，然后在工作区中单击并拖动即可绘制出矩形。如果按住工具按钮不放，则会展开更多的工具按钮，选择不同的工具在工作文档中绘制即可得到不同的图形。比如使用椭圆工具就可以通过单击并拖动绘制出不同形状的椭圆图形。

在缩放对象时，把鼠标指针放在小方框上，等鼠标指针改变成带有箭头的形状时进行拖动即可。既可以把对象缩小，也可以把对象放大，如图3-9所示。

在旋转对象时，把鼠标指针放在四个角上的小方框上，等鼠标指针改变成带有箭头的形状时进行拖动，就可以把对象进行旋转，如图3-10所示。

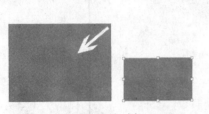

图3-9　缩放对象　　　　　　　　　　　　　　图3-10　旋转对象

**提示**　　在工具箱中单击"符号喷枪"工具按钮 ，并打开"符号"面板，如图3-11所示。选择一个符号，然后在工作区中单击即可绘制出一个符号。当第一次打开"符号"面板时，如果是空的，那么选择"窗口→符号库"命令，然后从打开子菜单中选择一种符号库，再从打开的符号库中选择自己需要的符号即可。

在移动对象时，把鼠标指针放在对象上单击，把它激活，然后按下鼠标指针进行拖动即可，比如将图中右侧的对象移动到左侧，如图3-12所示。

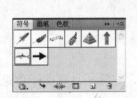

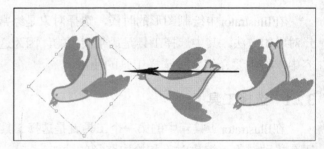

图3-11　"符号"面板　　　　　　　　　　　　图3-12　移动对象

**注意**　　如果要删除对象，那么使用选择工具选中对象，然后按键盘上的Delete键即可把它删除掉。

### 3.2.2　直接选择工具

在Illustrator中，直接选择工具除了具有选择功能之外，还有移动对象和改变绘制图形形状的功能。

在工具箱中激活选择工具，然后在工作区中的对象上单击即可选中。在选中对象的四周会显示一个蓝色框线，并带有几个小方框。如果要选择多个对象，那么可以使用在需要选择的对象上单击鼠标键并拖拽出一个框即可，也可以按住键盘上Shift键逐个选择。在改变图形形状时，选中其中的一个角点，然后拖动即可，如图3-13所示。

选择工具和直接选择工具的区别是：使用选择工具选择的是整个对象，而使用直接选择工具选择的是对象中的一个点，如图3-14所示。

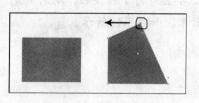

图3-13 改变对象的形状

使用选择工具选择的对象　　　使用直接选择工具选择对象的一个点

图3-14 对比效果

### 3.2.3 编组选择工具 ⬚

在Illustrator中，编组选择工具用于选择群组对象或者嵌套群组中的对象或者路径。在绘图过程中，经常需要把多个对象进行成组，在成组之后，如果使用前面介绍的选择工具选择时，会同时选中所有成组对象，而使用编组选择工具则会选择其中的一个或者多个对象。也就是说在成组对象中选择某个对象时，必须使用编组选择工具。

**提示** 执行"对象→编组"命令即可使选择的对象成为一组。

在工具箱中激活编组选择工具，然后在工作区中的成组对象上单击即可选中一个对象，再次单击即可选中所有的对象，如图3-15所示。如果成组对象多时，也可以使用鼠标键拖拽出一个框选中多个对象。

 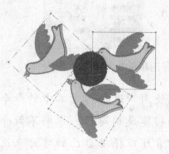

图3-15 选择成组对象（右图）

### 3.2.4 魔棒工具 ✎

在Illustrator中，使用魔棒工具可以选择具有相同或者近似属性的对象。在绘图过程中，如果图形中的对象特别多，而且需要选择所有具有同一属性的对象，那么就可以使用魔棒工具。

在工具箱中激活该工具，然后在工作区中的对象上单击即可选中具有同一属性的对象，比如选择相同颜色的对象，如图3-16所示。注意，也可以在同一编组中选择属性相同或者相近的对象。

为了进行精确一些的选择，可以在属性栏中设置魔棒的选择属性。在工具箱中双击魔棒按钮，会打开下面的"魔棒"面板，在该面板中可以设置画笔颜色及大小等，如图3-17所示。

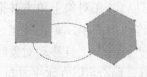 

图3-16 同时选择两个绿色的图形　　　　图3-17 魔棒设置面板

**注意** 新打开的对话框没有显示出所有的选项，需要单击右上角的下拉按钮，从打开的下拉菜单中选择需要设置的选项即可把它们显示出来，如图3-18所示。

下面介绍一下该对话框中的选项。

- 填充颜色：选择具有相同或者相近填充色的对象。
- 描边颜色：选择具有相同或者相近线条色的对象。
- 描边粗细：选择具有相同或者相近笔画宽度的对象。
- 不透明度：选择具有相同或者相近透明度的对象。
- 混合模式：选择具有相同或者相近混合模式的对象。

### 3.2.5 套索工具

在Illustrator中，使用套索工具既可以选择对象，也可以选择路径中的部分锚点。在工具箱中激活该选择工具，然后在工作区中的对象上单击并拖拽出一个框即可选中需要选择的对象，如图3-19所示。选中的锚点以实色显示，未被选中的锚点以小方框形式显示。

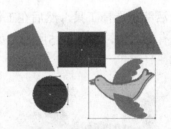

图3-18　更多选项的魔棒面板　　　　　图3-19　选择的对象和锚点（右图）

**提示** 还可以使用"选择"菜单中的命令来选择对象，它们的功能与工具箱中的工具所执行的功能是相同的，本书不做介绍。很多设计人员一般不使用选择菜单命令，不过读者可以根据自己的嗜好来选择使用它们。

## 3.3 移动对象

当在Illustrator中绘制图形时，经常需要移动对象以便使它的位置和其他图形相匹配。在Illustrator中有4种方法可以移动对象：使用选择工具，使用键盘上的方向键，使用"移动"命令，使用"变换"面板。这4种方法各有所长，在下面的内容中，我们进行简单介绍。

### 3.3.1 使用选择工具移动

在介绍选择工具的时候，已经提到过激活"选择"工具后，在对象上单击并拖动即可移动对象。操作也很简单，不再赘述。不过注意的是在使用"选择"工具移动对象时，如果同时按住Shift键，那么可以在水平方向、垂直方向以及以45度的增量移动对象，如图3-20所示。

图3-20　以45度的增量移动对象

### 3.3.2  使用键盘上的方向键

在Illustrator CS4中，使用键盘上的方向键是精确移动对象的一种快捷方式，当使用"选择"工具把对象移动到大体位置后，确定对象处于选中状态，然后使用方向键可以很精确地移动对象。如图3-21所示。

### 3.3.3  使用"移动"命令

在Illustrator CS4工作的时候，确定需要移动的对象处于选中状态，然后执行"对象→变换→移动"命令，可打开"移动"对话框，如图3-22所示。使用它可以通过设置数值的方式来移动对象。在该对话框中可以通过在水平、垂直、距离和角度的数值来精确地移动对象。

图3-21  最右侧的图是使用左侧的两个图形合并而成的，使用方向键可以进行精确对齐

图3-22  "移动"对话框

提示  通过单击"移动"对话框中的"复制"按钮 [复制(C)]，则会复制出一个相同的对象，如图3-23所示。如果没有设置移动的距离，那么需要使用移动工具移动才能看到复制的效果。

### 3.3.4  使用"变换"面板

在使用"变换"面板移动对象的时候，要确定需要移动的对象处于选中状态，然后执行"窗口→变换"命令，可打开"变换"面板，如图3-24所示。在"变换"面板中可以通过输入X、Y、宽和高的数值来精确地移动对象。

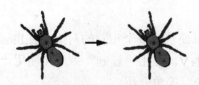

图3-23  复制的蜘蛛效果

图3-24  "变换"面板

提示  在"变换"面板中，不仅可以设置对象的上下移动距离和左右移动距离，还可以通过在该面板底部设置角度来旋转选择的对象。

## 3.4  旋转对象

当在Illustrator中绘制图形时，经常需要旋转对象以便使它的位置或者角度和其他图形相匹配。在Illustrator中有3种方法可以移动对象：使用选择工具，使用"旋转"命令和使用"变换"面板。这3种方法各有所长，在下面的内容中，我们进行简单介绍。

### 3.4.1 使用选择工具旋转

如果要旋转对象，那么激活"选择"工具后，在选中对象的边角处移动鼠标指针，当鼠标指针改变成弧状时，单击并拖动即可旋转对象。操作也很简单，不再赘述。不过注意的是在使用"选择"工具移动对象时，如果同时按住Shift键，那么可以在水平方向、垂直方向以及以45度的增量移动对象，如图3-25所示。

> **提示** 在这里为了突出箭头效果，让读者看得清楚，我们把它进行了放大，实际上没有这么大。

### 3.4.2 使用"移动"命令

在Illustrator CS4中工作的时候，确定需要移动的对象处于选中状态，然后执行"对象→变换→旋转"命令，可打开"旋转"对话框，如图3-26所示。使用它可以通过设置"角度"数值的方式来旋转对象。

图3-25　旋转对象　　　　　　　　　　　　图3-26　"旋转"对话框

> **提示** 如果单击"复制"按钮，那么可以同时复制该对象。

> **注意** 关于如何使用"变换"面板旋转对象，在此不再介绍，读者可以参阅前面使用"变换"面板移动对象的介绍。

## 3.5 复制对象

当在Illustrator中绘制图形时，经常需要复制对象以便获得多个相同的对象。在Illustrator中有3种方法可以复制对象：使用键盘快捷键Ctrl+C和Ctrl+V，使用"复制"命令和使用"变换"面板。这3种方法各有所长，在下面的内容中，我们进行简单介绍。

### 3.5.1 使用键盘快捷键旋转

如果需要复制对象，那么激活"选择"工具后选中需要复制的对象，然后按快捷键Ctrl+C，再按Ctrl+V组合键即可复制对象，如图3-27所示。这和在Word中复制文字一样。

### 3.5.2 使用"复制"命令

在Illustrator CS4中工作时，确定需要移动的对象处于选中状态，执行"编辑→复制"命令，然后执行"编辑→粘贴/贴在前面/贴在后面"命令即可复制。复制的效果如图3-28所示。

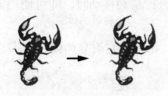

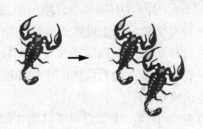

图3-27 复制的对象（右图）　　　　　　　　　图3-28 复制的效果

**注意**　关于如何使用"变换"面板复制对象，在此不再介绍，读者可以参阅前面使用"变换"面板移动对象的介绍。

## 3.6 镜像复制对象

当在Illustrator中设计图形时，有时需要镜像对象以便获得两个相同而且相对的对象。在Illustrator中就有1种方法可以镜像对象，就是使用工具箱中的"镜像"工具进行操作。在下面的内容中，我们进行简单介绍。

如果需要镜像对象，那么在工作区中选中需要镜像的对象，然后在工具箱中找到并双击"镜像"工具，打开"镜像"对话框，如图3-29所示。在该对话框中用于设置镜像轴或者镜像的角度。

在"镜像"对话框中选中"垂直"项，然后单击"确定"按钮即可获得镜像的效果。如果单击"复制"按钮，那么可以获得一个带有原图的镜像效果，如图3-30所示。

图3-29 镜像获得的对象（右图）　　　　　　图3-30 镜像获得的对象

## 3.7 自定制Illustrator CS4

自定制也就是常说的预置。在Illustrator CS4中进行设计工作时，一般使用系统默认的设置即可完成所需要的工作。但是，有时候需要根据实际情况预先进行一些特殊的设置。Illustrator就为我们提供了很多这样的首选项。包括一些常规设置、单位、工具、参考线和网格等。在这一部分内容中，就介绍有关预置的知识。注意：一般情况下不要改变这些选项。

### 3.7.1 常规预置

常规预置也就是一些一般性的设置，执行"编辑→首选项→常规"命令即可打开"首选项"对话框，如图3-31所示。

在下面的内容中将简单介绍一下这些选项设置。

· 键盘增量：用于设置键盘的移量。当需要将对象进行精确移动时，即可使用键盘上的方向键进行移动。可根据需要改变它的数值。

· 约束角度：设置页面的坐标角度，默认数值为0。如果把它改变为90°，那么所绘制的图形也会旋转90°。

· 圆角半径：用于设置工具箱中圆角的半径大小。

**常规选项设置（勾选后）：**

· 停用自动添加/删除：若将鼠标指针放在所画路径上，钢笔工具将不能自动变换为添加锚点工具或者删除锚点工具。

· 双击以隔离：通过在对象上双击即可把该对象隔离起来。

· 使用精确光标：在使用工具箱中的工具时，将会显示一个"十"字框，这样可以进行更为精确的操作。

· 使用日式剪裁标记：将会产生日式裁切线。

· 显示工具提示：如果把鼠标指针放在工具按钮上，将会显示出该工具的简明释意。

· 变换图案拼贴：当对图样上的图形进行操作时，图样也会被执行相同的操作。

· 消除锯齿图稿：将会消除图稿中的锯齿。

· 缩放描边和效果：当调整图形时，边线也会被进行同样的调整，比如缩小。

· 选择相同色调百分比：在选择时，可选择线稿图中色彩百分比相同的对象。

· 使用预览边界：当选择对象时，选框将包括线的宽度。

· 在打开旧版文件时追加[转换]：如果打开以前版本的文件，则会启用转换为新格式的功能。

### 3.7.2　选择和锚点显示预置

用于设置选择的容差和锚点的显示效果，执行"编辑→首选项→选择和锚点显示"命令即可打开"首选项"对话框，如图3-32所示。

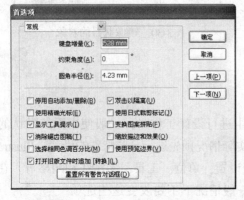

图3-31　"首选项"对话框

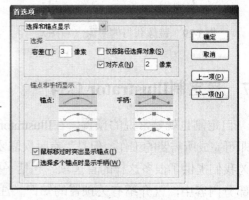

图3-32　"首选项"对话框

下面介绍一下这些选项设置。在选择区域中的选项用于设置选择的容差，不再一一介绍。

在锚点和手柄显示区域中的选项用于设置锚点的显示状态和效果。主要有以下两个选项：

· 鼠标移过时突出显示锚点：勾选该项后，当移动鼠标经过锚点时，锚点就会突出显示。

・选择多个锚点时显示手柄：勾选该项时，在选择多个锚点后就会显示出手柄。

### 3.7.3 文字预置

用于设置文字效果，执行"编辑→首选项→文字"命令即可打开"首选项"对话框，如图3-33所示。

下面简单介绍一下这些选项设置。

・大小/行距：用于设置文字的大小及行距。
・字距调整：用于设置文字的字间距。
・基线偏移：用于设置文字的基线位置。
・仅按路径选择文字对象：勾选该项后，需要单击文字的路径才可以选中它们。
・显示亚洲文字选项：勾选该项后，系统将显示亚洲国家的文字选项。
・以英文显示字体名称：勾选该项后，字体下拉列表框中的文字名称将以英文显示。
・最近使用的字体数目：在该下拉列表中可以选择显示最近的字体列表数。
・字体预览：用于设置预览字体的大小，分为小、中和大。
・启用缺失字形保护：勾选该项后，将会启用缺失字形保护。
・对于非拉丁文本使用内联输入：勾选该项后，将会启用非拉丁文本使用内联输入。

### 3.7.4 单位和显示性能预置

用于设置图形的显示单位和性能，执行"编辑→首选项→单位和显示性能"命令即可打开"首选项"对话框，如图3-34所示。

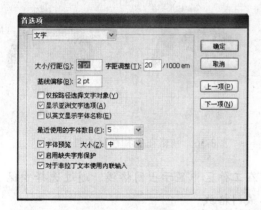

图3-33 "首选项"对话框

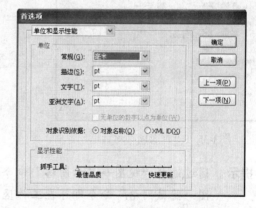

图3-34 "首选项"对话框

下面介绍一下这些选项设置。

**单位：**

在Illustrator中共有7种度量单位，它们分别是点、毫米、厘米、派卡、英寸、Ha和像素。

・常规：用于设置标尺的度量单位。
・描边：用于设置边线的度量单位。
・文字：用于设置文字的度量单位。
・亚洲文字：用于设置亚洲文字的度量单位。

**显示性能**：

通过拖动滑块（小三角）可以设置图形的显示性能，滑块越靠左，显示越精确，但是显示速度也会越慢。

### 3.7.5　参考线和网格预置

用于设置参考线和网格的颜色和样式，执行"编辑→首选项→参考线和网格"命令即可打开"首选项"对话框，如图3-35所示。

下面介绍一下这些选项设置。

**参考线**：

· 颜色：用于设置参考线的颜色，也可以单击后面的颜色框来设置颜色。

· 样式：用于设置参考线的类型，有实线和虚线两种。

**网格**：

· 颜色：用于设置网格线的颜色，也可以单击后面的颜色框来设置颜色。

· 样式：用于设置网格线的类型，有实线和虚线两种。

· 网格线间隔：用于设置网格线的间隔距离。

· 次分隔线：用于设置网格线的数量。

· 网格置后：选中该项后，网格线位于对象的后面。对比效果如图3-36所示。

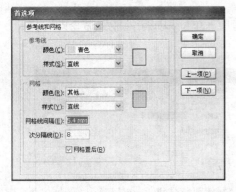

图3-35　"首选项"对话框

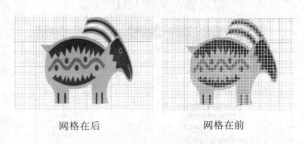

网格在后　　　　　　网格在前

图3-36　网格在后和在前的对比效果

> **提示**　通过选择"视图→显示网格"命令即可在工作区中显示出网格线。通过选择"视图→隐藏网格"命令即可在工作区中隐藏网格线。

### 3.7.6　智能参考线预置

用于设置智能参考线，执行"编辑→首选项→智能参考线"命令即可打开其"首选项"对话框，如图3-37所示。

在下面的内容中介绍一下这些选项设置。

**显示选项**：

· 对齐参考线：勾选该项后，系统将会使参考线和对象对齐。

· 对象突出显示：勾选该项后，在编辑对象时，光标所在的对象将高亮显示。

· 变换工具：勾选该项后，在执行旋转、移动对象等操作时，显示其基准点的参考信息。

· 锚点/路径标签：勾选该项后，将显示锚点和路径标签。

· 度量标签：勾选该项后，将显示度量标签。

**提示** 在以前的版本中，智能参考线首选项和切片的首选项是合在一起的，在这一版本中分开了。切片的"首选项"对话框如图3-38所示，在该对话框中可以设置切片的编号和线条颜色。

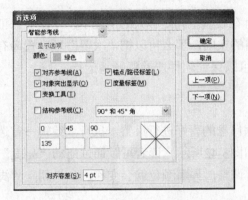

图3-37 "首选项"对话框

图3-38 切片的"首选项"对话框

### 3.7.7 连字

在使用较长的外文单词时，如果在一行中放不下，会将单词移动到下一行，这样可能造成一段文字的右侧不齐，为了解决这个问题，可以使它们自动生成连字符。执行"编辑→首选项→连字"命令即可打开"首选项"对话框，如图3-39所示。

下面介绍一下设置连字符的步骤：

（1）在默认语言栏中选择所使用的语言。通过单击右侧的下拉按钮即可打开一个列表，如图3-40所示。从该列表中可以选择自己需要的语言种类。

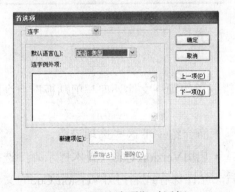

图3-39 "首选项"对话框

图3-40 语言列表

（2）在"新建项"栏中输入要添加连字符的单词。

（3）单击"添加"按钮，即可在"例外"栏中显示出输入的单词。

（4）如果要删除单词，那么单击"删除"按钮即可。

### 3.7.8 增效工具与暂存盘

用于设置如何使系统更有效率，以及文件的暂存盘，执行"编辑→首选项→增效工具和暂存盘"命令即可打开"首选项"对话框，如图3-41所示。

其他增效工具文件夹：

通常，在Illustrator安装完毕后，会自动定义相应的插件文件夹。但是，操作有误时会丢失与插件文件夹的链接。可以通过选中该项并单击"选取"按钮并从打开的对话框中选择需要的插件文件夹。完成后，重新启动Illustrator即可生效。

暂存盘：

暂存盘用于设置软件运行所需要的空间，只有在硬盘空间足够大的情况下，才能够保证软件的正常运行。如果在计算机的其他磁盘中有充裕的空间，那么可以把"次要"项设置为有大量空间的磁盘，比如计算机上的其他磁盘。这样可以保证软件能够顺畅地运行。

### 3.7.9　用户界面

用于设置用户界面的颜色深浅，读者可以根据自己的喜好进行设置。执行"编辑→首选项→用户界面"命令即可打开"首选项"对话框，如图3-42所示。读者可以通过拖动"亮度"右侧的滑块来调整用户界面的颜色深浅。朝向"深"调整，界面颜色就会变深，如果朝向"浅"调整，用户界面就会变浅。

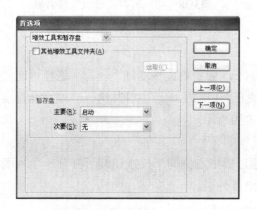

图3-41　"首选项"对话框

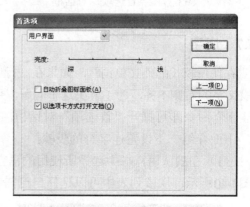

图3-42　"首选项"对话框

### 3.7.10　文件和剪切板

用于设置文件和剪切板的处理方式，执行"编辑→首选项→文件处理与剪贴板"命令即可打开"首选项"对话框，如图3-43所示。

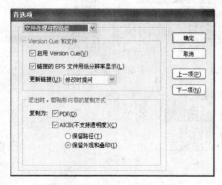

图3-43　"首选项"对话框

下面介绍一下这些选项设置。

· 启用Version Cue（版本提示）：选择该项后，允许保存或者打开Version Cue的文件。

· 链接的EPS文件用低分辨率显示：选择该项后，允许在链接EPS时使用低分辨率显示。

· 更新链接：用于设置在链接文件改变时是否更新文件。

· PDF：选择该项后，允许在剪贴板中使用PDF格式的文件。

·**AICB**：选择该项后，允许剪贴板中使用AICB格式的文件。

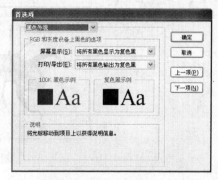

图3-44 "首选项"对话框

### 3.7.11 黑色外观

用于把工作界面中的所有黑色显示复色黑，复色黑是一种比一般黑色更黑更暗的颜色。执行"编辑→首选项→黑色外观"命令即可打开"首选项"对话框，如图3-44所示。

## 3.8 设置显示状态

在Illustrator CS4中文版中工作时，可以改变图形的显示尺寸，也可以改变图形的显示区域，还可以改变图形的显示模式，以便于设计工作。

### 3.8.1 改变显示大小

可以通过更改图形的显示比例来更改图形在工作区中的显示大小。在Illustrator中有多种改变图形显示比例的方法。

第一，使用工具箱中的"放大镜"工具 在工作区中单击即可，每单击一次都会使图形放大一次，如图3-45所示，这是单击3次后的效果。

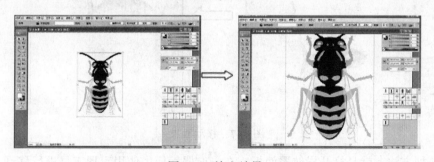

图3-45 放大效果

> **注意** 如果想缩小图形，那么在工具箱中激活放大镜工具，然后按住键盘上的Alt键进行单击即可。

第二，如果想进行局部放大，那么在工具箱中激活"放大镜"工具，然后把鼠标指针移动到需要放大的位置，拖拽出一个矩形框即可使该区域放大很多倍。

第三，使用键盘快捷键放大或者缩小图形。这是一种比较快捷的方式。按Ctrl++（加号）键可以放大图形，按Ctrl+-（减号）键可以缩小图形。

第四，使用导航器面板。执行"窗口→导航器"命令即可打开导航器面板，如图3-46所示。在导航器面板中，可以直接改变左下角的百分比数字来改变图形的大小，也可以通过单击 按钮来改变图形的大小，单击左侧的 按钮可以缩小图形，单击右侧的 按钮可以放大图形。

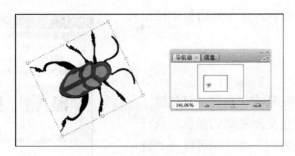

图3-46 导航器面板

### 3.8.2 改变显示区域

当把图形放大之后，对于满屏的图形，如果想查看不同的部分，而又不想缩小图形，应该怎么办呢？非常容易，使用工具箱中的手形工具就可以很容易地实现。激活工具箱中的"手形工具"工具后，把鼠标指针移动到工作区中，鼠标指针将会变成一个手形，然后按住鼠标键进行移动即可。如图3-47所示。

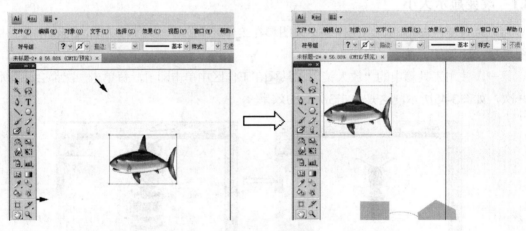

图3-47 移动效果

还有一种方法，就是打开导航器面板，在导航器面板中使用手形工具进行移动。但是这种方法不如前一种方法简单，一般不常用。

### 3.8.3 改变显示模式

在Illustrator CS4中有两种显示状态，一种是实色显示（也叫预览显示），另外一种是线框显示（也叫轮廓显示）。在实色显示模式下，图形会显示出全部的构成元素信息，包括色彩、边线、文本及置入的图形信息。而在线框显示模式下，图形只以线框形式显示图形轮廓。如图3-48所示。改变显示模式的方法非常简单，只需要执行"视图→预览"命令即可。如果想改回原来的显示模式，则再次执行"视图→轮廓"命令即可。快捷方式是Ctrl+Y组合键。

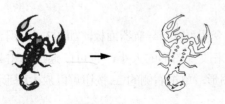

图3-48 实色显示（左）线框显示（右）

在实色显示模式下，由于显示的图形信息比较多，因此占用的内存也比较大。文件比较大时，会使显示速度变慢。如果碰到这种情况，可以把图形改变到线框显示模式下。

## 3.9　使用页面辅助工具

在Illustrator CS4中绘制图形时，会碰到精确放置对象的情况，这时就可以使用Illustrator提供的标尺、参考线、网格等辅助工具。

### 3.9.1　标尺

在默认设置下，Illustrator CS4中的标尺不会显示出来，需要执行"视图→显示标尺"命令才能显示，分为水平标尺和垂直标尺，如图3-49所示。

在默认设置下，标尺原点位于Illustrator视图的左上角。如果需要改变原点，那么单击并拖动标尺的原点到需要的位置即可，此时会在视图中显示出两条垂直的相交直线，直线的相交点即是调整后的标尺原点，如图3-50所示。

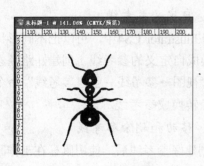

图3-49　显示的标尺

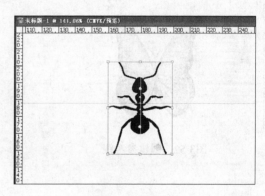

图3-50　新原点

如果在改变了标尺原点之后，再改回到原来的位置，那么在左上角的原点位置双击即可。

**注意**　如果想隐藏标尺，那么执行"视图→隐藏标尺"命令即可。显示和隐藏标尺的快捷方式是Ctrl+R键。

### 3.9.2　网格

在Illustrator CS4中将对象进行对齐和排列时，就会使用到网格了。在系统默认设置下，网格不显示，需要执行"视图→显示网格"命令才能使网格显示出来，如图3-51所示。

图3-51　网格效果（右图）

如果想取消网格的显示，那么执行"视图→隐藏网格"命令即可。打开和隐藏网格的快捷方式是Ctrl+"键。

另外，网格还具有吸附功能，也就是把对象和网格的线自动对齐。执行"视图→对齐网格"命令即可打开该功能。再次执行该命令就会把网格吸附功能关闭。

### 3.9.3　参考线

在工作时，为了更好地确定对象的方位，可以借助Illustrator CS4中的参考线。而且还可以根据特殊需要自定义参考线。

**1. 创建参考线**

在创建参考线时，要先打开标尺，然后把鼠标指针放在标尺上并按住鼠标键拖动，即可把参考线拖到工作区中，如图3-52所示。可以拖出多条参考线。

图3-52　创建参考线

可以通过执行"视图→参考线→显示参考线"命令把参考线隐藏起来。执行"视图→参考线→显示参考线"命令即可把参考线显示出来。

**2. 自定义参考线**

在Illustrator CS4中，可以把不同形状的路径转换成自定义的参考线。创建好路径之后，执行"视图→参考线→创建参考线"命令即可把路径转换成参考线。

**3. 移动和删除参考线**

创建好参考线后，使用鼠标在工作区中选中参考线，并进行拖动即可移动参考线。

选中参考线，然后按键盘上的Delete键即可删除选中的参考线。也可以通过执行"视图→参考线→清除参考线"命令来删除。

**4. 锁定和解除参考线**

在创建好参考线之后，为了防止意外移动或者删除它们，可以锁定它们。一般在默认设置下参考线是锁定的。执行"视图→参考线→锁定参考线"命令即可锁定参考线。

如果想解除锁定参考线，那么执行"视图→参考线→解除参考线"命令即可。

### 3.9.4　智能参考线

在Illustrator CS4中，智能参考线就是在选择对象时在鼠标指针旁边显示出它当前所处的位置、对象类型及角度信息等，如图3-53所示。在移动鼠标时，这些信息都将随着鼠标指针的移动而改变。

执行"视图→智能参考线"命令即可激活智能参考线功能。它的快捷方式是Ctrl+U键，按一次激活智能参考线功能，再按一次取消智能参考线功能。在处理复杂对象时，可考虑使用智能参考线。注意当使用"对齐网格"功能时，不能同时使用智能参考线功能。

图3-53 右图左下方标记处就是显示的智能参考

# 第4章 基本绘图

在Illustrator CS4中，很多复杂的图形都是由一些基本的、简单的图形构成的。要想绘制出复杂的图形效果，需要从简单图形开始制作。

在本章中主要介绍下列内容：

- 各种线形的创建
- 矩形的创建
- 圆的创建
- 多边形的创建
- 星形的创建
- 光晕工具的使用

## 4.1　线条绘图工具的使用

在Illustrator CS4中文版中，可以使用工具箱中的基本线条绘图工具绘制出一些基本的图形，如线段、弧线、螺旋线和极坐标网格线等。还可以对它们进行任意的编辑，如移动、旋转、缩放和变形等操作。

在工具箱中把鼠标指针放在工具按钮上，并按住鼠标键不放，则会显示出隐藏的工具。另外还可以通过单击最右侧的小按钮，把隐藏的工具组以单独的对话框显示出来，如图4-1所示。

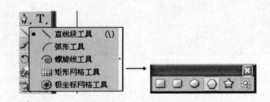

图4-1　展开隐藏的线形绘制工具组

### 4.1.1 直线段工具的使用

我们可以使用直线段工具很方便地在工作区中以拖动方式绘制出线段。当需要精确指定矩形的长和宽时，还可以使用数值方法绘制线段。

**1. 使用拖动方法绘制线段**

以拖动方式绘制线段的步骤如下：

（1）选取直线段工具，移动到工作区中，这时光标会变成十字标线。

（2）在工作区中单击一次确定起点位置，并按住鼠标左键拖动到线段的终点位置，释放鼠标键即可，如图4-2所示。

（3）按住Shift键将会绘制出增量为45度角的线段，比如水平和垂直的线段。

（4）按住Alt键，可使线段以单击点为中心向两端延伸，而且可以自由旋转。

**2. 使用数值方法绘制直线**

如果需要精确绘制线段，可以按如下步骤进行：

（1）在工具箱中选取直线段工具。

（2）移动鼠标在工作区中任一位置单击鼠标左键，系统将会打开如图4-3所示的"直线段工具选项"对话框。

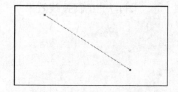

图4-2 绘制的线段效果　　　　　　图4-3 "直线段工具选项"对话框

**提示**　在"直线段工具选项"对话框中，"长度"选项用于设置线段的长度。"角度"选项用于设置线段的角度，是相对于水平线而言的。"线段填色"用于设置所绘线段的颜色。

（3）输入线段的长度值。

（4）输入线段的角度值，单击"确定"按钮即可。绘制的线段效果如图4-4所示。

（5）在该对话框中还有一个选项——"线段填色"。在默认设置下，该项处于未选择状态，此时绘制出的线段是以透明色填充的。如果处于选择状态，此时绘制出的线段是以当前填色填充的，如图4-5所示。

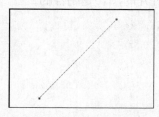

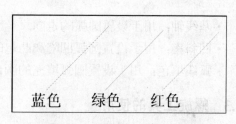

图4-4 生成的线段效果　　　　　　图4-5 不同颜色的线段效果

### 4.1.2 弧形工具的使用

可以使用弧形工具很方便地在工作区中以拖动方式绘制出弧线。当需要精确绘制弧线时，还可以使用数值方法绘制弧线。

**1. 使用拖动方法绘制弧线**

以拖动方式绘制弧线的步骤如下：

（1）选取弧形工具，把鼠标指针移动到工作区中，这时光标变成十字标线。

（2）绘制弧线是从起点开始的，把鼠标移动到起点位置并按下鼠标左键。按住鼠标左键不放，拖动鼠标调整弧线至所需的大小，释放鼠标键即可，如图4-6所示。

（3）在绘制过程中，可以拖动鼠标调整弧线的方向。

（4）按下Shift键可以绘制出正圆弧线，如图4-7所示。

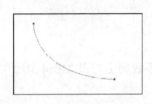

图4-6　弧线效果

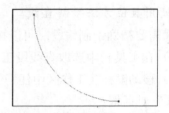

图4-7　正圆弧线效果

**2. 使用数值方法绘制弧线**

如果需要精确地绘制弧线，可以按如下步骤进行：

（1）在工具箱中选取弧形工具。

（2）移动鼠标在工作区中任一位置单击鼠标左键，系统将会打开如图4-8所示的"弧线段工具选项"对话框。

图4-8　"弧线段工具选项"对话框

（3）根据需要设置好参数值。

（4）单击"确定"按钮即可生成需要的弧线。

下面介绍一下该对话框中的几个选项：

· **X轴长度/Y轴长度**：用于设置圆弧在这两个方向上的长度。

· **类型**：用于设置圆弧的类型，有两种类型，一是打开的，二是闭合的。

· **基线轴**：用于设置圆弧的走向。

· **凹斜率**：用于设置圆弧凹陷和凸起的程度。

· **弧线填色**：用于设置圆弧填充的颜色。

### 4.1.3 螺旋工具的使用

可以使用螺旋工具很方便地在工作区中通过拖动方式绘制出各种螺旋线状。当需要精确绘制螺旋线时，还可以使用数值方法绘制。

## 1. 使用拖动方法绘制螺旋线

以拖动方式绘制螺旋线的步骤如下：

（1）选取螺旋线工具，选择方法同弧形工具，移动到工作区中，这时光标变成十字标线。

（2）绘制螺旋线是从中心开始的，把鼠标移动到预设螺旋线的中心，按下鼠标左键，按住鼠标左键不放，拖动鼠标调整螺旋线至所需的大小，如图4-9所示。

（3）在绘制的过程中，可以拖动鼠标转动螺旋线。

（4）按向上键可以增加螺旋线的圈数，按向下键可以减少螺旋线的圈数，如图4-10所示。

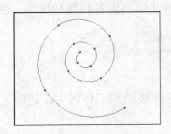

图4-9 绘制的螺旋线效果

图4-10 用方向键增减螺旋线的圈数

（5）按住"～"键将会绘制出很多的螺旋线。

（6）按住空格键，就会"冻结"正在绘制的螺旋线，可以在工作区中任意拖动，松开空格键后可以继续绘制螺旋线。

（7）按下Shift键可以使螺旋线以45度的增量旋转。

（8）按住Alt键可以控制螺旋线的方向，如图4-11所示。

（9）按住Ctrl键可以调整螺旋线的紧密程度，如图4-12所示。

（10）松开鼠标左键，螺旋线就绘制完成了。

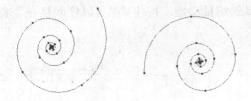

图4-11 控制螺旋线的方向

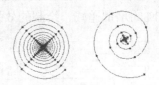

图4-12 调整螺旋线的紧密程度

## 2. 使用数值方法绘制螺旋线

如果需要精确绘制螺旋线，可以按如下步骤进行：

（1）在工具箱中选取螺旋线工具。

（2）移动鼠标在工作区中任一位置单击鼠标左键，系统将会打开如图4-13所示的数值绘制"螺旋线"对话框。

（3）按需要设置好参数，然后单击"确定"按钮即可生成需要的螺旋线。

图4-13 "螺旋线"对话框

下面介绍一下该对话框中的选项。

· 半径：设置螺旋线的半径。

· 衰减：设置螺旋线相差的比例，数值越大，螺旋线之间的差距就越大。

· 段数：设置螺旋线的分段数量，一般使用4个分段即可。

· 样式：设置螺旋线的走向，有两种类型，一种是顺时针的，另一种是逆时针的。这与前面介绍的按住Alt键进行绘制螺旋线的方法相同。

### 4.1.4 网格工具的使用

我们可以使用网格工具很方便地在工作区中以拖动方式绘制出各种网格形状。当需要精确绘制网格时，还可以使用数值方法绘制。

#### 1. 使用拖动方法绘制网格

以拖动方式绘制网格的步骤如下：

（1）选取网格工具，选择方法如前所叙，把鼠标指针移动到工作区中，这时光标变成十字标线。

（2）绘制网格是从一个起点开始的，确定好起点后，按下鼠标左键。按住鼠标左键不放，拖动鼠标调整网格至所需的大小，释放鼠标键，如图4-14所示。

（3）在绘制的过程中，可以拖动鼠标调整网格的大小及方向。

（4）按向上键可以增加螺旋线的圈数，按向下键可以减少螺旋线的圈数。

（5）按住"~"键将会绘制出很多的网格。

（6）按住空格键，就会"冻结"正在绘制的网格，可以在工作区中任意拖动，松开空格键后可以继续绘制网格。

（7）按下Shift键可以使网格以45度的增量旋转。

（8）按住Alt键可以以起点为中心向四周绘制网格。

（9）按住F键可以使网格在竖直方向上以10%的增量递增，按住V键可以使网格在竖直方向上以10%的增量递减。绘制的效果如图4-15所示。

图4-14 绘制的网格效果

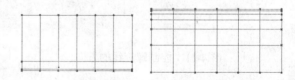

图4-15 绘制的网格效果

（10）按住X键可以使网格在横向方向上以10%的增量递增，按住C键可以使网格在横向方向上以10%的增量递减。

#### 2. 使用数值方法绘制网格

如果需要精确绘制网格，可以按如下步骤进行：

（1）在工具箱中选取网格工具。

（2）移动鼠标在工作区中任一位置单击鼠标左键，系统将会打开如图4-16所示的数值绘制"矩形网格工具选项"对话框。

（3）根据需要设置好参数值，然后单击
"确定"按钮即可。

下面介绍一下该对话框中的选项。

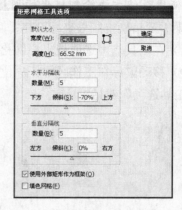

图4-16 "矩形网格工具选项"对话框

- 宽度：用于设置网格的宽度。
- 高度：用于设置网格的高度。
- 水平分隔线：用于设置水平分隔线的
数量。
- 垂直分隔线：用于设置垂直分隔线的
数量。
- 数量：用于设置网格垂直线和水平线的
数量。
- 左方（右方）倾斜：用于设置网格的倾斜量。
- 使用外部矩形作为框架：用于设置网格的边框使用方框还是使用线条。
- 填色网格：用于设置网格的填色。

## 4.1.5 极坐标网格工具的使用 ✸

在Illustrator CS4中可以使用极坐标网格工具很方便地在工作区中以拖动方式绘制出各种极坐标网格形状。当需要精确绘制极坐标网格时，使用数值方法绘制。

### 1. 使用拖动方法绘制极坐标网格

以拖动方式绘制极坐标网格的步骤如下：

（1）选取极坐标网格工具，把鼠标指针移动到工作区中，这时光标变成十字标线。

（2）绘制极坐标网格是从一个起点开始的，确定好起点后，按下鼠标左键。按住鼠标左键不放，拖动鼠标调整极坐标网格至所需的大小，释放鼠标键，如图4-17所示。

（3）在绘制的过程中，可以拖动鼠标调整极坐标网格的大小及方向。

（4）按向上键可以增加螺旋线的圈数，按向下键可以减少螺旋线的圈数，如图4-18所示。

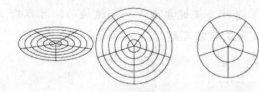

图4-17 极坐标网格效果

图4-18 不同的圈数

（5）按住"～"键将会绘制出很多的极坐标网格。

（6）按住空格键，就会"冻结"正在绘制的极坐标网格，可以在工作区中任意拖动，松开空格键后可以继续绘制极坐标网格。

（7）按下Shift键可以绘制出正圆的极坐标网格。

（8）按住Alt键可以以起点为中心向四周绘制极坐标网格。

（9）按住F键或者V键可以调整极坐标网格中射线的排列，效果如图4-19所示。

（10）按住X键或者C键可以调整极坐标网格中同心圆的排列。

2. 使用数值方法绘制极坐标网格

如果需要精确绘制极坐标网格，可以按如下步骤进行：

（1）在工具箱中选取极坐标网格工具。

（2）移动鼠标在工作区中任一位置单击鼠标左键，系统将会打开如图4-20所示的"极坐标网格工具选项"对话框。

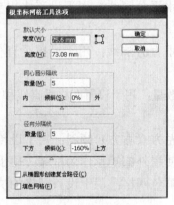

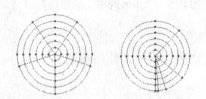

图4-19　极坐标网格效果

图4-20　"极坐标网格工具
选项"对话框

（3）根据需要设置好参数值，然后单击"确定"按钮即可。

下面介绍一下该对话框中的选项。

- 宽度：用于设置极坐标网格的宽度。
- 高度：用于设置极坐标网格的高度。
- 同心圆分隔线：用于设置同心圆的分隔线数量。
- 径向分隔线：用于设置径向分隔线数量。
- 数量：用于设置极坐标网格中射线或者同心圆的数量。
- 从椭圆形创建复合路径：用于设置极坐标网格中是否使用椭圆建立复合路径。
- 填色网格：用于设置极坐标网格的填色。

**注意**　在使用以上介绍的这些绘图工具时，如果同时按住键盘上"～"键拖动，可以绘制出连续的图形，如图4-21所示。这些效果是非常有趣的。

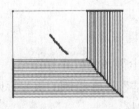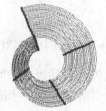

图4-21　连续图形效果

## 4.2　基本绘图工具的使用

可以使用工具箱中的基本绘图工具绘制出一些基本的图形，如矩形、圆、不规则多边形、线形等。还可以对它们进行任意的编辑，如移动、旋转和缩放等。

　　工具箱中的工具，前面的内容中已经做过简单介绍，读者可参阅前面的内容来熟悉每个工具的作用。另外注意的一点是，在工具箱中有些工具下面还隐藏着其他同类的工具，把鼠标指针放在工具按钮上，并按住鼠标键不放，则会显示出隐藏的工具。另外还可以通过单击最右侧的小按钮，把隐藏的工具组以单独的对话框显示出来，这样可便于我们使用，如图4-22所示。

## 4.2.1　矩形工具的使用 □

　　可以使用矩形工具很方便地在工作区中以拖动方式绘制出矩形或圆角矩形。当需要精确指定矩形的长和宽时，还可以使用数值方法绘制矩形或圆角矩形。

### 1. 使用拖动方法绘制矩形

　　矩形是最基本的图形，有很多方法绘制矩形。

　　以拖动方式绘制矩形的步骤如下：

　　（1）单击矩形工具 □，把鼠标指针移动到工作区中，这时光标变成十字标线。

　　（2）把鼠标移动到预设矩形的左上角，按下鼠标左键。按住鼠标左键不放，拖动光标至预设矩形的右下角。

　　（3）松开鼠标左键，矩形就绘制完成了，如图4-23所示。

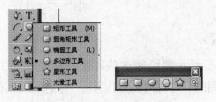

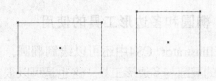

图4-22　展开隐藏的工具组　　　　　　　图4-23　以拖动方式绘制出的矩形

**注意**　　在拖动鼠标时按住Shift键，就会绘制出一个正方形。按住Alt键，将不是从左上角开始绘制矩形，而是从中心开始。

**提示**　　如果使用直接选择工具选中一个锚点，然后拖动则可以改变矩形的形状，如图4-24所示。另外其他图形也可以使用直接选择工具来改变它们的形状。

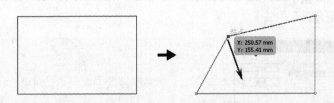

图4-24　以拖动方式改变矩形的形状

### 2. 以拖动方式绘制圆角矩形 □

　　以拖动方式绘制圆角矩形的操作步骤如下：

　　（1）选取圆角矩形工具 □，把鼠标指针移动到工作区中，这时光标变成十字标线。

　　（2）把鼠标移动到预设圆角矩形的左上角，按下鼠标左键。按住鼠标左键不放，拖动光标至预设圆角矩形的右下角。

（3）松开鼠标左键，圆角矩形就绘制完成了，如图4-25所示。

**3. 使用数值方法绘制矩形**

有时候，需要指定所绘矩形的长和宽。如果需要精确绘制矩形或圆角矩形，可以按如下步骤进行：

（1）在工具箱中选取矩形工具。

（2）移动鼠标在工作区中任一位置单击鼠标左键，系统将会打开如图4-26所示的"矩形"对话框。

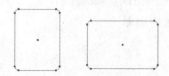

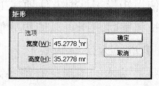

图4-25　以拖动方式绘制出的圆角矩形　　　　　图4-26　"矩形"对话框

（3）在该对话框中输入所需的宽度和高度的数值。单击"确定"按钮即可生成需要的矩形。

**提示**　圆角矩形的绘制方法与矩形的绘制方法相同，在此不再赘述，"圆角矩形"对话框如图4-27所示。

## 4.2.2　椭圆和多边形工具的使用

在Illustrator CS4中还可以绘制椭圆、多边形等图形。要绘制这些图形，就需要使用到工具箱中的椭圆与多边形工具。这也是可以很方便地使用的一个基本绘图工具。与矩形工具一样，可以使用拖动的方法绘制精度要求不高的椭圆与多边形，使用数值方法绘制严格规定长、短轴长度的椭圆和规定边长、边数和内角度数的多边形。

**1. 使用拖动方法绘制椭圆**

以拖动方式绘制椭圆的步骤如下：

（1）选取椭圆工具。

（2）把鼠标移动到预设椭圆形位置的左上角，这时光标变成十字标线。按下鼠标左键。

（3）按住鼠标左键不放，拖动光标至预设椭圆形的右下角。松开鼠标左键，椭圆就绘制完成了，如图4-28所示。

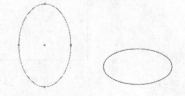

图4-27　"圆角矩形"对话框　　　　　图4-28　以拖动方式绘制出的椭圆

**提示**　在拖动鼠标时按住Shift键，就会绘制出一个标准的圆，如图4-29所示。按住Alt键，将不是从左上角开始绘制椭圆，而是从中心开始。按住空格键，就会"冻结"正在绘制的椭圆。

**2. 使用数值方法绘制椭圆**

如果需要精确地绘制椭圆，可以按如下步骤进行：

（1）选取椭圆工具。

（2）移动鼠标指针在工作区中任一位置单击鼠标左键，系统将会打开如图4-30所示的"椭圆"对话框。

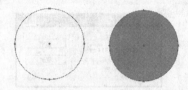

图4-29　以拖动方式绘制出的正圆　　　　图4-30　"椭圆"对话框

（3）在该对话框中输入所需的宽度和高度的数值，也就是椭圆的长轴和短轴的数值。

（4）单击"确定"按钮。

**提示**　在按下Alt键时单击鼠标，系统就会以单击鼠标处为中心绘制图形，否则以单击鼠标处作为椭圆的左上角。

**3. 以拖动方式绘制多边形**◎

以拖动方式绘制多边形的步骤如下：

（1）选取多边形工具，方法与椭圆工具相同。这时光标变成十字标线。

（2）绘制多边形都是从中心位置开始绘制的。把鼠标移动到预设多边形的中心，按下鼠标左键。

（3）按住鼠标左键不放，拖动鼠标调整多边形至所需的大小。

（4）在绘制的过程中，可以拖动鼠标转动多边形。

（5）按住鼠标键的同时，按键盘上的向上键↑可以增加多边形的边数，按向下键↓可以减少多边形的边数。系统的默认设置为六边形，如图4-31所示。

（6）按住"～"键可以绘制出多个多边形，如图4-32所示。

图4-31　以拖动方式绘制出的多边形　　　图4-32　以拖动方式绘制出的多边形

（7）按住空格键，就会"冻结"正在绘制的多边形，可以在工作区中任意拖动，松开空格键后可以继续绘制多边形。

（8）松开鼠标左键，多边形就绘制完成了。如图4-31所示即为绘制的三角形、六边形和八边形。

**提示**　在拖动鼠标时按住Shift键，就会绘制出一个"正立"的多边形，如图4-33所示。

#### 4. 使用数值方法绘制多边形

如果需要精确地绘制多边形，那么可以按如下步骤进行：

（1）选取多边形工具。

（2）移动鼠标在工作区中任一位置单击鼠标左键，系统将会打开如图4-34所示的数值绘制多边形对话框。

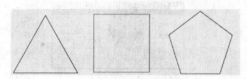

图4-33　正立的多边形效果

图4-34　"多边形"对话框

（3）在该对话框中输入多边形的半径和边数的值。单击"确定"按钮即可生成自己需要的多边形。

### 4.2.3　星形和光晕工具的使用

#### 1. 使用拖动方法绘制星形

以拖动方式绘制星形的步骤如下：

（1）选取星形工具，选择方法与椭圆工具相同。这时光标变成十字标线。

（2）绘制星形都是从中心开始的，把鼠标移动到预设星形的中心，按下鼠标左键。

（3）按住鼠标左键不放，拖动鼠标调整星形至所需的大小。

（4）在绘制的过程中，可以拖动鼠标转动多边形。

（5）按向上键可以增加多边形的边数，按向下键可以减少多边形的边数。系统的默认设置为五角星。

（6）按住"～"键将会绘制出很多个多边形。

（7）按住空格键，就会"冻结"正在绘制的星形，可以在工作区中任意拖动，松开空格键后可以继续绘制星形，如图4-35所示。

（8）按下Shift键可以画出"正立"的星形，如图4-36所示。

图4-35　绘制的多边形效果

图4-36　"正立"的五角星

（9）按住Alt键可以使每个角的"肩线"在一条线上，如图4-37所示。

（10）按住Ctrl键可以调整星形内部顶点的半径，如图4-38所示。

（11）松开鼠标左键，星形就绘制完成了。

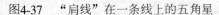

图4-37 "肩线"在一条线上的五角星 图4-38 调整内部顶点半径的五角星

**提示** 在绘制多边形和星形时，可以任意组合使用Shift、Alt、Ctrl、空格键以及方向键等功能键。

**2. 使用数值方法绘制星形**

如果需要精确地绘制星形，可以按如下步骤进行：

（1）选取星形工具。移动鼠标在工作区中任一位置单击鼠标左键，系统将会打开如图4-39所示的"星形"对话框。

（2）在该对话框中输入星形的内部半径和外部半径的值，其中半径1为内部半径，半径2为外部半径。

（3）输入星形的角点数。单击"确定"按钮即可。

**3. 使用拖动方法绘制光晕图形**

在Illustrator CS4中使用光晕工具可以制作各种各样的光晕效果，比如阳光、镜头光晕和钻石珠宝之光等。以拖动方式绘制光晕图形的步骤如下：

（1）选取光晕工具，移动到工作区中，这时光标变成十字标线。

（2）绘制光晕图形是从中心开始的，按下鼠标左键拖动一下，效果如图4-40所示。

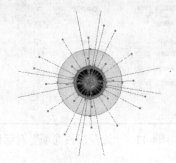

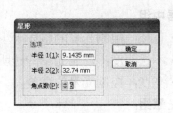

图4-39 "星形"对话框 图4-40 光晕效果

（3）按住鼠标左键不放，如果拖动鼠标再次单击，效果如图4-41所示。

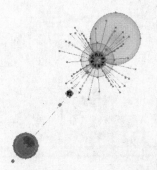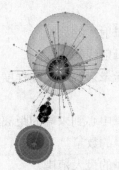

图4-41 光晕效果

（4）按向上键可以增加光晕射线的数量，按向下键可以减少光晕射线的数量。

（5）按住空格键，就会"冻结"正在绘制的光晕的光线，可以在工作区中任意拖动，松开空格键后可以继续绘制光晕射线。

（6）按下Shift键可以使光晕射线的方向保持不变。

（7）松开鼠标左键，光晕就绘制完成了，效果如图4-42所示。

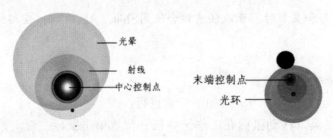

图4-42　光晕效果的基本构成

### 4. 使用数值方法绘制光晕

如果需要精确地绘制光晕图形，可以按如下步骤进行：

（1）在工具箱中选取"光晕工具"。

（2）移动鼠标在工作区中任一位置单击鼠标左键，系统将会打开如图4-43所示的"光晕工具选项"对话框。

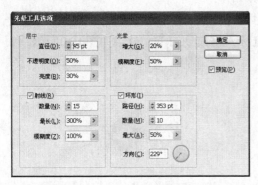

图4-43　"光晕工具选项"对话框

（3）输入直径、不透明度、亮度、射线数量及最长度、光晕增大度及模糊度、环形数量等的值。

（4）单击"确定"按钮即可创建。

下面介绍一下该对话框中的各个选项。

**居中组：**

· 直径：控制光晕的整体大小。

· 不透明度：控制光晕的透明度。

· 亮度：控制光晕的亮度。

**光晕组：**

· 增大：控制光晕的强度。

· 模糊度：控制光晕的模糊程度。

**射线组：**

· 数量：控制光晕射线的数量。

· 最长：控制光晕射线的长度。

· 模糊度：控制光晕射线的模糊程度。

**环行组：**

· 路径：控制光晕中心到末端的距离。

· 数量：控制光晕的数量。

· 最大：控制光晕的最大范围。

· 方向：控制光晕的方向。

**提示** 如果打开一幅海洋或者大草原图片，然后使用"光晕工具"绘制一个光晕效果的话，那么将会非常漂亮，如图4-44所示。

图4-44 打开的背景图片（左图）和添加光晕后的效果（右图）

## 4.3 实例：欢乐城堡

在本实例中，我们将使用"矩形工具"、"椭圆工具"、"多边形工具"等一些基本对象工具制作一幅欢乐城堡的图画。最终制作的效果如图4-45所示。

（1）选择主菜单栏中的"文件→新建"命令，在弹出的"新建文档"对话框中将"名称"设为"欢乐城堡"，"大小"设为"A4"，"颜色模式"设为CMYK，单击"确定"按钮创建一个新文档，如图4-46所示。

图4-45 欢乐城堡最终效果

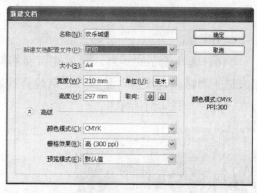

图4-46 "新建文档"对话框

（2）单击工具箱中的"矩形工具" ，在页面上单击并拖动鼠标，绘制一个矩形作为背景。效果如图4-47所示。

（3）确定矩形处于选择状态下，在工具箱中选择"渐变工具" ，单击页面右侧的"面板缩略列表"，单击"渐变" 按钮，进入"渐变"面板。将渐变的"类型"设置为"径向"模式，填充为由淡蓝色到深蓝色的渐变色，用来模拟天空的渐变色，如图4-48所示。

**提示** 关于填充色的设置，可以参阅本书后面相关章节的介绍。在制作该图形时，读者也可以先不制作背景色，直接绘制后面的图形效果。

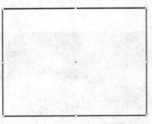

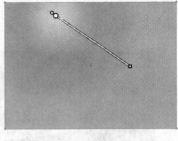

图4-47　绘制的矩形　　　　　　　　　　　　　图4-48　渐变填充

（4）单击工具箱中的"矩形工具"，在页面上单击并拖动鼠标，绘制出一个长条矩形作为草地。将工具箱中的"填色"颜色设置为黄绿色，选中矩形，单击工具箱中的"直接选择工具"，然后在视图中调整矩形上的锚点，改变矩形的形状，如图4-49所示。

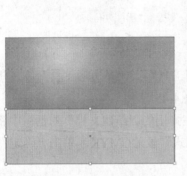
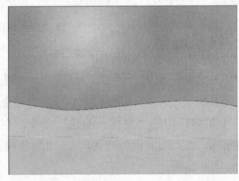

图4-49　绘制的矩形和调整后的效果

（5）单击工具箱中的"矩形工具"，在页面上单击并拖动鼠标绘制矩形，作为城墙，如图4-50所示。

（6）选择绘制的矩形，然后在页面右侧的"面板缩略列表"中单击"路径查找器"按钮，进入"路径查找器"面板。在路径查找器面板中单击"联集"按钮。将选择的长方形结合在一起，如图4-51所示。

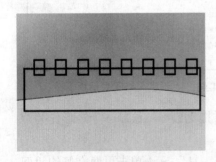
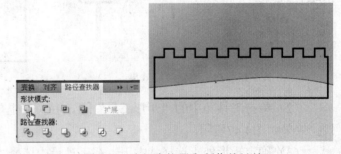

图4-50　绘制的城墙　　　　　　　　　　图4-51　路径查找器和制作的城墙

**提示**　　也可以使用钢笔工具或者铅笔工具直接进行绘制。

（7）为城墙填充颜色。选择制作的城墙图形，将其颜色填充为红色，然后将"控制面板"中的"描边"颜色设置成黑色，并将描边数值设置为3pt。填充颜色后的城墙效果如图4-52所示。

**提示** 在"控制面板"中通过单击颜色样本框可以从打开的颜色样本面板中选择颜色，如图4-53所示。通过单击描边框则可以从打开的颜色样本面板中选择描边的颜色，还可以设置描边的粗细程度等。

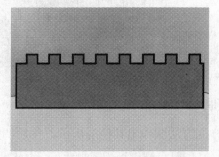

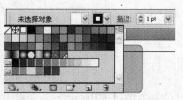

图4-52 "控制面板"和填充颜色后的效果　　　　图4-53 打开的颜色样本框面板

（8）绘制城墙上的城门。在工具箱中选择"矩形工具"，在页面上单击并拖动鼠标，绘制出一个矩形作为城墙的城门。在"控制面板"中将"填色"颜色设置为黑色，如图4-54所示。

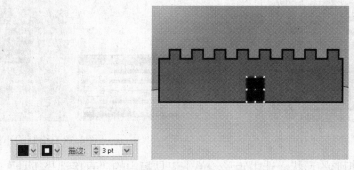

图4-54 绘制的城门

（9）绘制城堡内的小房子。使用工具箱中的"矩形工具"和"多边形工具"，在页面上绘制出一个矩形和一个三角形作为城堡内的房子，将矩形填充为淡黄棕色，将三角形填充为橘黄色，如图4-55所示。

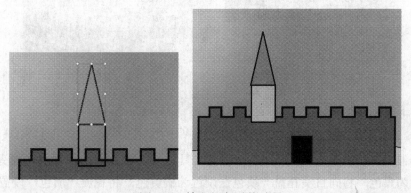

图4-55 填充颜色后的效果

（10）调整图层顺序。选择绘制的房子，在菜单栏中选择"对象→排列→后移一层"，将绘制好的房子调整到城墙的后面，调整后的效果如图4-56所示。

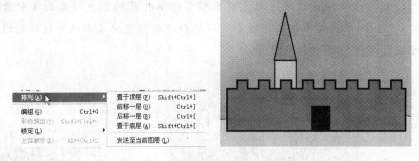

图4-56　排列菜单栏和调整图层的顺序

（11）绘制其他的房子。使用同样的方法制作出其他的房子，然后调整房子的位置，调整位置如图4-57所示。

（12）绘制小路。单击工具箱中的"矩形工具" ，在页面上单击并拖动鼠标绘制矩形，并填充为黄灰色，如图4-58所示。

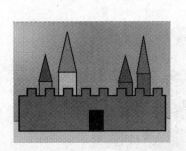

图4-57　绘制的其他房子

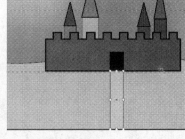

图4-58　绘制的小路

（13）调整矩形的形状。选中矩形，单击工具箱中的"直接选择工具" ，在视图中调整矩形上的锚点，改变矩形的形状，如图4-59所示。

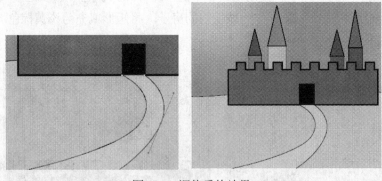

图4-59　调整后的效果

（14）绘制向日葵。单击工具箱中的"椭圆工具" ，在页面上绘制出向日葵的轮廓。将"描边"设置为黑色，将向日葵花盘"填色"设置为橘黄色，将花瓣"填色"设置为黄色，如图4-60所示。

（15）绘制向日葵的茎和叶子。在工具箱中选择"矩形工具" 和"椭圆工具" 绘制出向日葵的茎和叶子的轮廓，然后填充为绿色，如图4-61所示。

图4-60 填充颜色后的效果

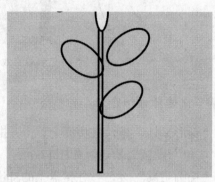

图4-61 绘制向日葵的茎和叶

（16）复制绘制好的向日葵。选择绘制好的向日葵然后按键盘上的Ctrl+C复制，按Ctrl+V执行粘贴，完成复制。将绘制的向日葵复制多份并调整其位置和大小，如图4-62所示。

图4-62 复制并调整后的效果

（17）绘制路标支撑杆。单击工具箱中的"矩形工具" ，在页面上单击并拖动鼠标，绘制出一个长条矩形作为路标支撑杆。然后将"填色"设置为紫色，如图4-63所示。

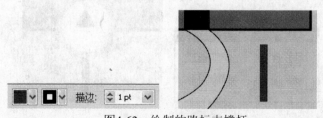

图4-63 绘制的路标支撑杆

（18）绘制路标标牌，在工具箱中选择"圆角矩形工具" 绘制一个圆角矩形，然后将"填色"设置为黄色，并将轮廓设置为5pt，如图4-64所示。

（19）添加文字。在工具箱中选择"文字工具" **T.**，在页面上输入"欢乐城堡"和 "welcome"。将"欢乐城堡"字体颜色设置为黑色，将"welcome"设置为红色。调整字体位置如图4-65所示。

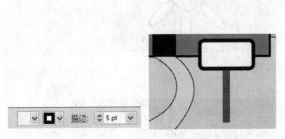

图4-64 "控制面板"和绘制的路标标牌　　　　　　图4-65 添加文字后的效果

**提示** 关于文字的制作，将在本书后面的章节中进行详细介绍。

（20）绘制指向牌支撑。单击工具箱中的"矩形工具" ▢，在页面上单击并拖动鼠标，绘制出一个长条矩形作为路标支撑杆。然后将"填色"设置为紫色，如图4-66所示。

（21）绘制指向牌标牌。在工具箱中选择"椭圆工具" ○，按住键盘上的Shift键在页面上绘制一个正圆，然后将"填色"设置为白色，将"描边"颜色设置为蓝色并将描边轮廓设置为5pt，如图4-67所示。

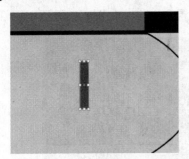

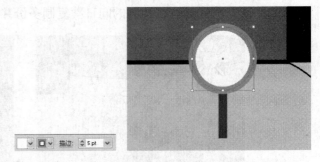

图4-66 绘制的矩形　　　　　　　　　　图4-67 绘制的正圆

（22）绘制箭头。在工具箱中选择"多边形工具" ○，使用鼠标左键在页面上双击，在弹出的对话框中设置多边形半径为4，边数为3，创建一个三角形。然后将绘制的三角形移动到先前绘制的指向标牌上，如图4-68所示。

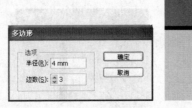

图4-68 多边形对话框和绘制的三角形

（23）工具箱中选择"矩形工具" ▢，使用矩形工具在页面上单击并拖动鼠标，绘制出一个矩形。将"填色"设置为黑色，然后将其移动到三角形下面，并调整其位置，如图4-69所示。

（24）绘制太阳。在工具箱中选择"椭圆工具"，按住键盘上的Shift键在页面上绘制一个正圆，然后将"填色"设置为橘红色，将"描边"颜色设置为无，如图4-70所示。

图4-69　绘制的箭头效果　　　　　　　　　　　　图4-70　绘制的太阳

（25）绘制白云。在工具箱中选择"椭圆工具"，在绘图页面上绘制三个椭圆，然后将"填色"设置为白色，将"描边"颜色设置为无，如图4-71所示。

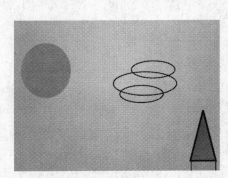

图4-71　绘制的白云

（26）选择绘制的白云，复制多份并调整其位置和大小，如图4-72所示。

图4-72　复制的白云

（27）添加光晕。在工具箱中选择"光晕工具"，在界面上拖动鼠标绘制一条光晕，如图4-73所示。

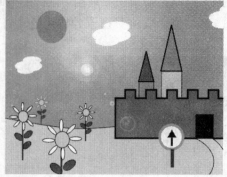

图4-73　绘制的光晕

（28）到此本例就制作完成了。

# 第5章 手绘图形

使用在上一章中介绍的工具一般只能绘制出一些基本的图形，但是对于一些不规则的图形，需要借助其他的工具来实现。

在本章中主要介绍下列内容：

- 路径和锚点
- 路径的编辑
- 铅笔工具的使用
- 钢笔工具的使用

## 5.1 路径和锚点

在Illustrator CS4中，路径是使用绘图工具创建的任何线条或形状。一条直线、一个矩形和一幅图的轮廓都是典型的路径。在Illustrator CS4中，有两种形式的路径：开放路径和闭合路径。开放路径如点、直线、曲线等。闭合路径如圆、矩形、多边形等。路径由一条或多条线段组成，而定义路径中每条线段的从开始点到结束点之间的点就是锚点。

### 5.1.1 路径

开放路径包括起始点、中间点和终点，也可以只有一个点。而闭合路径连接在一起，没有开始点和结束点。

开放路径的定义是：开放路径是由起始点、中间点和终点构成的曲线。开放路径有如下特点：

- 开放路径可以是一个单独的点。
- 一般情况下不少于两个点。
- 边框可以被赋予颜色或图案。
- 边框内部可以填充颜色。

直线和曲线就是开放路径，如图5-1所示。

闭合路径的定义是：闭合路径是起点和终点重合的曲线。闭合路径有如下特点：

- 单点不是闭合路径。
- 闭合路径没有结束点。
- 边框可以被赋予颜色或图案。
- 边框内部可以填充颜色。

矩形和椭圆就是闭合路径，如图5-2所示。

 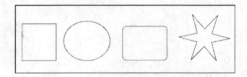

图5-1　开放路径　　　　　　　　　　　　　　图5-2　闭合路径

利用各种工具都可以绘制路径，如铅笔工具、钢笔工具、笔刷工具、绘图工具都可以绘制路径。绘制一条路径之后，可以通过改变它的大小、形状、位置和颜色对它进行编辑。

### 5.1.2　锚点

路径由一条或多条线段组成，而锚点就是定义路径中每条线段的从开始点到结束点之间的若干个点，通过锚点来固定路径。因此，也可以把锚点叫做固定点。在图中锚点显示为点状。如图5-3所示的曲线和折线上的小方框就是锚点。

通过移动锚点，可以修改路径段，以及改变路径的形状。使用直接选取工具选中锚点，然后拖动就可以移动锚点改变路径的形状。如图5-4所示。

 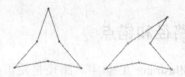

图5-3　曲线上点即为锚点　　　　　　　　　图5-4　移动锚点的效果（右图）

**提示**　　锚点为实心方块表示锚点被选中，为空心方块表示没有选中。

开放路径的开始锚点和最后锚点叫做端点。如果填充一条开放路径，程序将在两个端点之间绘制一条假想的线条并且填充该路径，如图5-5所示。

图5-5　开放路径的填充

## 5.2　使用铅笔工具

在Illustrator CS4中，铅笔工具是绘图时经常使用的一种方便、快捷的工具。铅笔工具适用于勾画草图，如果需要绘制精确的图形，就得使用钢笔工具。钢笔工具将在后面的内容中介绍。使用铅笔工具在工作区中单击和拖动就可以绘制图形，Illustrator CS4将会为所绘的图形自动加入定位点。

### 1. 使用铅笔工具绘制图形

使用铅笔工具绘制图形的操作步骤如下：

（1）选取铅笔工具 ✎。如图5-6所示。

（2）在工作区中以单击并拖动鼠标的方式绘制图形，图5-7所示即为使用铅笔工具绘制的曲线。

### 2. 铅笔工具的参数设定

图形绘制完成后，可以通过打开铅笔工具预置对话框来设定铅笔工具的参数以调整锚点的数目。使用鼠标左键双击工具箱中的铅笔工具，系统将打开如图5-8所示的"铅笔工具首选项"对话框，可以设置参数调整铅笔工具的属性。

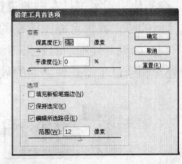

图5-6 铅笔工具　　　　图5-7 绘制的曲线　　　　图5-8 "铅笔工具首选项"对话框

在"铅笔工具首选项"对话框中的参数用来调整使用铅笔工具所绘制曲线的"保真度"和"平滑度"。"保真度"的参数值越大，所绘制曲线上的锚点的数目也就越少，曲线跟鼠标移动的实际轨迹越接近。参数值越小，所绘制的曲线上的锚点数目也就越多，曲线跟鼠标移动的实际轨迹越不接近，但看上去比较简洁。

图5-9 "逼真度"分别为1和10的两条曲线的对比

图5-9所示就是保持其他参数值不变，将"保真度"的值分别设为1和10所绘制的两条曲线的对比。

**注意**　"保真度"要设置得适当，不要设置得过大，也不要设置得过小。

"平滑度"设置的值越大，所绘制的曲线就越平滑，设置的值越小，所绘制的曲线的转折处就越明显，看上去就越不平滑。

**注意**　"保真度"设置值的范围是0.5～20，"平滑度"设置值的范围是0～100。

"铅笔工具首选项"对话框中还有一个"重置"按钮。单击该按钮，保真度和平滑度的参数值就会恢复到默认值，系统的默认值分别是：保真度为2.5，平滑度为0。

在对话框的最下面还有一个"保持选定"选项，当该选项被选中时，用铅笔工具绘制完曲线后曲线将会自动处于被选取状态。

## 5.3 使用平滑工具 ✎

在Illustrator CS4中，平滑工具是一种修饰工具，用来使曲线变得更平滑。因为徒手绘图是使用鼠标绘制图形，远远不如使用铅笔或者钢笔那样得心应手。当徒手绘图完成之后，可以使用平滑工具来进行修饰。

### 1. 使用平滑工具

平滑工具能够在尽可能保持路径原有形状的前提下，对一条路径的现有区段进行平滑处理。使用平滑工具的步骤如下：

（1）选择要作平滑处理的路径。

（2）在工具箱中选择平滑工具 ✎，如图5-10所示。

（3）使用平滑工具在需要进行平滑处理的路径外侧拖拉鼠标，然后释放鼠标。平滑后路径或笔画的锚点数量可能比原来的少。

（4）如果对处理后的效果不满意，还可以重复第（3）步操作。如图5-11所示是没有经过平滑处理和经过平滑处理之后的效果对比。

图5-10 选择"平滑"工具

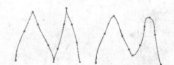

图5-11 平滑处理前后的效果对
比，右图为平滑效果

图5-12 "平滑工具首选项"对话框

### 2. 平滑工具的参数设定

使用鼠标左键双击工具箱中的平滑工具，系统将会打开如图5-12所示的"平滑工具首选项"对话框。

此对话框中的参数用来调整使用平滑工具处理曲线时的"保真度"和"平滑度"。"保真度"和"平滑度"的参数值越大，处理曲线时对图形原形的改变也就越大，曲线变得越平滑。参数值越小，处理曲线时对图形原形的改变也就越小。

> **注意** 平滑工具的"保真度"设置值的范围是0.5～20，"平滑度"设置值的范围是0～100。

与铅笔工具一样，"平滑工具首选项"对话框中也有一个"重置"按钮。单击"重置"按钮，"保真度"和"平滑度"的参数值就会恢复到默认值，系统的默认值分别是："保真度"为2.5，"平滑度"为25。

## 5.4 使用路径橡皮擦工具 ✎

在Illustrator CS4中，路径橡皮擦工具也是一种修饰工具，它能够擦除现有路径全部或者部分。路径橡皮擦工具的使用步骤如下：

（1）选择要擦除部分的路径。

（2）在工具箱中选择路径橡皮擦工具 ，如图5-13所示。

（3）沿着要擦除的路径拖动路径橡皮擦工具，然后释放鼠标。

（4）如果对处理后的效果不满意，还可以重复第3步操作。

图5-14所示就是擦除之前和擦除之后的两段路径。

图5-13　路径橡皮擦工具

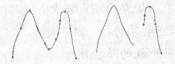

图5-14　使用路径橡皮擦工具
擦除路径的效果

擦除后路径的末端将会自动生成一个新的锚点，并且路径处于选中状态。另外它也用于擦除使用钢笔工具绘制的路径。

**技巧**　不仅可以使用路径橡皮擦工具从路径的两端擦除，也可以擦除路径中间的一部分，使路径变为两条较短的路径。

## 5.5　使用钢笔工具

在Illustrator CS4中，钢笔工具比较常用，同时也比较难掌握。它是一种功能强大又比较精确的工具。钢笔工具的作用是用来创建各种形状和形式的贝塞尔路径，它使用锚点来工作。在Photoshop软件中也有钢笔工具。Illustrator CS4中用钢笔工具创建的路径可以输入到Photoshop中，同样，在Photoshop中使用钢笔工具创建的路径也可以输入到Illustrator CS4中。

在图形软件中工作的时候，最基本的操作就是绘制图形。Illustrator CS4中的钢笔工具是绘制图形的一种最基本也是非常重要的工具。它不仅仅可以绘制直线和平滑的曲线，而且还可以精确地控制路径。

### 5.5.1　绘制直线和折线

使用钢笔工具可以绘制出直线和折线，还可以将开放的折线闭合起来。

#### 1. 绘制直线和折线

直线和折线的绘制步骤如下：

（1）选择工具箱中的钢笔工具 ，将鼠标移动到绘图页面上，此时钢笔工具的右下角显示一个"X"符号。

（2）单击鼠标左键，按下后松开。这时绘图页面上出现了一个小小的蓝色正方形，这是一个锚点，即直线的起点。

（3）移动鼠标到另一位置，再次单击鼠标左键，则两个点将会连接起来，组成一条直线。这时第一个锚点没有选中，第二个锚点处于选中状态，如图5-15所示。

（4）将鼠标移动到下一个位置，单击鼠标左键，这时会出现一条折线，新增锚点与第二个锚点相连。重复操作可以继续增加折线的线段数，最后一个锚点始终处于选中状态，如图5-16所示。

| 图5-15　绘制的直线 | 图5-16　绘制的折线 |

（5）如果在绘制直线或折线时按住Shift键，就可以绘制出特殊角度的线条，如水平、垂直、倾斜45度角等。

### 2. 将开放的路径闭合

将开放的路径闭合的方法非常简单。绘制折线后，将钢笔工具移动到起始锚点的位置，这时在钢笔工具的右下角将会出现一个小圆圈，单击鼠标就可以将路径闭合起来。图5-17就是使用钢笔工具绘制的闭合路径。闭合路径后就结束了对路径的操作，因此不必终止折线的绘制。

### 3. 绘制精确长度的直线

在前面讲述的绘制基本图形的操作时，我们总可以绘制出具有精确长度和位置的基本图形，直线的绘制也是一样的。创建精确长度直线的步骤如下：

（1）执行"窗口"菜单中的"信息"命令，打开"信息"面板，如图5-18所示。

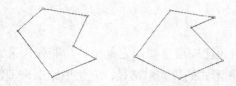

| 图5-17　使用钢笔工具绘制闭合路径 | 图5-18　"信息"面板 |

（2）选择钢笔工具绘制直线。同时在"信息"面板中的X值、Y值、W值、H值、D值和∠的值随着鼠标的移动而改变。其中X值和Y值表示直线终点位置的横坐标和纵坐标，W值表示直线起点和终点之间横坐标的差值，H值表示直线起点和终点之间纵坐标的差值。D值表示直线的长度，∠值表示起点与终点之间连线与水平方向的倾角。

（3）结合"信息"面板中显示的信息移动鼠标，在合适的位置单击鼠标。一条具有精确长度和角度的直线就绘制完成了。

### 4. 改变直线的长度和角度

绘制完成一条直线后，可以通过移动锚点的方式改变直线的长度。改变直线长度的步骤如下：

（1）使用钢笔工具创建一条直线。

（2）选择工具箱中的直接选取工具，或者按下键盘上的A键选择直接选取工具，以选取直线的终点。

（3）使用键盘上的方向键或者鼠标拖动锚点，在信息面板中可以看见直线的长度和角度都会随着变化。

### 5.5.2 绘制曲线

在绘制曲线之前，先了解一下曲线的组成。了解了曲线的结构之后才能更好地绘制曲线，从而进一步制作出自己需要的图形。

**1. 曲线的组成**

如图5-19所示，这是一条标准的曲线，在这条曲线上共有四个锚点。其中一个实心的锚点表示的是选中的锚点，三个空心的锚点表示没有被选中的锚点。

曲线上的锚点与直线上的锚点不同，曲线上的锚点称为曲线锚点或者曲线点。曲线锚点由三部分组成：锚点、方向点、方向线。方向线表示曲线在该锚点位置的切线方向，也有人把方向线和方向点统称为控制柄。可以通过移动锚点或者曲线本身来改变路径的位置和形状。

**2. 绘制曲线**

在Illustrator CS4中使用钢笔工具绘制曲线与绘制直线相比，过程要复杂一些，可以使用的技巧也要多一些。绘制曲线的操作步骤如下：

（1）选择工具箱中的钢笔工具。

（2）在绘图页面上按下鼠标，向着希望曲线延伸的方向拖动鼠标，然后松开鼠标。这时，起始锚点的位置不变，随着鼠标的移动就会生成控制柄。

（3）移动鼠标到绘图页面上另一位置，重复第（2）步操作。

（4）用类似的方法操作下去，就会得到一条曲线。曲线的绘制过程如图5-20所示。

绘制曲线时生成的点是平滑点，包含了两个可以调整曲线角度的控制柄，可以使用直接选取工具选取进行调整。

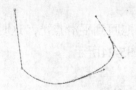

图5-19　曲线的组成

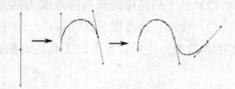

图5-20　曲线的绘制

**注意**　在绘制第2个锚点后，如果按住鼠标键拖动，那么绘制出的曲线是平滑的。如果不按住鼠标键拖动，那么绘制出的曲线不是平滑的，如图5-21所示。

**3. 绘制波浪线**

在Illustrator CS4中绘制波浪线的操作步骤如下：

（1）选择工具箱中的钢笔工具 ◊ 。

（2）在绘图页面上按下鼠标放置第一个锚点，然后松开鼠标，向右拖动一段距离。

（3）按下鼠标左键，向下拖动鼠标。

（4）重复上面的步骤，就能得到一条波浪线。

（5）单击钢笔工具结束波浪线的绘制。波浪线的绘制过程如图5-22所示。

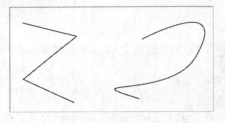

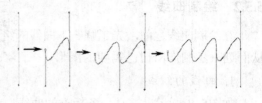

图5-21　效果对比　　　　　　　　　　图5-22　绘制波浪线

#### 4. 创建组合角点

组合角点是路径上直线和曲线结合处的交点。在Illustrator CS4中，使用钢笔工具组合直线和曲线通常是很有用的。可以在绘制时组合角点，也可以在绘制完成后用直接选取工具转换生成组合角点。

绘制时生成组合角点的步骤如下：

（1）在工具箱中选择钢笔工具，移动鼠标到绘图页面上。

（2）单击鼠标生成第一个锚点，也就是路径的起始点。

（3）移动鼠标，单击并拖动绘制出一段曲线。这时将产生一个平滑点。

（4）使用钢笔工具在同一个平滑点上单击，一个控制柄将消失。这时平滑点就转换成组合角点了。

（5）移动鼠标单击，这时绘制的将是一条直线。创建组合角点的过程如图5-23所示。

使用直接选取工具生成组合角点的步骤如下：

（1）使用钢笔工具绘制出一条曲线，曲线上必须有三个以上的平滑点。

（2）在工具箱中选择直接选取工具。

（3）使用直接选取工具将其中一个平滑点上的控制柄拖回到平滑点上，这时平滑点就变成了组合角点。使用直接选取工具生成组合角点的过程如图5-24所示。

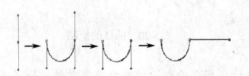

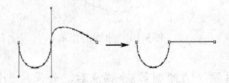

图5-23　创建组合角点　　　　　　图5-24　使用直接选取工具生成组合角点

## 5.6　编辑路径

在Illustrator CS4中，使用钢笔工具绘图是一件比较难的工作，如果没有熟练的技巧，很难一次得到所需的图形。所以更多的工作是在路径绘制完成之后，通过编辑路径中的锚点和编辑路径来改变图形中路径的方向和形状，从而得到满意的作品。

### 5.6.1　使用锚点编辑路径

在Illustrator CS4中，编辑锚点包括添加锚点、删除锚点、平均锚点、简化锚点和连接锚点等。

## 1. 添加/删除锚点

我们可以在任何路径上添加或删除锚点。添加锚点可以更好地控制路径的形状，有助于编辑路径。同样，可以通过删除锚点来改变路径的形状或简化路径。如果路径中包含众多的锚点，而有的锚点的作用并不大，删除不必要的锚点可以减少路径的复杂程度，并且能够使路径看上去显得简洁。

添加锚点的步骤如下：

（1）使用选取工具选中需要添加锚点的路径。

（2）在工具箱中选择"添加锚点工具"，如图5-25所示。移动鼠标到需要添加锚点的位置。这时，钢笔工具变为添加锚点工具，即在钢笔的右上角出现了一个小小的"+"号。

（3）按下鼠标左键，即可在该位置添加锚点。

（4）也可以在选中路径后，选择"添加锚点工具"，然后移动鼠标到需要添加锚点的位置添加锚点。添加锚点的过程如图5-26所示。

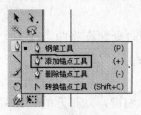

图5-25 添加锚点工具

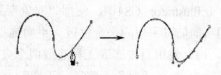

图5-26 添加锚点

**提示** 使用"对象→路径→添加锚点"命令也可以在曲线上添加锚点。

删除锚点的操作与添加锚点的操作基本相同。步骤如下：

（1）使用选取工具选中需要删除锚点的路径。

（2）在工具箱中选择"删除锚点工具"，移动鼠标到需要删除的锚点的位置。这时，钢笔工具变为删除锚点工具，即在钢笔的右上角出现了一个小小的"－"号。

（3）按下鼠标左键，即可删除该锚点。

（4）也可以在选中路径后，选择"删除锚点工具"，然后移动鼠标到需要删除的锚点位置删除锚点。删除锚点的过程如图5-27所示。

另外，可以暂时掩盖添加锚点工具或删除锚点工具的自动选择，要在绘图时屏蔽钢笔工具的添加锚点或删除锚点的功能，当钢笔工具在选定的路径或一个锚点上移动时按住Shift键即可。

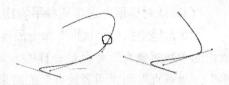

图5-27 删除锚点后的效果（右图）

**注意** 为了避免Shift键对路径的约束，要在释放鼠标键之前释放Shift键。

如果想要关闭添加锚点或删除锚点的自动功能，在"预设"对话框中选中"禁用自动添加/删除"即可。

**提示** 执行"对象→路径→移去锚点"命令也可以在曲线上删除锚点。

2. 删除游离点

孤立的锚点将会使线稿变得复杂，甚至减慢打印速度。如果无意间在绘图页面中单击钢笔工具，然后选取另外的工具，则可能产生游离点。所以必须删除这些游离点。删除所有游离点的操作步骤如下：

（1）执行"选择→对象→游离点"命令，然后选中所有游离点。

（2）执行"对象→路径→整理"命令，将打开"清理"对话框，如图5-28所示。

（3）选择"游离点"复选项，单击"确定"按钮将删除所有的游离点。

（4）选中游离点后按下键盘上的**Delete**键也能删除游离点。

也可以通过选择"整理"对话框中的相应选项来删除"未上色对象"或"空的文本路径"。

**注意** 在工具箱中没有删除游离点的工具，只能使用"选择→对象→游离点"命令来删除游离点。

3. 平均锚点

在**Illustrator** CS4中，使用"对象"菜单中的"平均"命令允许将两个或多个锚点移动到它们当前位置平均的一个位置。平均锚点的操作步骤如下：

（1）使用直接选取工具选取两个或多个锚点。

（2）执行"对象→路径→平均"命令，或者单击鼠标右键，从打开的快捷菜单中选择执行"平均"命令。打开如图5-29所示的"平均"对话框。

　　　　　　　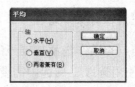

　　　　图5-28　"清理"对话框　　　　　　　　　　图5-29　"平均"对话框

**提示** 按下Ctrl+Alt+J键也可以打开平均锚点对话框。

（3）从对话框中选择一种平均锚点位置的方式，单击"确定"按钮即可。

如果对锚点执行"水平"命令后再执行"垂直"命令，则得到的结果与执行平均锚点对话框中的"两者兼有"命令是一样的。如图5-30所示从左至右分别为选择平均锚点方式为"水平"、"垂直"和"两者兼有"的结果。

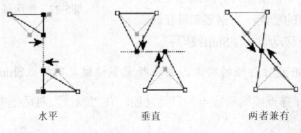

　　　水平　　　　　　　　　垂直　　　　　　　　两者兼有

图5-30　平均锚点

#### 4. 简化锚点

在Illustrator CS4中，对于锚点比较多而复杂的路径，可以使用"对象"菜单中的"简化"命令来简化锚点，调整多余的锚点，但是不会改变路径的基本形状。简化锚点的操作步骤如下：

（1）使用直接选取工具选取路径。

（2）执行"对象→路径→简化"命令，或者单击鼠标右键，从打开的快捷菜单中选择执行"简化"命令。打开如图5-31所示的"简化"对话框。按**Ctrl+J**组合键也可以打开"简化"对话框。

（3）从对话框中调整滑块，然后单击"确定"按钮即可。下图是依次减小"曲线精度"值之后的效果，如图5-32所示。

图5-31 "简化"对话框

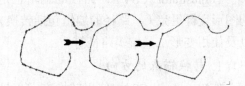

图5-32 简化锚点后的效果

下面简要介绍一下"简化"对话框中的几个选项。

· 曲线精度：用于指定路径的弯曲度，数值越大，路径越平滑，锚点也越多。

· 角度阈值：用于指定路径的角度阈值，数值越大，角度越平滑。

· 直线：选中该项后，所有的曲线将会变成直线。

· 显示原路径：选中该项后，将会在调整过程中显示原图的轮廓线。

#### 5. 转换锚点属性

使用"转换锚点工具" 可以转换锚点的属性。也就是说如果使用该工具在曲线点上单击后，可以把曲线点变成直线点，在直线点上单击后，可以把直线点改变成曲线点。

转换锚点属性的操作步骤如下：

（1）使用直接选取工具选取路径上的锚点。

（2）在工具箱中激活"转换锚点工具" ，并在选中的锚点上单击并拖动即可。

在下面的图中演示了使用"转换锚点工具"改变图形的效果，如图5-33所示。

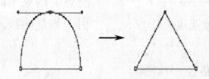

图5-33 变形效果对比

**提示** 在选中一个锚点之后，通过单击选项栏中的"将所选锚点转换为平滑"按钮可以把它再转换为平滑的锚点。"将所选锚点转换为平滑"按钮如图5-34所示。

图5-34　"将所选锚点转换为平滑"按钮

### 5.6.2　编辑路径的方式

在Illustrator CS4中，路径的编辑也是绘图操作中一个很重要的部分，它能使我们所绘制的图形变得更完美。路径的编辑包括转换方向、继续已存在的路径、应用合并锚点来连接路径以及使用变形工具编辑路径等。

#### 1. 转换锚点的方向

在Illustrator CS4中使用转换方向工具可以方便快速地将直角点转换成平滑点，或者将平滑点转换成直角点。使用转换方向工具的步骤如下：

（1）使用直接选取工具选择路径中要转换的锚点。

（2）在绘制的路径曲线上选择方向线。

（3）按住鼠标键拖动方向线就可以改变曲线的形状，如图5-35所示。

图5-35　向正反两个方向拖动

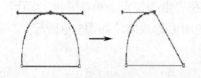

图5-36　拖动方向线调整曲线的形状

（4）也可以选择一个平滑点显示方向线，然后使用转换方向工具拖动方向线到锚点位置，将该段转换成一个直角点，但这与单击平滑点的结果不同，转换后锚点的一侧是直线，另一侧是曲线，如图5-36所示。

#### 2. 继续绘制已存在的路径

在Illustrator CS4中，可以从一个已绘制曲线上继续绘制。继续绘制已经存在路径的方法如下：

（1）选取钢笔工具。

（2）移动鼠标到任意一条路径的起点或终点上，不论该路径是否选中，这时钢笔工具的右下角都将出现一条斜杠"/"，表示将要继续绘制路径。

（3）单击鼠标，钢笔工具与路径将重新合为一体。

（4）按照正常绘制路径的方法就可以在已有路径的基础上绘制路径。效果如图5-37所示。

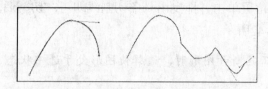

图5-37 继续绘制的曲线效果（右图）

### 3. 连接锚点

如果需要把两个独立的路径连接起来，那么在选中两个路径的端点锚点后，可以使用"对象"菜单中的"连接"命令来连接锚点，使它们成为一条路径。

连接锚点的操作步骤如下：

（1）使用直接选取工具选取路径的端点锚点。

（2）执行菜单栏中的"对象→路径→连接"命令即可将它们连接在一起，连接效果如图5-38所示。

### 4. 断开路径曲线

在Illustrator CS4中还可以把一个独立的路径分离成两个或者多个独立的路径，使用的工具是工具箱中的剪刀工具✂。激活该工具后，在需要断开的位置单击即可把路径断开。

断开路径的操作步骤如下：

（1）激活工具箱中的剪刀工具✂，如图5-39所示。

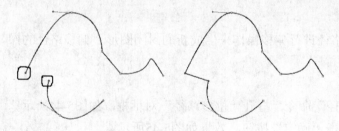

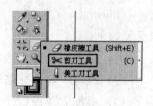

图5-38 连接锚点的效果（右图）　　　　图5-39 选择剪刀工具

（2）在需要断开的位置单击即可，断开曲线后可以使用移动工具把断开的部分移动开，如图5-40所示。

### 5. 切割图像

在Illustrator CS4中还可以把一个独立的图形分离成两个或者多个独立的图形，使用的是工具箱中的美工刀工具🔪，如图5-41所示。激活该工具后，在需要断开的位置单击并拖曳出一条切割线即可把图形切割开。

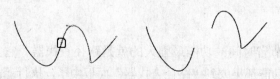

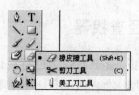

图5-40 断开路径的效果　　　　图5-41 选择的工具

断开图形的操作步骤如下：

（1）激活工具箱中的美工刀工具，并确定图形处于选中状态。

（2）在需要切割的位置单击并拖曳出一条切割线即可，切割后，可以把一部分选中并使用移动工具移开，如图5-42所示。

**提示**　在使用美工刀工具断开图形时，选择使图形处于选中状态。

### 6. 轮廓化描边

在Illustrator CS4中，还可以对路径进行描边。描边的操作步骤如下：

（1）确定图形处于选中状态。

（2）在"颜色"面板中把描边颜色设置为一种与图形不同的颜色。

（3）在工具箱中使描边置前，并在"描边"面板中把宽度值设置为稍微大一些的值，比如6。

（4）执行"对象→路径→轮廓化描边"命令，把下列图形的边缘描成黑色之后的效果如图5-43所示。

　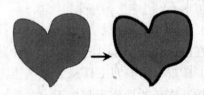

图5-42　切割图像的效果　　　　　　　　　　　　图5-43　轮廓化描边（右图）

### 7. 偏移路径

在Illustrator CS4中，可以通过对路径进行偏移操作来生成新的封闭图形。偏移路径的操作步骤如下：

（1）确定图形处于选中状态。

（2）执行"对象→路径→偏移路径"命令，打开"位移路径"对话框，如图5-44所示。

（3）根据需要设置好参数，并单击"确定"按钮，效果如图5-45所示。

　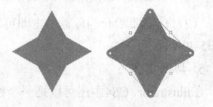

图5-44　"位移路径"对话框　　　　　　　　　　图5-45　变形效果

## 5.7　路径查找器

当在Illustrator CS4中进行设计时，最能节省时间、功能最强大的就是路径查找器。它集合了所有的路径编辑命令，也就是说它的所有功能都集成到"路径查找器"面板中了。执行"窗口→路径查找器"命令，就可以打开路径查找器面板，如图5-46所示。

单击面板标签右边的小三角形，将打开一个菜单栏，用于设置一些辅助的选项。执行打开菜单中的"路径查找器选项"命令，将打开如图5-47所示的"路径查找器选项"对话框。

图5-46 "路径查找器"面板

图5-47 选择的命令和打开的"路径查找器选项"对话框

• 在该对话框中共有3个选项，"精度"栏用于输入数值指定面板中各种工具进行操作时的精度。数值越大，精度越高，但操作的时间也较长。数值越小，精度越低，优点是操作时间较短。系统的默认数值是0.028点，这个数值对于大多数工作来说完全足够了，并且软件运行的速度也不慢。

• 选中"删除冗余点"可以将同一路径中不必要的控制点，也就是距离比较近的节点删除。

• 选中"分割和轮廓将删除未上色图稿"可以删除未上色的图形或路径。

在"路径查找器"面板中共有两类命令，它们是形状模式和路径查找器。下面分别介绍这两类命令。

## 5.7.1　形状模式

在路径查找器面板中第一排的4个按钮就是形状模式的按钮，从左至右分别是：联集、减去顶层、交集和差集。这4个按钮有一个共性就是都能够将选定的多个对象合并生成另外一个新的对象。

### 1. 联集

"联集"是使用最频繁的一个命令，它能够将选定的多个对象合并成一个对象。在合并的过程中，将相互重叠的部分删除，只留下一个大的外轮廓。新生成的对象保留合并之前最上面的对象的填色和轮廓色。其操作非常简单，把两个图形叠加后，单击"相加"按钮即可。合并前后的效果如图5-48所示。"联集"命令跟数学概念中的"并集"意义相似。

如果选定的对象中间有空洞，则在应用"联集"命令后空洞将以反色显示。如果选定的两个或多个对象没有重叠部分，则在应用"联集"命令后，最上层对象的填色和轮廓色将代替其他对象的填色和轮廓色，而图形的形状不会发生任何变化。但Illustrator CS4会自动将选定的对象组合。

### 2. 减去顶层

使用"减去顶层"命令可以在最上面一个对象的基础上，把与后面所有对象重叠的部分删除，最后显示最上面对象的剩余部分，并且组成一个闭合路径。

应用"减去顶层"命令前后的效果如图5-49所示。

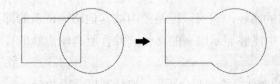

图5-48 应用"联集"后的效果（右图）

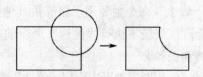

图5-49 应用"减去顶层"命令的效果（右图）

3. 交集 ▣

使用"交集"命令，可以对多个相互交叉重叠的图形进行操作，仅仅保留交叉的部分，而将没有交叉的部分删除。"交集"命令与数学概念中的"交集"相似。

选定的对象可以多于两个。新生成对象的填色和轮廓色为应用"交集"命令之前选定的多个对象中最上面对象的填色和轮廓色。应用"交集"命令前后的效果如图5-50所示。

**注意** 相交的部分必须构成封闭路径才能应用"交集"命令。

4. 差集 ▣

"差集"命令是与"交集"命令相反的一个命令。使用这个命令可以删除选定的两个或多个对象的重合部分，而仅仅留下不相交的部分。

新生成对象的填色和轮廓色为应用"差集"命令之前选定的多个对象中最上面对象的填色和轮廓色。应用"差集"命令前后的效果如图5-51所示。

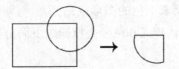

图5-50 应用"交集"命令的
效果（右图）

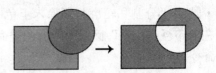

图5-51 应用"差集"命令
的效果（右图）

## 5.7.2 路径查找器类

第二排的6个按钮从左至右分别是：分割、修边、合并、裁剪、轮廓和减去后方对象。这6个工具按钮的作用各不相同，但是都能产生较为复杂的新图形。

1. 分割 ▣

"分割"命令可以用来将相互重叠交叉的部分分离，从而生成多个独立的部分，但不删除任何部分。应用"分割"命令后所有的填充和颜色将被保留，各个部分保留原始的填充或颜色，但是前面对象重叠部分的轮廓线的属性将被取消。

生成多个独立的对象之后，可以使用直接选取工具选中对象移动。应用"分割"命令后，将各个独立部分分开后的效果如图5-52所示。

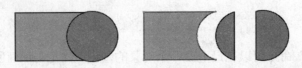

图5-52 应用"分割"命令后的效果（右图）

2. 修边 ▣

"修边"命令主要用于删除被其他路径覆盖的路径，它可以把路径中被其他路径覆盖的部分删除，仅仅留下执行"修边"命令前在工作区中能够显示出来的路径。并且所有轮廓线的宽度都将被去掉。

为了能更明显地看出应用"修边"命令前后的变化，绘制两个矩形，廓线宽度都设为6mm，并将其中一个矩形应用图案填充。应用"修边"命令并使用直接选取工具选取移动对象后的效果如图5-53所示。

### 3. 合并 🔲

"合并"命令的工作方式根据选中对象填充和轮廓属性的不同而有所不同。如果属性都相同，则"合并"命令就相当于"相加"命令，把所有对象组成一个整体，合为一个对象，但对象的轮廓线被取消。如果对象属性不相同，则"合并"命令就相当于"裁剪"命令。如果某些对象的属性相同，则对于这些对象相当于"合集"命令，而对于另外的对象相当于"修剪"命令。应用"合并"命令前后的效果如图5-54所示。

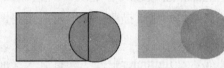

图5-53 应用"修边"命令后的效果（右图）　　图5-54 应用"合并"命令后的效果（右图）

### 4. 裁剪 🔲

对于一些相互重合的被选中对象，"裁剪"命令可以把所有落在最前面对象之外的部分裁剪掉。

要应用"裁剪"命令，首先要选中想要用作切割器的对象，单击鼠标右键，执行打开的快捷菜单中"排列"命令下子菜单中的"移至最前"命令，将切割器放在最前面。然后选择所有想要裁剪的路径以及切割器本身，按下"裁剪"按钮应用"裁剪"命令。这时切割器以外的所有对象都将被删除，切割器本身也被删除，各个对象在切割器内部的部分将组成一个新的对象。图5-55所示就是应用"裁剪"命令前后的效果对比。

### 5. 轮廓 🔲

"轮廓"命令可以把所有的对象都转换成轮廓，同时将相交路径相交的地方断开。不管原对象的轮廓线的宽度是多少，应用"轮廓"命令后，各个对象轮廓线宽度都会自动变为0，轮廓线的颜色也会变为填充的颜色。应用"轮廓"命令前后的效果如图5-56所示。

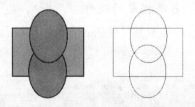

图5-55 应用"裁剪"命令后的效果（右图）　　图5-56 应用"轮廓"命令后的效果（右图）

### 6. 减去后方对象 🔲

使用"减去后方对象"按钮可以在最上面一个对象的基础上，把与后面所有对象重叠的部分删除，最后显示最上面对象的剩余部分，并且组成一个闭合路径。应用"减去后方对象"命令前后的效果如图5-57所示。

如果读者能够熟练并灵活使用这些工具，那么可以制作非常复杂的图形。如果比较有创意的话，绘制出的图形也将会非常漂亮。

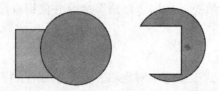

图5-57 应用"减去后方对象"命令后的效果（右图）

## 5.8 描摹图稿

在Illustrator CS4中，还有一种绘制图形的方法，就是描摹图稿，该方法就是基于现有图形（或者图稿）进行描摹。描摹时需要将图形导入进Illustrator，也可以是扫描的图形或者在其他程序中制作的栅格图形。

通常，在Illustrator中打开或者置入要描摹的图形后，选择菜单栏中的"对象→实时描摹"子命令即可描摹图形。另外，还可以控制描摹的细节级别和填色描摹方式。对描摹的结果满意时，即可将其转换为矢量路径或者"实时上色"的对象。下面是使用"实时描摹"命令描摹的效果对比，如图5-58所示。

原图　　　　　彩色描摹　　　　黑白描摹

图5-58 描摹效果对比

### 5.8.1 描摹的方式

在Illustrator中，可以使用两种方法来进行描摹。一种是自动描摹，另外一种是手动描摹。

#### 1. 自动描摹的操作

自动描摹就是使Illustrator自动进行描摹的操作过程。下面简单介绍一下自动描摹的操作过程。

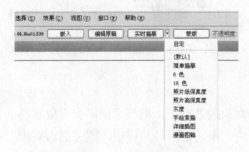

图5-59 选择的描摹预设

（1）选择"文件→打开"命令或者"文件→置入"命令把要描摹的图形导入进Illustrator。

（2）根据需要执行下列操作：

· 若要使用描摹预设来描摹图像，那么单击"控制"面板中的描摹预设按钮并选择一个预设，如图5-59所示。

• 若要使用默认描摹选项描摹图像，那么单击"控制"面板中的"实时描摹"，或选择"对象→实时描摹→建立"命令。

• 若要在描摹图像前设置描摹选项，那么单击"控制"面板中的描摹预设选项按钮，然后选择"描摹选项"，或选择"对象→实时描摹→描摹选项"命令。设置描摹选项，然后单击"描摹"按钮即可。

（3）调整描摹结果。

（4）将描摹转换为路径或者"实时上色"对象。

## 2. 手动描摹的操作

手动描摹需要借助模板图层来实现，模板图层是锁定的非打印图层，用于手动描摹图像。模板图层减暗50%，就可以看到绘制的路径。我们可以在置入图形时创建模板图层，也可以从现有的图形创建模板图层。下面简单介绍一下手动描摹的操作过程。

（1）如果要将图形作为模板置入进行描摹，那么选择"文件→置入"命令，在打开的"置入"对话框中，选择"模板"项，在文件类型的下拉列表中，选择EPS格式或者PDF格式，也可以是栅格图形，如图5-60所示。然后单击"置入"按钮把要描摹的图形导入进Illustrator。

（2）如果要描摹现有图形，也需要将其转换为模板。那么在图层面板中双击该图层，从打开的"图层选项"对话框中选择"模板"项，如图5-61所示。然后单击"确定"按钮即可。

图5-60 "置入"对话框　　　　　　图5-61 图层面板和"图层选项"对话框

（3）使用钢笔工具或者铅笔工具进行描摹。

（4）若要隐藏模板图层，那么选择"视图→隐藏模板"命令。选择"视图→显示模板"以重新查看它。

（5）若要将模板图层转换为常规图层，那么在"图层"面板中双击该模板图层，取消选择"模板"，然后单击"确定"按钮即可。

## 5.8.2 描摹选项简介

在描摹时，可以通过设置描摹的选项来控制描摹的效果。选择"对象→实时描摹→描摹"命令打开"描摹选项"对话框，如图5-62所示。

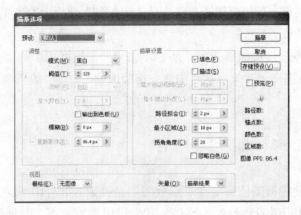

图5-62 "描摹选项"对话框

下面简单介绍一下"描摹选项"对话框中的这些选项。

- 预设：用于指定描摹预设。
- 模式：用于指定描摹结果的颜色模式。
- 阈值：用于指定从原始图像生成黑白描摹结果的值。所有比阈值亮的像素转换为白色，而所有比阈值暗的像素转换为黑色。
- 调板：用于指定从原始图像生成颜色或灰度描摹的调板。
- 最大颜色：用于设置在颜色或灰度描摹结果中使用的最大颜色数。
- 输出到色板：用于在"色板"面板中为描摹结果中的每种颜色创建新色板。
- 模糊：用于生成描摹结果前模糊原始图像。选择此选项在描摹结果中减轻细微的不自然感并平滑锯齿边缘。
- 重新取样：用于生成描摹结果前对原始图像重新取样至指定分辨率。该选项对加速大图像的描摹过程有用，但将产生降级效果。
- 填色：用于在描摹结果中创建填色区域。
- 描边：用于在描摹结果中创建描边路径。
- 最大描边粗细：用于指定原始图像中可描边的特征最大宽度。大于最大宽度的特征在描摹结果中成为轮廓区域。
- 最小描边长度：用于指定原始图像中可描边的特征最小长度。小于最小长度的特征将从描摹结果中忽略。
- 路径拟合：用于控制描摹形状和原始像素形状间的差异。较低的值创建较紧密的路径拟合；较高的值创建较疏松的路径拟合。
- 最小区域：用于指定将描摹的原始图像中的最小特征。例如，值为4指定小于2×2像素宽高的特征将从描摹结果中忽略。
- 拐角角度：用于指定将描摹的原始图像中的最小特征。
- 栅格：用于指定如何显示描摹对象的位图组件。此视图设置不会存储为描摹预设的一部分。
- 矢量：用于指定如何显示描摹结果。此视图设置不会存储为描摹预设的一部分。

我们在调整描摹效果时一般也是使用这些选项来进行调整的，从而获得需要的描摹效果。有时，还需要结合"控制"面板中的选项来进行调整。

### 5.8.3 转换描摹对象

对描摹结果满意时，可将描摹转换为路径或"实时上色"对象。这一最终步骤使我们可和矢量图一样处理描摹。转换描摹对象后，可不再调整描摹选项。

下面简单介绍一下转换操作步骤：

（1）选择描摹对象。

（2）若要将描摹转换为路径，那么单击"控制"面板中的"扩展"按钮，如图5-63所示，或选择"对象→实时描摹→扩展"命令。如果希望将描摹图稿的组件作为单独对象处理，那么使用此方法。产生的路径将组合在一起。

图5-63 控制面板

（3）或者，若要在保留当前显示选项的同时将描摹转换为路径，那么选择"对象→实时描摹→扩展为查看结果"命令。例如，如果描摹结果的显示选项设置为"轮廓"，则扩展的路径将仅为轮廓（而不是填色和描边）。此外，将保留采用当前显示选项的描摹快照，并与扩展路径组合。如果希望保留描摹图像作为扩展路径的指导，那么使用此方法。

（4）或者，若要将描摹转换为"实时上色"对象，那么单击"控制"面板中的"实时上色"，或选择"对象→实时描摹→建立并转换为实时上色"命令。如果希望使用实时油漆桶工具对描摹图稿应用填色和描边，那么使用此方法。

**提示** 如果希望放弃描摹但保留原始置入的图像，可释放描摹对象。释放描摹对象时，选择描摹对象，然后执行"对象→实时描摹→释放"命令即可。

## 5.9 实例：卡通美少女

在本实例中，我们主要使用"椭圆工具"、"钢笔工具"和"铅笔工具"等绘制一个可爱的卡通美少女的轮廓图。最终效果如图5-64所示。

（1）选择主菜单栏中的"文件→新建"命令，在打开的"新建文档"对话框中将"名称"设为"卡通美少女"，"大小"设为A4，"颜色模式"设为CMYK，单击"确定"按钮创建一个新文档，如图5-65所示。

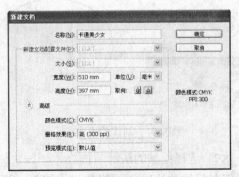

图5-64 美少女轮廓图和上色后的效果　　图5-65 "新建文档"对话框

（2）单击工具箱中的"椭圆工具"，在绘图页面上单击并拖动鼠标，绘制一个椭圆。效果如图5-66所示。

（3）单击工具箱中的"钢笔工具" ，使用钢笔工具，在绘图页面上绘制出头发的轮廓，如图5-67所示。

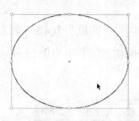

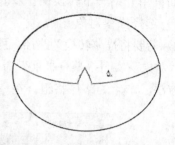

图5-66　绘制的头部　　　　　　　　　　　图5-67　绘制的头发轮廓

（4）制作发夹。单击工具箱中的"椭圆工具"，在绘图页面上单击并拖动鼠标，绘制两个椭圆。效果如图5-68所示。

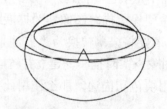

图5-68　绘制的椭圆

（5）选择绘制的椭圆，然后在绘图页面右侧的"面板缩略列表"中单击"路径查找器" 按钮，进入"路径查找器"面板。在路径查找器面板中单击"减去顶层" 按钮，制作出发夹的轮廓，如图5-69所示。

（6）单击工具箱中的"钢笔工具" ，在绘图页面上绘制出头部装饰物体的轮廓。效果如图5-70所示。

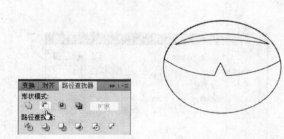

图5-69　制作的发夹　　　　　　　　　　图5-70　绘制的头部装饰

（7）选择绘制的头部装饰物体，按快捷键Ctrl+C进行复制然后按快捷键Ctrl+V进行粘贴，选择复制后的装饰物体，将其水平镜像并调整其位置如图5-71所示。

（8）选择"工具箱"中的"钢笔工具" ，使用钢笔工具在绘图页面上绘制出美少女眉毛的轮廓，如图5-72所示。

图5-71 复制后的效果　　　　　　　　　　　图5-72 绘制的眉毛

（9）单击"工具箱"中的"钢笔工具" ，在绘图页面上绘制出美少女眉毛下部阴影的轮廓，如图5-73所示。

（10）选择绘制的眉毛部分的轮廓，复制一份并将其镜像，然后调整其位置如图5-74所示。

图5-73 绘制的眉毛下部阴影　　　　　　　　图5-74 复制的眉毛

（11）单击"工具箱"中的"钢笔工具" ，在绘图页面上绘制出美少女鼻子部分的轮廓，如图5-75所示。

（12）制作嘴巴。单击工具箱中的"椭圆工具"，在绘图页面上单击并拖动鼠标，绘制两个椭圆。效果如图5-76所示。

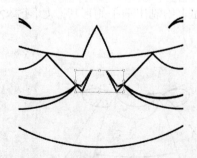

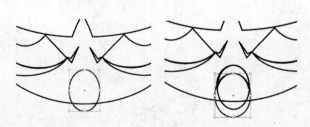

图5-75 绘制的鼻子部分的轮廓　　　　　　　图5-76 绘制的椭圆

（13）选择绘制的椭圆，然后在绘图页面右侧的"面板缩略列表"中单击"路径查找器" 按钮，进入"路径查找器"面板。在路径查找器面板中单击"减去顶层" 按钮，制作出嘴巴的轮廓，如图5-77所示。

（14）单击"工具箱"中的"铅笔工具" ，在绘图页面上绘制出披风的轮廓，并调整绘制轮廓的形状，如图5-78所示。

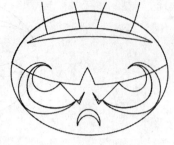

图5-77　绘制嘴巴后的效果

图5-78　绘制的披风

（15）单击"工具箱"中的"钢笔工具" ，在绘图页面上绘制出身体的轮廓，并调整绘制轮廓的形状，如图5-79所示。

（16）单击"工具箱"中的"钢笔工具" ，在绘图页面上绘制出胳膊和肚兜的轮廓，如图5-80所示。

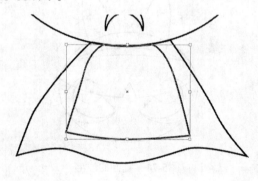

图5-79　绘制的身体部分

图5-80　绘制的胳膊

（17）单击工具箱中的"钢笔工具" ，在绘图页面上绘制出腿部的轮廓。效果如图5-81所示。

（18）单击"工具箱"中的"钢笔工具" ，在绘图页面上绘制出鞋子的形状，如图5-82所示。

图5-81　描绘的腿部

图5-82　绘制的鞋子

（19）至此，美少女图像已绘制完成，轮廓图的最终效果如图5-83所示。

（20）最后还可以为其添加眼睛。单击页面右侧"面板缩略列表"中的"画笔" ✎按钮，打开画笔面板，在面板中选择合适的笔刷，然后在绘图页面上绘制出美少女的眼睛，如图5-84所示。

图5-83 轮廓图最终效果

图5-84 绘制美少女的眼睛

**提示** 等读者学习完本书后面介绍的上色知识后，可以为美少女填充上颜色，效果如图5-85所示。

图5-85 上色后的效果（右图）

# 第6章 上色、填充与图案

当在Illustrator CS4中绘制出路径之后，需要为它们设置颜色，也就是所谓的上色。只有为它们添加上颜色、图案之后，图形看起来才有生命力。

在本章中主要介绍下列内容：

- "颜色"面板
- 上色及上色工具
- 使用填充
- 使用图案
- 描边

## 6.1 色彩

在介绍上色之前，需要先介绍一下有关色彩的基本知识，包括色彩模式、"颜色"面板和色板库等。

### 6.1.1 色彩模式

关于色彩模式，通常的理解是把色彩表示成数据的一种方法。在图形设计领域，色彩模式提供了把色彩协调一致地用数值表示的一种方法。通俗一点地说，色彩模式就是把色彩分解成几部分颜色组件，然后根据颜色组件组成的不同，定义出各种不同的颜色。对颜色组件不同的分类，就形成了不同的色彩模式。

Illustrator CS4应用程序支持很多种色彩模式，如CMY、CMYK（即常说的四色模式）、CMYK255、RGB、HSB、HLS、LAB、YIQ、Grayscale（灰度）、Registration Color等，其中常用的有：RGB模式（即常说的三色模式）、CMYK模式、灰度模式。读者也可以参阅本书前面有关内容的介绍。

## 6.1.2　"颜色"面板

在Illustrator CS4中，"颜色"面板是对对象进行填充操作的最主要的工具。利用"颜色"面板可以很方便地设定对象的填充色和轮廓色。

执行"窗口→颜色"命令，或者按下键盘上的**F6**键，就可以打开"颜色"面板。如图6-1所示。在"颜色"面板的右上部有一个小三角形。单击这个小三角形，将会弹出如图6-2所示的"颜色"面板弹出菜单。

**提示**　如果创建的新文档是RGB的，那么"颜色"面板将显示为下列外观，如图6-3所示。

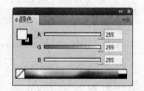

图6-1　"颜色"面板　　　图6-2　"颜色"面板弹出菜单　　　图6-3　RGB模式下的"颜色"面板

"隐藏选项"命令可以隐藏调色框，仅仅显示色谱色条部分。此时图6-2所示菜单中的"隐藏选项"命令将相应地变为"显示选项"命令。

"灰度"、"RGB"、"HSB"、"CMYK"分别表示四种不同的色彩模式。选择不同的色彩模式时，颜色面板将会显示出不同的颜色内容。

"Web安全RGB"，简便了网页设计的颜色选取。并在其他色彩模式下都标注了该模式的色域校准色警告。"Web安全RGB"模式是一种可以在网页上显示的颜色模式，如果制作的图形需要在网页上发布，最好选择"Web安全RGB"模式，这样可以在不影响显示的前提下尽量减小文件的大小。

"反相"和"补色"命令则分别表示用当前颜色的相反颜色或补色来代替当前颜色作为填充色或轮廓色。

在使用"RGB"或"HSB"色彩模式时，由于这两种色彩模式的显色范围有限，有时会在面板中出现一个警示标志，这个标志叫作"溢色警示"，它表示当前选取的这种颜色在该色彩模式所能显示的颜色范围之外。警示标志的右边有一个方块，方块中显示出该色彩模式所能表示的最接近当前所选颜色的颜色。鼠标单击方块就可以用它来代替溢出的颜色。

填充色块和轮廓框的颜色显示当前的填充色和轮廓色，单击填充色块或轮廓框，可以在两者之间切换。若填充色块置前，则可以对填充色进行编辑。若轮廓框置前，则可以对轮廓色进行编辑。拖动滑动条上的滑块或者在滑动条后面的数值框中输入数值，就可以改变填充色或轮廓色。

当把鼠标指针移动到色谱条上时，指针就变成了一个滴管的形状。按住鼠标在色谱条上移动，滑块和数值框中的颜色参数将随之发生变化，同时填充色或轮廓色也会随着变化。当选择好颜色之后，松开鼠标，即可设置所选颜色为填充色或轮廓色。另外，在色谱条的最右边可以选择使用白色或黑色。在色谱条的最左边可以将填充色或轮廓色设置为无色。这时，色谱条上方出现了一个颜色框，把填充色或轮廓色设为无色之前的颜色显示在颜色框中。如果想恢复填充色或轮廓色，单击该颜色框即可。

### 6.1.3 "色板"面板

在Illustrator CS4中，使用颜色面板可以给对象应用填充色和轮廓色，使用"色板"面板也能够进行填充和轮廓色的设置。"色板"面板也是Illustrator中对对象进行填充操作的一个重要工具。在这一小节里讲述色板面板的使用。执行"窗口→色板"命令，就可以在屏幕上显示"色板"面板，如图6-4所示。

"色板"面板具有以下几个特点：

- 它用来控制颜色、渐变和快速参考图案的便利存储空间。
- 缺省时面板上显示许多小方框，表示颜色、渐变和图案等。
- 可以用来对色板进行创建、编辑、删除等操作。

"色板"面板包括多个组件，下面简单介绍各组件。

- 无色色板：选定对象后单击无色色板可以清除对象的填充色或轮廓色。
- 颜色色板：颜色色板是色板面板中所提供的默认的颜色，既可以用作对象的填充色，也可以用作对象的轮廓色。
- 渐变色板：渐变色板只能运用于对象的填充，而不能运用于对象的轮廓。Illustrator中的渐变色板有6种。
- 图案色板：图案色板也只能运用于对象的填充，而不能运用于对象的轮廓。Illustrator中包括了6种图案色板。

在"色板"面板的下部有6个按钮，从左到右依次是："色板库"菜单、显示"色板类型"菜单、色板选项、新建颜色组、新建色板、删除色板。

- "色板库"菜单：单击该按钮将打开"色板库"菜单，用于选择需要的色板。
- 显示"色板类型"菜单：单击该按钮将打开"色板类型"菜单。
- 色板选项：单击该按钮将选择色板选项。
- 新建颜色组：单击该按钮将创建新的颜色组。
- 新建色板：单击该按钮可以创建新的色板。
- 删除色板：选定面板中的一个色板后，单击该按钮可以将该色板从面板中删除。

单击"色板"面板右上部的小三角形，将会弹出如图6-5所示的色板面板弹出菜单。

执行"新建色板"命令将会弹出"新建色板"对话框，如图6-6所示。在该对话框中可以创建新的色板。

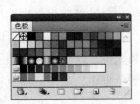

图6-4　"色板"面板

图6-5　"色板"面板弹出菜

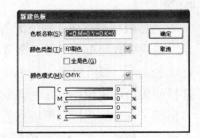

图6-6　"新建色板"对话框

"复制色板"和"删除色板"可以用来复制和删除色板。执行色板弹出菜单中的"按名称排序"命令，可以在"色板"面板中显示各色板的名称、类型以及色板的组成成分等信息。执行"小缩览图视图"命令后，"色板"面板将以小色板的方式显示色板面板中的各个色板。执行"大缩览图视图"命令后，"色板"面板将以大色板的方式显示色板面板中的各个色板。

如图6-7所示的就是分别执行"小缩览图视图"和"大缩览图视图"命令之后色板面板的不同显示方式。

执行"色板"面板弹出菜单中的"色板选项"命令，系统将弹出如图6-8所示的"色板选项"对话框，在该对话框中可以进行有关设置。

 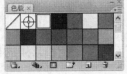

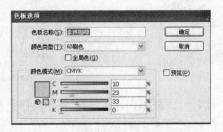

图6-7 "色板"面板的不同显示方式　　　图6-8 "色板选项"对话框

在"色板选项"对话框中，在"色板名称"栏中可以更改色板的名称，直接在文本框中输入新的名称即可。

单击"颜色类型"文本框后面的小三角形，将弹出一个下拉列表，在下拉列表中可以选择颜色模式等。

还可以通过拖动该对话框下部的滑块或直接在文本框中输入数值来更改色板的颜色。通过"预览"选项，可以预览调整的结果。

执行"色板"面板菜单中的"选择所有未使用的色板"命令可以选定当前文档中所有没有用到的色板。当需要对不同的对象应用不同的颜色时，这项命令可以很方便地提醒我们哪些颜色还没有使用。"按种类排序"命令可以将色板面板中的所有色板按颜色、渐变、图案的顺序排序。"按名称排序"命令可以将"色板"面板中的所有色板按名称首位字母的顺序排序。

执行"合并色板"命令可以将两个或多个色板合并。

合并色板的操作步骤如下：

（1）在"色板"面板中选择两个或多个色板来合并。可以按住Shift键并单击选择需要合并的色板范围的首尾两个色板，这两个色板之间的所有色板都将合并；也可以按住Ctrl键并单击选择不连续的色板。

（2）从"色板"面板菜单中选取"合并色板"命令。

这样，第一个选定的色板名称和颜色值将替换所有其他选定的色板。其实，合并色板的操作与删除除了第一个选定的色板外，其他色板的操作最终效果是一样的。

### 6.1.4　色板库简介

在Illustrator CS4中，基于不同的色彩模式提供了一些固定的色板库，它们都能提供一种专业色板。色板库中包含了根据用户命令存储和访问的所有颜色色板、渐变色板和图案色板。它是预设颜色的集合。

Illustrator共提供了几十种固定的色板库。选择"窗口→色板库"命令即可打开色板库，如图6-9所示。

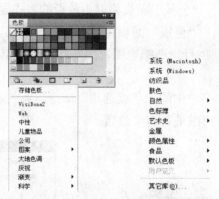

图6-9　"色板库"菜单

读者可以根据自己的实际需要选择色板库，下面是几个比较常用的色板库，如图6-10所示。每种色板库显示的颜色都是不同的。

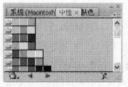
中性色板库

儿童素材色板库

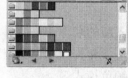
纺织品色板库

金属色板库

图6-10　几个比较常用色板库

> **提示**　如需选择或访问专业颜色匹配系统，就可以使用色板库。选择任何一种色板库时，都可以打开相应的面板。

## 6.2　基本上色

上色，也有很多人称之为填色，就是为绘制的图形添加颜色。在Illustrator CS4中，上色指的是为对象的整体或部分填充所需要的颜色。在Illustrator中，上色的功能很强大，可以对任意选定的对象填充上所需颜色，而且不论所选对象是封闭的还是开放的。很多设计人员把上色称为填充或者填充颜色。

在图形制作中所遇到的各种基本图形，如矩形、圆、椭圆、多边形以及各种各样的封闭曲线都是封闭对象，还有文本对象也是封闭对象。开放的直线或者开放的曲线是开放图形。对于这些封闭对象和开放对象，我们可以进行颜色填充的各种操作，如单色填充或渐变填充。只要我们能熟练掌握各种填充方式的应用，就一定能制作出各种各样独具风格的美观、大方的图片。如图6-11所示。

图6-11　各种上色效果

由于本书是黑白印刷的，在图中添加有多种颜色，需要在彩色模式下才能看到，读者可以在软件中进行查看。

### 6.2.1　单色上色

在Illustrator CS4中进行单色上色的工作非常简单，可以分为两个步骤：第一：选取颜色。第二：应用填充。

#### 1. 选取颜色

选取颜色的方法有好几种。可以用颜色面板选取颜色，也可以使用"色板"面板选取颜色，下面是通过在"色板"面板中单击实现的上色。如图6-12所示。

另外，还可以直接使用工具箱中的吸管工具从已有的图形中选取颜色。吸管工具能够从比较复杂的图形中精确地选取颜色。在使用精妙的颜色和复杂的渐变时，吸管工具的功能就非常突出。使用吸管工具选取颜色的步骤如下：

（1）从工具箱中选择吸管工具。如图6-13所示。

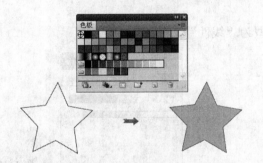

图6-12　上色效果　　　　　　　　　图6-13　选择吸管工具

（2）移动滴管到绘图对话框的任一位置选取颜色，单击鼠标左键，就能选择滴管所指位置的颜色。

（3）选取后的颜色将会显示在颜色面板中的当前色样框中。

#### 2. 应用上色

通常，颜色选取后就被应用了。如图6-14所示。还可以使用无色填充或无色轮廓线，无色效果是一种特殊的效果，它和白色是两个不同的概念。无色显示的是透明的效果，通过它可以看到下面图形的轮廓和填充颜色。而白色是不透明的，通过它不能看到下面图形的轮廓和颜色。

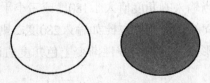

图6-14　应用填充前后的效果，右图为添色后的效果

另外，使用工具箱中的上色和笔画框也可以选择对象的上色和笔画，以及在上色和笔画的颜色之间切换，和返回到上色和笔画的默认颜色。

**提示**　按键盘上的X键，可以在上色和描边之间切换。也可以按Shift+X键。

### 6.2.2 渐变上色

渐变上色是指在同一对象中从一种颜色变换到另外一种颜色的特殊的上色效果。在**Illustrator**中应用渐变上色,既可以使用工具箱中的渐变工具,也可以使用色板面板中的渐变色板。这两种方法都可以实现比较简单的渐变上色。

但如果需要对渐变上色的类型、颜色以及渐变的角度等属性进行精确的调整控制,就必须使用渐变面板中的相关选项来进行。执行"窗口→渐变"命令,就可以打开"渐变"面板,如图6-15所示。

#### 1. 线性渐色填充

在**Illustrator CS4**中,线性渐色填充是一种最常用的渐变上色方式,这是一种沿一条直线方向使两种颜色逐渐过渡的效果。对图形应用线性渐变上色的步骤如下:

(1)使用工具箱中的选择工具,选取需要进行线性渐变上色的对象。

(2)双击工具箱中的渐变工具按钮,或者执行"窗口→渐变"命令,启动"渐变"面板。如图6-16所示。

(3)在"类型"下拉列表中,选择渐变类型为"线性"。如图6-16所示。

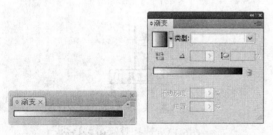

图6-15 "渐变"面板,右图为展开后

图6-16 设置渐变类型

> **提示** 在Illustrator CS4中共有两种渐变,一种是线性渐变,这是从图形的一端到另外一端的渐变效果。另外一种是径向渐变,这是从图形中心到四周的渐变效果。

(4)单击色样,就可以给选定对象应用线性渐变上色。

如果想要改变直线渐变的方向,只要选择渐变工具,在应用了线性渐变填充的对象上确定一个定位起始点,然后向任意方向拖动鼠标即可。

如果需要精确地控制线性渐变的方向,可以在"渐变"面板的"角度"框中输入相应的角度值。系统的默认值是0度,当输入的角度值大于180度或者小于-180度时,系统将会自动将角度值转换成-180度到180度之间的相应角度。比如输入280度,则系统将会把它转为-80度。

如图6-17所示的2个椭圆形,分别是将线性渐变上色角度值设为0度和120度时不同的线性渐变填充效果。

如果需要改变线性渐变上色的起始颜色和终止颜色,可以直接从"色板"中拖拽样本色到面板色彩条下面的两个滑块上,或者单击"渐变"面板中的起始颜色标志或终止颜色标志(面板色彩条下面的两个滑块),将会弹出颜色面板。可以从"颜色"面板中选择颜色作为起始颜色或终止颜色。颜色选定之后,该颜色将会自动应用于选定的对象上。图6-18所示就是使用不同渐变颜色的线性渐变填充效果。

图6-17 不同方向的线性渐变效果　　　　　　图6-18 不同颜色的线性渐变效果

还可以调整渐变的中心位置。在面板色彩条的上面有一个中心位置点标志，用鼠标拖动中心位置标志来回移动，就可以调整渐变的中心位置。在拖动中心位置标志的同时，"渐变"面板的位置框的数值会随着变化，也可以选中中心位置标志后，在数值框中输入一个数值来确定渐变中心的位置。如图6-19所示的矩形分别是将线性渐变上色中心位置值设为0%和80%时的线性渐变上色效果。

图6-19 不同位置中心的线性渐变效果

**提示**　在设置"渐变"面板中的颜色时，我们只需要从"色板"面板中的色块上按住鼠标键直接拖动到"渐变"面板的滑块上即可，如图6-20所示。

还可以使用拖动起始颜色标志和终止颜色标志的方法来确定开始渐变的起始位置和终止位置。这样，在起始位置和终止位置范围之外，以单色的方式进行上色，而在起始位置和终止位置之内，以渐变的方式进行上色。如图6-21所示的图形就是在调整渐变的起始位置和终止位置前后的效果对比。

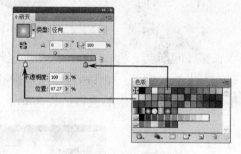

**2. 径向渐变上色**

图6-20 设置渐变的颜色

径向渐变上色是Illustrator CS4中另一种渐变填充方式，这是一种沿径向方向使两种颜色逐渐过渡的效果。两种渐变效果对比如图6-22所示。

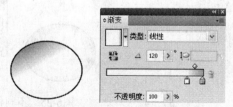

图6-21 调整起始位置和终止位置后的效果

对图形应用径向渐变填充的步骤如下：

（1）在绘图页面上绘制一个图形，或者打开一个图形文件。在这里我们通过绘制一个椭圆形为例进行说明。

（2）使用工具箱中的选择工具 ，选取需要进行渐变上色的对象。

（3）双击工具箱中的渐变工具按钮 ，或者执行对话框菜单中的"渐变"命令，启动"渐变"面板。

（4）在"类型"下拉列表中，选择渐变类型为"径向"。如图6-23所示。

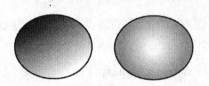
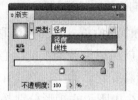

图6-22　线形渐变效果（左图），径向　　　图6-23　设置渐变的类型和径向渐变效果
　　　　　线形渐变效果（右图）

（5）单击色样，就可以给选定对象应用径向渐变上色。

与线性渐变填充不同的是，径向渐变上色不存在渐变角度的问题。改变径向渐变填充的起始颜色和终止颜色的方法和改变线性渐变填充的起始颜色和终止颜色的方法基本相同。也是单击渐变面板中的起始颜色标志或终止颜色标志，从颜色面板中选择颜色作为起始颜色或终止颜色。如图6-24所示就是使用不同的渐变颜色的径向渐变上色效果。

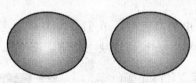

图6-24　不同颜色的径向渐变效果

调整径向渐变上色的中心位置和确定开始渐变的起始位置和终止位置的方法也跟线性渐变填充的方法基本相同。如图6-25所示各椭圆形就是不同位置中心的渐变效果，其中左边的椭圆形是将径向渐变上色中心位置值设为40%，右边的椭圆形将中心位置的值设为85%。

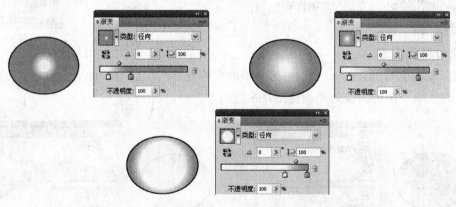

图6-25　不同位置的渐变效果

**提示**　　在Illustrator CS4中，还有一个用于设置对象透明度的面板，那就是"透明度"面板，在默认设置下，"透明度"面板和"渐变"面板位于同一面板组中。它的使用非常简单，选择一个对象后，通过调整"不透明度"的数值即可，下面是调整树叶的透明度之后的效果，如图6-26所示。

 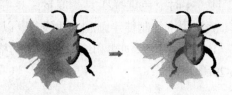

图6-26 "透明度"面板和透明效果

## 6.3 上色方法及工具

在Illustrator CS4中，上色指的是为已经绘制好的线形图形设置颜色，比如为使用铅笔工具绘制出的图形设置颜色。

### 6.3.1 上色方法

Illustrator CS4提供了两种上色方法：一种是在先前版本Illustrator中的原有方法，一种是在该版本中全新推出的"实时上色"法。

使用原有方法，可绘制对象并为其指定上色或描边。然后可以用类似方法绘制其他可以上色的对象，将每个新的对象一层层地放置在以前的对象上。最终的结果有如一幅由各种形状的彩色剪纸构成的拼贴画，而图稿的外观取决于在这些分层对象组成的堆栈中，哪些对象处于堆栈上方。

"实时上色"法更类似使用传统着色工具上色，无需考虑图层或堆栈顺序，从而使工作流程更加流畅自然。"实时上色"组中的所有对象都可以被视为同一平面中的一部分。这就意味着可以绘制几条路径，然后在这些路径所围出的每个区域（称为一个表面）内分别着色。也可以对各个交叉区域相交的路径部分（称为一条边缘）指定不同的描边颜色。由此得出的结果有如一款涂色簿，可以使用不同的颜色对每个表面上色，为每条边缘描边。在"实时上色"组中移动路径、改变路径形状时，表面和边缘会自动做出相应调整。

### 6.3.2 使用"实时上色"法的好处

使用原有方法上色、呈单一上色和单一描边的对象。如果将同一对象转变为"实时上色"组，就能对每个表面填充不同的颜色，对每条边缘绘制不同描边。图6-27所示，是实时上色的流程图及效果图。

1. 选择路径集合　　　2. 用实时上色工具单击　　　3. 给路径围合的区域上色

图6-27 效果对比

### 6.3.3 上色工具库

Illustrator CS4中提供了多种上色工具，包括：画笔工具、网格工具、渐变工具、吸管工具、实时上色工具、实时上色选择工具、度量工具等。

1. 画笔工具 ✐：用于绘制徒手画和书法线条，以及路径图稿和路径图案。如图6-28所示。

2. "网格"工具 ▦：用于创建和编辑网格和网格封套，使用网格可以创建更加丰富的渐变效果。如图6-29所示。

图6-28　画笔绘制效果　　　　　　　　　　图6-29　网格绘制效果

3. "渐变"工具 ▭：用于调整对象中渐变的起点、终点和角度。如图6-30所示。

4. "吸管"工具 ✐：用于从对象中对颜色或文字属性进行取样并加以应用。

5. 实时上色工具 ◐：用于按当前的上色属性绘制"实时上色"组的表面和边缘。

6. "实时上色选择"工具 ▨：用于选择"实时上色"组中的表面和边缘。如图6-31所示。

图6-30　渐变效果　　　　　　　　　　　图6-31　实时上色效果

7. "度量"工具 ✐：用于测量两点之间的距离。

### 6.3.4　实时上色的限制

在Illustrator CS4中，上色和上色属性附属于"实时上色"组的表面和边缘，而不属于定义这些表面和边缘的实际路径，在其他Illustrator对象中也这样。因此，某些功能和命令对"实时上色"组中的路径或者作用方式有所不同，或者是不适用。下面列出了不能在"实时上色"组中使用的功能或者效果，包括：

· 透明度

· 画笔

- 效果
- 渐变网格
- 图表
- "符号"面板中的符号
- "描边"面板中的"对齐描边"选项
- "外观"面板中的多种上色和描边
- 光晕
- 魔棒工具

### 6.3.5 创建实时上色组

若要使用实时上色工具并为表面和边缘上色，首先要创建一个"实时上色"组。下面介绍创建步骤。

（1）选择一条或多条路径或是复合路径，或者既选择路径又选择复合路径。

（2）选择"对象→实时上色→建立"命令。

（3）选择实时上色工具 ，设置好颜色，然后单击所选对象。效果如图6-32所示。

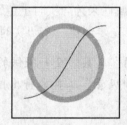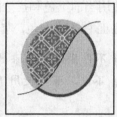

图6-32 上色效果（右图）

注意 某些属性可能会在转换为"实时上色"组时丢失（如透明度和效果），而有些对象则不能转换（如文字、位图图形和画笔）。

### 6.3.6 在实时上色组中添加路径

我们可以执行下列任一操作：

- 使用"选择"工具双击一个"实时上色"组，使该组的周围显示一个双线灰色定界框，然后绘制另一条路径。Illustrator则将新的路径添加到"实时上色"组中。
- 选择"实时上色"组和要添加到组中的路径，然后选择"对象→实时上色→添加路径"。
- 选择"实时上色"组和要添加到组中的路径，然后单击"控制"面板中的"添加路径"。
- 将"图层"面板中的一条或多条路径拖放到面板中的"实时上色"组中。

注意 "实时上色"组中的路径与"实时上色"组外的相似或相同路径可能未达成精确对齐。例如，如果复制某些路径并使用这些副本创建"实时上色"组，在"实时上色"组的各个边缘和原始路径之间可能有微小的间隙。这是由于"实时上色"组的视觉结果是原始路径的近似结果，而不是严格的副本。把一些路径建得稍大或稍小一些通常可以解决这个问题。

### 6.3.7　将对象转换为实时上色组

　　某些对象类型，如文字、位图图形和画笔，是无法直接建立到"实时上色"组中的。首先要把这些对象转换为路径。例如，如果试图转换使用了画笔或效果的对象，则其复杂的视觉外观会在转换为"实时上色"时丢失。不过，可以通过将对象首先转换为常规路径而使诸多外观存储下来，然后再将生成的路径转换为"实时上色"。对于不能直接转换为"实时上色"组的对象，可以执行下列任一操作：

　　·对于文字对象，可以先选择"文字→创建轮廓"命令，然后将生成的路径建立到"实时上色"组中。

　　**提示**　关于如何在Illustrator中创建文字。

　　　　　·对于位图图形，选择"对象→实时描摹→建立并转换为实时上色"命令。

　　　　　·对于其他对象，选择"对象→扩展"命令，然后将生成的路径建立到"实时上色"组中。

### 6.3.8　绘制实时上色的表面和边缘

　　实时上色工具使可以使用当前上色和描边属性来为"实时上色"组的表面和边缘上色。若要使用实时上色工具并为表面和边缘上色，首先要创建一个"实时上色"组。

　　**注意**　新版的Illustrator中不再提供"油漆桶"工具。全新提供的实时上色工具专门用于"实时上色"组。不过，可以使用"吸管"工具来将属性（如上色和描边）应用于对象。

　　（1）选择实时上色工具 。

　　（2）指定所需的上色或描边。

　　（3）执行下列任一操作：

　　·单击表面以对其上色。（指针移至表面上时会变成一只半满的油漆桶，并有突出显示线环绕填充区内侧。）

　　·拖动鼠标跨过多个表面，以便一次为多个表面上色。

　　·双击一个表面，以跨越未描边的边缘对邻近表面上色（连续上色）。

　　·三击一个表面，以将所有表面以相同上色填充。

　　·按住Shift键可切换到相反的实时上色工具选项。如果当前同时选定了"上色"选项和"上色描边"选项，将只切换到"上色"。（在对已描边的边缘所环绕的小型表面进行填充时，这一功能将十分有用。）

　　·按住Shift键并单击一个边缘，可对其进行描边。（指针移到边缘上时会变成一支画笔 ，而该边缘则突出显示。）

　　·拖动鼠标跨过多条边缘，可一次为多条边缘进行描边。

　　·双击一条边缘，可对所有与其相连的边缘进行描边（连续描边）。

　　·三击一条边缘，可对所有边缘应用相同的描边。

### 6.3.9　实时上色工具的选项设置

"实时上色工具选项"可以指定实时上色工具的
工作方式，决定是只选择上色并对其上色，还是只选
择描边并对其上色，还是两者都选择并上色。还可以
指定当工具移动到表面和边缘上时，如何对其进行突
出显示。双击实时上色工具，可看到以下这些选项，
如图6-33所示。

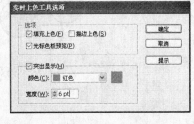

图6-33　"实时上色工具选项"对话框

- 填充上色：对"实时上色"组的各表面上色。
- 描边上色：对"实时上色"组的各边缘上色。
- 光标色板预览：用于预览将要填充的颜色。
- 突出显示：勾画出光标当前所在表面或边缘的轮廓。用粗线突出显示表面，细线突出显
示边缘。
- 颜色：设置突出显示线的颜色。可以从菜单中选择颜色，也可以单击上色色板以指定自
定颜色。
- 宽度：指定所选项目的突出显示线的粗细。

## 6.4　填充图案

在Illustrator CS4中，图案既可以用于轮廓和填充，也可以用于文本。而且在将图案应用
于文本时，事先不用将文本转化成路径。在Illustrator CS4中，除了系统提供的图案外，还可以
自己创建图案，并把它加入到图案清单中去。填充图案的效果如图6-34所示。

### 6.4.1　使用图案

在Illustrator CS4中，图案的使用很简单，其操作步骤如下：

（1）创建并选择一个对象，比如创建一个五角星。

（2）如果要对对象填充应用图案，在工具箱中启动上色模式。如果要对对象的轮廓应用
图案，在工具箱中启动描边模式。

（3）执行"窗口→色板"命令打开"色板"面板，如图6-35所示。

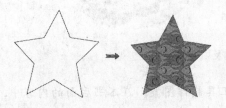

图6-34　填充图案的效果（右图）

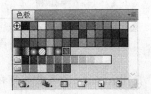

图6-35　"色板"面板

（4）从"色板"面板中选择一个图案，此图案将立即被赋予对象的填充色或轮廓色。如
图6-36所示。

**注意**　在Illustrator CS4中，给对象应用图案后，如果改变对象的形状，不会影响或者改
变图案，如图6-37所示。

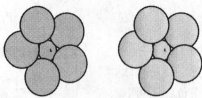
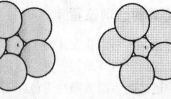

图6-36 为对象填充单色、渐变色和图案后的效果

图6-37 填充图案的效果（右图）

### 6.4.2 创建图案

在Illustrator CS4中可以自己创建千变万化的图案，并且创建的方法非常简单。利用工具箱中的绘图工具绘制好图案，进行颜色填充和轮廓线的编辑后，使用选择工具选中，将它拖动到色板面板中，这个图案就能应用到其他对象的填充或轮廓上了。

#### 1. 创建图案

在Illustrator CS4中创建图案的操作步骤如下：

（1）使用绘图工具绘制图案，也可以使用符号（关于符号的内容将在本书后面的章节中介绍）。

（2）使用选择工具选定这个图案。

（3）用鼠标把图案拖动到"色板"面板中。

（4）双击图案显示"色板选项"对话框。

（5）在对话框中输入图案的名称即可，如图6-38所示。

图6-38 制作的图案及填充效果

**提示** 在Illustrator CS4中也可以通过符号喷枪工具制作图案，在本书后面的内容中，将介绍符号喷枪工具的使用。

另外，在Illustrator CS4中还可以创建透明的背景图案和不透明的背景图案，下面是透明和不透明的效果对比，如图6-39所示。

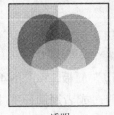

透明　　　　　　　不透明

图6-39　透明的对比

### 2. 创建透明的背景图案

在Illustrator CS4中创建透明背景图案的操作步骤如下：

（1）使用绘图工具绘制图案，比如可以绘制两个星形。

（2）给这两个星形赋予不同的填充色和描边色，

（3）选中选择工具圈选这两个星形。

（4）把选择的对象拖动到色板面板中，即创建了具有透明背景的图案。

（5）双击图案显示色板选项对话框，在对话框中输入图案的名称。

### 3. 创建不透明的背景图案

创建不透明的背景图案的步骤与创建透明背景的步骤大致相同，下面简单介绍一下创建步骤：

（1）使用绘图工具绘制图案，比如，首先绘制出一个矩形并给它应用填充，在矩形上绘制图案。例如在此例中将前面绘制的两个星形拖动到矩形上。

（2）给这两个星形赋予不同的填充色和轮廓色。

（3）选中选择工具圈选矩形和这两个星形。

（4）把选择的对象拖动到色板面板中，即创建了具有透明背景的图案。

## 6.5　描边

在Illustrator CS4中，可以对选定对象的轮廓应用颜色填充和图案填充。在这一节里，将要讨论描边的其他一些属性，如描边的宽度、描边线头部的形状、使用虚线描边线等。如果要编辑描边，则需要首先了解"描边"面板，下面简单介绍一下描边面板。

**提示**　有很多设计人员习惯于把描边称为轮廓。

### 6.5.1　描边面板

执行"窗口→描边"命令，或者按下F10键，就可以打开"描边"面板，如图6-40所示。描边面板提供了对描边属性的控制，其中包括描边线的粗细、斜接限制、对齐描边以及虚线等。

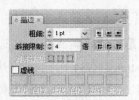

图6-40　依次展开的描边面板

## 1. 设置描边的粗细

设置描边的粗细，就是改变描边线的宽度。

设置描边宽度的操作步骤如下：

（1）执行"窗口→描边"命令打开"描边"面板，如图6-40所示。

（2）在"粗细"后面的数值框中输入数值，或者用前面的上下箭头调整，也可以单击后面的向下箭头，从弹出的下拉列表中直接选择所需的宽度值。图6-41就是将宽度值分别设为6pt和20pt时的描边线。

图6-41    不同宽度值的描边

描边线的最小宽度值是0，最大宽度值是100pt。当描边线的宽度设为0时，并不是没有描边，在屏幕上将会出现一条极细的描边，打印的时候也能够打印出来。在描边面板中，粗细的度量单位可以通过执行编辑菜单中的预置命令来更改。可以选择磅、字符、毫米、英寸以及厘米这几个度量单位中的一个作为笔画面板的度量单位。其中，1英寸=72磅。

## 2. 使用"斜接限制"选项

"斜接限制"可以用来决定描边沿路径改变方向时的伸展长度，它的设计种类在矢量绘图中通常是很重要的。

"斜接限制"的值必须在1与500之间，如果超出了这个范围，系统将会弹出一个警告框。"斜接限制"的默认值是4。如图6-42所示的就是将"斜接限制"分别设为"斜接连接"、"圆角连接"和"斜角连接"时的描边线。

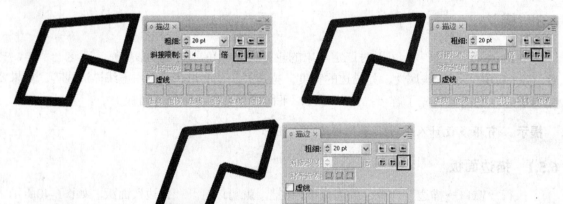

图6-42    对比效果

## 3. 设置描边的端点和连接选项

在Illustrator CS4中，描边的属性除了颜色、宽度、斜接限制之外，还有两个重要的参数就是端点和连接的样式。这两个参数的设置对于美化作品将起到很大作用。在Illustrator中，有三种不同的端点样式，它们分别是：平头端点、圆头端点和方头端点。选定对象后，单击描边面板中的三个按钮就可以给选定的对象应用不同的顶点样式，如图6-43所示。

图6-43　不同顶点样式的描边线

### 6.5.2　虚线的设定

在Illustrator CS4中，在默认设置下所绘制的曲线（包括直线）和图形的描边线都是实线。但有的时候，使用虚线作为曲线或者描边线的线型会产生意想不到的效果。"虚线"选项是用来创建断开的笔画，即把笔画的属性由实线改为虚线。下面结合一个实例来说明怎样设定虚线。

**1. 使用"虚线"复选框**

在Illustrator CS4中使用"虚线"复选框的步骤如下：

（1）激活上色图标按钮，单击"无"按钮，设置填充色为无色。

（2）激活笔画图标按钮，设置描边色为蓝色。

（3）打开"描边"面板。

（4）在"描边"面板中选择笔画的粗细值为5。

（5）使用工具箱中的绘图工具创建一条曲线。

（6）选中"描边"面板上的虚线复选框。可以发现，面板下方的六个小方框被激活，第一个虚线值被赋予12。

（7）在虚线栏位和间隙栏位中输入相应的值，发现绘制的实线已经变成了虚线。如图6-44所示。

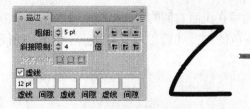

图6-44　描边面板和生成的虚线效果（右图）

**2. 虚线疏密度和相应值的关系**

在Illustrator CS4中，虚线的疏密度和"虚线"、"间隙"栏位值有如下关系：

断开线的默认长度为12pt，一共可以输入三种不同的虚线栏位值和间隙栏位值。

间隙栏位值用来设定虚线段之间的间隙。间隙栏位值越大，虚线段之间的间隙就越大。间隙栏位值越小，虚线段之间的间隙就越小。如图6-45所示的三条虚线，虚线栏位值均为8pt，间隙栏位值分别为6pt，12pt，18pt。

图6-45　间隙栏位值不同的虚线

## 6.6　实例：为卡通美少女填充颜色

在本实例中，主要通过介绍为卡通美少女轮廓图进行上色的过程向大家介绍在Illustrator中几种不同的上色方法，填充完颜色后的效果如图6-46所示。

（1）执行"文件→打开"命令，在打开的"打开"对话框中打开本书"配套资料"中绘制的美少女轮廓图形，如图6-47所示。我们将为该轮廓图进行上色。该轮廓图是在上一章中绘制的。

图6-46　上色后的效果

图6-47　打开的图形

（2）选择美少女脸部图形，然后在页面右侧的"面板缩略列表"中单击"颜色" 按钮，进入"颜色"面板。调整CMYK颜色比例，为脸部填充颜色。如图6-48所示。

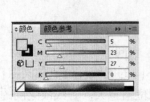

图6-48　颜色面板和添充颜色后的效果

**提示**　在Illustrator CS4中，既可以使用"色板"面板上色，也可以使用"控制面板"进行上色。

（3）确定头发图形处于选择状态下，在页面右侧的"面板缩略列表"中单击"色板" 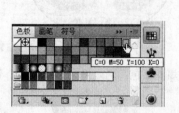 按钮，进入"色板"面板。为头发填充颜色黄色，如图6-49所示。

图6-49 色板面板和填充颜色后的效果

**提示** 可以根据自己的需要为轮廓图填充任意颜色。

（4）选中发夹轮廓，然后在控制面板中将"上色"颜色块填充为黑色。如图6-50所示。

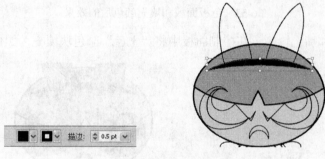

图6-50 控制面板和填充颜色后的效果

（5）选择美少女头部装饰图形，在页面右侧的"面板缩略列表"中单击"色板" 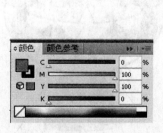 按钮，进入"色板"面板。填充颜色为红色，如图6-51所示。

图6-51 颜色面板和添充颜色后的效果

（6）选择美少女的眉毛轮廓图形，在控制面板中将"上色"颜色块填充为黑色。如图6-52所示。

（7）选中美少女的眉毛下部轮廓图形，在页面右侧的"面板缩略列表"中单击"色板" 按钮，进入"色板"面板。填充颜色为洋红色。如图6-53所示。

图6-52 控制面板和填充颜色后的效果

图6-53 色板面板和填充颜色后的效果

（8）选中鼻子和嘴巴轮廓，在控制面板中将"上色"颜色块填充为黑色。如图6-54所示。

图6-54 控制面板和填充颜色后的效果

（9）选中美少女身体部分轮廓，在页面右侧的"面板缩略列表"中单击"色板"  按钮，进入"色板"面板。填充颜色为红色，如图6-55所示。

图6-55 颜色面板和添充颜色后的效果

（10）选择美少女身体部分装饰物，在控制面板中将"上色"颜色块填充为黑色。如图6-56所示。

（11）选中披风轮廓，在页面右侧的"面板缩略列表"中单击"色板" ▦ 按钮，进入"色板"面板。为披风填充颜色桔黄色，如图6-57所示。

图6-56 颜色面板和添充颜色后的效果

图6-57 色板面板和填充颜色后的效果

（12）选中美少女胳膊和腿部图形，在页面右侧的"面板缩略列表"中单击"颜色"面板 ▨ 按钮，进入"颜色"面板。调整CMYK颜色的数值，为胳膊和腿部填充颜色。如图6-58所示。

图6-58 颜色面板和添充颜色后的效果

（13）选中美少女鞋子部分轮廓，在"控制面板"中将"上色"颜色块填充为黑色。如图6-59所示。

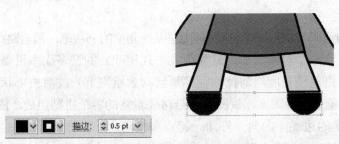

图6-59 颜色面板和添充颜色后的效果

（14）至此完成了对轮廓图形的上色。最终效果如前图6-46所示。

（15）最后单击菜单栏中的"文件→存储"命令保存文档。

# 第7章 画笔和符号

　　在Illustrator CS4中自带了很多画笔库和符号样本库。使用它们可以绘制出非常好的图案效果，而且非常快捷，这为我们的工作带来很大的便利性。有效地使用符号可以在很大程度上提高工作效率。在这一部分内容中，就介绍它们的使用。

　　在本章中主要介绍下列内容：

- 使用画笔工具
- 使用符号喷枪工具

## 7.1 画笔工具

　　Illustrator CS4提供的画笔工具，用精巧的结构仿效传统的绘画工具，使用它们可以在电脑绘图中获得很好的传统绘图的效果。另外，使用画笔工具可以得到素描的效果，熟练地使用画笔工具还可以创造出非常好的书法效果。

### 7.1.1 画笔工具的种类和功能

　　在Illustrator CS4中共有4种画笔，分别是书法画笔、散点画笔、艺术画笔和图案画笔。这些画笔的作用如下：

- 书法画笔：所创建的描边，类似用笔尖呈某个角度的书法笔，沿着路径的中心绘制出来。
- 散点画笔：将一个对象（如一只瓢虫或一片树叶）的许多副本沿着路径分布。
- 艺术画笔：沿路径长度均匀拉伸画笔形状（如粗炭笔）或对象形状。
- 图案画笔：绘制一种图案，该图案由沿路径重复的各个拼贴组成。图案画笔最多可以包括5种拼贴，即图案的边线、内角、外角、起点和终点。

　　另外，使用画笔工具可以创建由拖拉操作所产生的闭合路径，结合画笔面板可以生成与传统的毛笔相似的效果。一般使用画笔可以创建出下列笔画效果，如图7-1所示。

A. 图案画笔；B. 书法画笔；C. 艺术画笔；D. 散点画笔

图7-1　使用画笔绘制的效果

　　使用散点画笔和图案画笔通常可以达到同样的效果。但是，它们之间的一个区别在于"图案画笔"会完全依循路径，而"散点画笔"则不是如此。对比效果如图7-2所示。

图7-2　"图案画笔"中的箭头呈弯曲状以依循路径（左图）；
而"散点画笔"中的箭头则保持直线方向（右图）

## 7.1.2　画笔工具的选项

　　在Illustrator CS4中，画笔工具可以通过修改它的选项来创建需要的效果，比如可以修改线条的精确宽度、两端和连接点的样式等来改变创建图形的形状或者特征。

　　在工具箱中双击画笔工具按钮 ，将会打开如图7-3所示的"画笔工具选项"对话框。使用该窗口可以对画笔工具的一些选项进行精确的设定，从而改变所绘艺术线条或者图案的形状。

　　"画笔工具选项"对话框包括以下几个选项，下面简单地介绍一下它们的作用：

　　·保真度：用来设定画笔工具绘制曲线时，所经过的路径上各点的精确度，度量的单位是像素。保真度的值越小，所绘制的曲线就越粗糙，精度越低。保真度的值越大，所绘制的曲线就越逼真，精度越高。在Illustrator CS4中，系统允许设置的保真度的最小值是0.5，最大值是20。

图7-3　"画笔工具选项"对话框

　　·平滑度：是用来指定画笔工具所绘曲线的光滑程度的一项参数，用百分比来表示，设置的范围是0～100。平滑度的值越大，所绘曲线就越平滑。平滑度的值越小，所绘曲线就越不平滑。

　　·填充新画笔描边：将填色应用于路径。该选项在绘制封闭路径时最有用。

　　·保持选定：如果选中该复选项，则每绘制一条曲线，绘制出的曲线都将处于选中状态。

禁用时，绘制的曲线不处于选中状态。需要书写汉字时，就可以将"保持选定"复选项禁用。

·编辑所选路径：如果选中该复选项，在路径绘制完成之后可以编辑路径上的锚点，具体方法后面再讲述。

参数设置完成之后，单击"确定"按钮即可应用所有的设置。

### 7.1.3 画笔工具的使用方式

画笔工具的使用步骤如下：

（1）在工具箱中选择画笔工具 ，或者按下B键也可以选择画笔工具。

（2）如果还没有打开"画笔"面板，那么执行"窗口→画笔"命令，打开"画笔"面板。如图7-4所示。

（3）选择画笔类型，然后移动鼠标到绘图页面上，发现鼠标变成了一个画笔的形状。

（4）拖动鼠标绘制图形，然后松开鼠标，图形创建完毕。如图7-5所示就是使用画笔工具创建的图形。

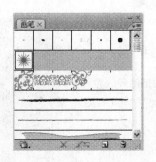

图7-4　"画笔"面板

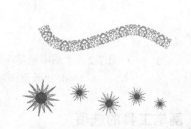

图7-5　使用画笔工具创建的图形

**提示**　在默认设置下，在"画笔"面板中显示的只有几种画笔样式或者类型，在后面的内容中将介绍如何打开或者添加更多的画笔样式。

### 7.1.4 修改创建的图形

在Illustrator CS4中共有三种修改方式，一是更改画笔的类型，二是修改画笔选项，三是修改画笔描绘的图形。下面分别介绍。

1. 更改画笔的类型

使用画笔工具创建图形后，还可以再对绘制的图形进行修改。修改的步骤如下：

（1）使用画笔工具绘制一种图形，如图7-6所示。

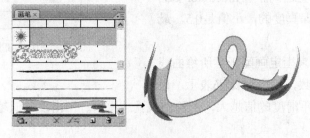

图7-6　绘制的图形

（2）使用选取工具选中绘制的图形。然后打开"画笔"面板。

（3）在"画笔"面板中选择新的画笔类型。这时图形就改变了，如图7-7所示。

在**Illustrator CS4**中的画笔面板中有很多种漂亮的画笔类型，如图7-8所示的就是其他几个比较有代表性的画笔类型。

图7-7 改变画笔类型 图7-8 其他几种画笔类型

### 2. 修改画笔选项

若要更改画笔选项，可以通过双击"画笔"面板中的画笔打开对应的"图案画笔选项"对话框，如图7-9所示。设置好画笔选项，单击"确定"即可应用。

如果当前文档包含用修改的画笔绘制的路径，则会出现一条消息对话框，如图7-10所示。单击"应用于描边"，可更改既有描边。单击"保留描边"，可保留既有描边不变，并仅将修改的画笔应用于新描边。

图7-9 图案画笔选项 图7-10 画笔更改警告

**提示** 在"画笔"面板中单击不同的画笔，将打开对应的选项设置对话框，如果单击的是书法画笔，那么打开的是"书法画笔选项"对话框，如图7-11所示。

### 3. 修改画笔描绘的图形

如果需要修改用画笔绘制的线条而不更新对应的画笔，选择该线条，单击"画笔"面板中的"所选对象的选项" 按钮。根据需要设置选项，然后单击"确定"按钮即可。

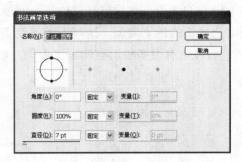

图7-11 "书法画笔选项"对话框

## 7.2 "画笔"面板和"画笔库"

前面我们曾多次提到画笔面板。在**Illustrator CS4**中，使用画笔面板不但可以选择不同的画笔类型，而且可以自定义画笔以及保存、替换画笔等。

### 7.2.1 "画笔"面板

"画笔"面板如图7-12所示。在"画笔"面板中部是画笔类型的列表，其中显示了系统提供的所有画笔的形状和颜色。共有4类画笔，分别是书法效果画笔、散点画笔、艺术画笔和图案画笔。使用这4种不同的画笔类型可以得到不同的效果。在面板的右边有一个滚动条，拖动滚动条可以浏览所有的画笔类型。

在"画笔"面板的下部有5个按钮，如图7-13所示。

图7-12 "画笔"面板

图7-13 功能按钮

·第1个按钮是"画笔库菜单"按钮，单击该按钮后可以打开画笔库菜单，从中可以选择自己需要的画笔类型。比如选择"箭头"中的"箭头_标准"项后就会打开"箭头_标准"库，选择相应的类型，就可以绘制各种箭头效果了。如图7-14所示。

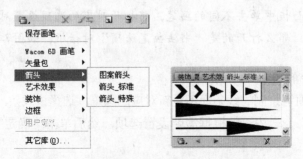

图7-14 "画笔库菜单"按钮和打开的标准箭头库

· 第2个按钮是"移去画笔描边"按钮，单击该按钮可以将图形中的描边删除。

· 第3个按钮是"所选对象的选项"按钮，单击该按钮可以打开画笔选项窗口，通过该窗口可以编辑不同的画笔形状。

· 第4个按钮是"新建画笔"按钮，单击该按钮可以打开新建画笔窗口，使用该窗口可以创建新的画笔类型。

· 第5个按钮是"删除画笔"按钮，选定画笔类型后单击该按钮可以删除该画笔类型。

· 单击画笔面板右上方的黑色小三角形，可以打开一个快捷菜单，这就是"画笔"面板的面板菜单。如图7-15所示。

在该菜单栏中列出了15种命令，大体可以分为5组命令，下面简单地介绍一下。

执行菜单中的"新建画笔"命令可以新建一种画笔类型。执行"复制画笔"命令可以复制选定的画笔。执行"删除画笔"命令可以删除选定的画笔。执行"移去画笔描边"命令相

图7-15　打开的菜单

当于按下"移去画笔描边"按钮的功能。执行"选择所有未使用的画笔"命令可以选中所有在当前文件中还没有使用的画笔类型。

"缩览图视图"命令用于以缩小的图形列出画笔的种类和样式。"列表视图"命令用于以列表形式列出画笔的种类和样式。

执行"画笔选项"和"所选对象的选项"命令可以打开相应的选项窗口对画笔进行编辑。

"打开画笔库"命令用于选择需要显示的画笔类型。"存储画笔库"命令用于存储画笔库。

### 7.2.2　编辑画笔

在Illustrator CS4中允许对现有的画笔进行编辑，从而改变画笔的外观、大小、颜色、角度以及箭头方向等。另外，对于不同的画笔类型，编辑的方法也有所不同。

#### 1. 编辑散点画笔

在Illustrator CS4中，散点画笔就是系统将预置的一些小图标作为画笔的形状，在使用画笔工具绘制图形时按照一定的方式将小图标分布到画笔路径所经过的区域中去。在画笔面板中共有多种散点画笔，如图7-16所示就是分别使用几种散点画笔绘制出的图形。

在Illustrator CS4中，编辑散点画笔的步骤如下：

（1）在"画笔"面板中只选中"显示散点画笔"项，这样可以只显示散点画笔类型。

（2）执行面板打开菜单中的"画笔选项"命令，将打开如图7-17所示的"散点画笔选项"对话框。

（3）在该对话框中，"大小"项用来指定画笔图案的大小。"间距"项用来指定使用画笔工具绘图时，沿所经过路径分布的图案之间的距离。"分布"项用来指定在路径两边分布的图案的距离。"旋转"项用来指定沿路径两端分布时各个图案的旋转角度。在"旋转相对于"栏中可以设定是相对于"页面"旋转还是相对于"路径"旋转。

图7-16　散点画笔　　　　　　　　　　　　图7-17　"散点画笔选项"对话框

着色区中的选项用于编辑散点画笔的色调以及"主色"。"方法"共有4个选项：无色调、淡色和暗色、色相切换。"主色"可以使用滴管从图案中选取一种颜色。右边有一个"提示"按钮，单击提示按钮可以打开着色提示信息窗口，在该信息窗口中可以得到帮助信息。

（4）设置完成后，选中"预览"项可以预览调整后的结果。

（5）单击"确定"按钮，即可将调整后的结果应用到所有使用了该画笔类型的图形中去。这时系统会打开一个"画笔更改警告"对话框，询问你是否将修改后的画笔应用到所有使用了该画笔类型的图形中。

按照上面方法编辑的是所有应用了该散点画笔的图形。如果在很多同类型画笔存在的情况下，只需编辑选中的图形，则应该按照如下步骤进行：

（1）选中需要编辑的使用画笔工具绘制的图形。

（2）执行面板打开菜单中的"所选对象的选项"命令，单击画笔面板下部的选定对象选项按钮，将打开如图7-17所示的"散点画笔选项"对话框。

（3）参照上面讲述的方法调整窗口中的参数。

（4）单击"确定"按钮后就会将调整后的结果应用到选定的图形。下图是调整间距后的对比效果，如图7-18所示。

图7-18　对比效果，右图的心图形间距增大了

### 2. 编辑图案画笔

在Illustrator CS4中，图案画笔用于绘制一些常见的图案效果。使用图案画笔绘制的效果如图7-19所示。

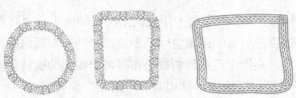

图7-19　使用图案画笔绘制的效果

图案画笔的编辑步骤如下：

（1）在"画笔"面板中只选中"显示图案画笔"项，然后在面板菜单中选择"画笔选项"。

（2）执行面板打开菜单中的"画笔选项"命令，将打开如图7-20所示的"图案画笔选项"对话框。

（3）根据需要在"图案画笔选项"对话框中编辑各种选项。

在"名称"栏中可以更改画笔的名称。"名称"栏下面的五个图表用于编辑图案的形状，从左至右依次可以编辑图案的边、外角边、内角边、起点和终点。在下面的图案类型列表中可以选择图案各部分使用的图样。着色区的选项与前面的类似。在窗口的左边可以调整图案的尺寸和各部分的间距，默认值是缩放100%、间距0%。缩放相对于原始大小调整拼贴大小。"间距"调整拼贴之间的间距。"横向翻转"或"纵向翻转"改变图案相对于线条的方向。"适合"决定图案适合线条的方式。使用"伸展以适合"可延长或缩短图案，以适合对象。该选项会生成不均匀的拼贴。"添加间距以适合"会在每个图案拼贴之间添加空白，将图案按比例应用于路径。"近似路径"会在不改变拼贴的情况下使拼贴适合于最近似的路径。该选项所应用的图案，会向路径内侧或外侧移动，以保持均匀的拼贴，而不是将中心落在路径上。

（4）单击"确定"按钮，即可将调整后的结果应用到图形中。

### 3. 编辑艺术画笔

在Illustrator CS4中编辑艺术画笔的步骤如下：

（1）在"画笔"面板中只选中"显示艺术画笔"项，然后在面板菜单中选择"画笔选项"。

（2）执行面板打开菜单中的"画笔选项"命令，将打开如图7-21所示的"艺术画笔选项"对话框。

图7-20 "图案画笔选项"对话框

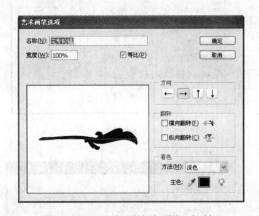

图7-21 "艺术画笔选项"对话框

（3）编辑艺术画笔的方法和前面几种画笔的编辑方法基本相同。不同之处在于艺术画笔选项窗口的右边有一排方向按钮，包括4个按钮，选择不同的按钮可以指定艺术沿路径的排列方向。

"方向"用于决定图稿相对于线条的方向。单击一个箭头即可设定方向：⊡指定图稿的左边为描边的终点；⊟指定图稿的右边为描边的终点；⊡指定图稿的顶部为描边的终点；⊡指定图稿的底部为描边的终点。"宽度"相对于原宽度调整图稿的宽度。"等比"在缩放图稿时保留比例。"横向翻转或纵向翻转"改变图稿相对于线条的方向。

（4）编辑完成之后，单击"确定"按钮即可应用设置的选项。

**4. 编辑书法效果画笔**

在Illustrator CS4的画笔面板中共有6种书法效果画笔，它们能够指定使用画笔工具绘制线条的画笔形状、粗细等。编辑书法效果画笔的步骤如下：

（1）在"画笔"面板中只选中"显示书法画笔"项。然后在面板菜单中选择"画笔选项"。

（2）执行面板打开菜单中的"画笔选项"命令，将打开如图7-22所示的"书法画笔选项"对话框。

（3）在对话框中可以设置画笔笔尖的角度、圆度、直径等。

选择"随机"方法使用指定范围中的一个随机值。当选择"随机"时，也需要在"变量"文本框中输入一个值，或使用"变量"滑块来指定画笔特性可以变化的范围。对于每一个笔划，"随机"使用画笔特性文本框中的值加减变量值之间的一个任意值。例如，当"直径"值为15和"变量"值为5时，直径可以为10或20，或它们之间的任何值。

（4）编辑完成之后，单击"确定"按钮即可应用设置的选项。

**5. 自定义画笔**

在Illustrator CS4中，除了使用系统预设的画笔类型和编辑已有的画笔进行绘图外，还可以使用自定义的画笔。自定义的步骤如下：

（1）执行面板打开菜单中的"新建画笔"命令，打开如图7-23所示的"新建画笔"对话框。

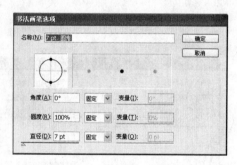

图7-22 "书法画笔选项"对话框

图7-23 "新建画笔"对话框

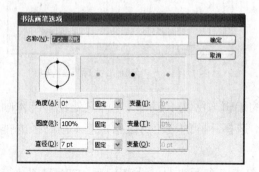

图7-24 "书法画笔选项"对话框

（2）在"新建画笔"对话框中选择需要创建的画笔类型，比如选择"新建书法画笔"选项。

（3）单击"确定"按钮，将打开相应的"书法画笔选项"对话框。

（4）在"书法画笔选项"对话框中设置新建画笔的各项参数，如图7-24所示。

（5）单击"确定"按钮确定，即可创建出新的画笔效果。

### 7.2.3 画笔库

在Illustrator CS4中，画笔库是自带的预设画笔的集合。可以打开多个画笔库来浏览其中的内容并选择画笔。若要显示画笔库，选择"窗口→画笔库"，然后从子菜单中选择一个库，如图7-25所示。也可以使用"画笔"面板菜单来打开画笔库。然后选择一种画笔即可，比如"边框"下的"边框_装饰"库和"箭头"下的"箭头_标准"库。

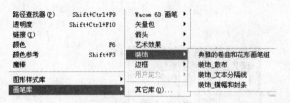

图7-25 "画笔库"菜单和打开的"边框_装饰"库和"箭头_标准"库

下面是使用"边框_装饰"库中的画笔绘制的两种边框效果，效果如图7-26所示。边框一般用于需要带边框的图画中。

图7-26 两种边框效果

> **提示** 在绘制完第一种边框后，如要绘制另外一种边框效果，那么需要使第一次绘制的边框处于非激活状态后，才能开始绘制第二种边框，否则第一次绘制的边框会改变成第二种边框效果。

## 7.3 符号

在Illustrator CS4中，符号是在文档中可重复使用的图稿对象。例如，如果把鲜花创建成符号，可将该符号的实例多次添加到图稿中，而无需实际多次添加复杂图稿。每个符号实例都与"符号"面板或符号库中的符号连接。使用符号可节省时间并显著减小文件大小。符号还支持SWF和SVG导出。

置入符号后，就可在画板上编辑符号的实例，如果需要，可以重新定义原始符号。"符号"工具使我们可一次添加和操作多个符号实例。如图7-27所示，是完全使用符号绘制的一幅图片。

另外，在绘制一些具有重复符号的图形时也经常使用到符号，比如在绘制地图或者介绍地理位置时就可以使用符号来进行绘制。如图7-28所示。

### 7.3.1 使用符号

在Illustrator CS4中，符号可以被单独使用，也可以被作为"集"或者"集合"来使用，一般称为符号集，符号集是由多个符号构成的。如图7-29所示，在该图中蜘蛛和树叶是单独被使用的或者说是符号，树<u>丛</u>则是一个符号集。

图7-27  使用符号绘制的图片

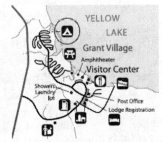

图7-28  使用符号绘制的地图效果（右图）                图7-29  效果

符号的应用非常简单，只要在工具箱中激活"符号喷枪工具" <img>，然后在"符号"面板中选择一个符号图标，并在工作区中单击即可。注意单击一次可创建一个符号，一般称为"符号实例"。单击多次可创建符号集，也可按住鼠标键拖动。如图7-30所示，上面的一丛草是使用"符号喷枪工具"单击一次创建的。而下面的一群草是通过单击多次创建的。

图7-30  "符号"面板中甲虫符号和喷绘效果

使用"符号"面板中的其他图标可以创建出其他效果。比如鱼、蜻蜓和树叶等。效果如图7-31所示。

### 7.3.2  "符号"面板和"符号库"

在Illustrator CS4中，选择"窗口→符号"命令即可打开"符号"面板，如图7-32所示。可以在符号库中选择、排序和查看项目，其操作和在"符号"面板中的操作一样。但是，不能向符号库添加项目，从中删除项目，或编辑项目。另外，我们可以使用"符号"面板重新排列、复制、重命名和管理符号。从面板菜单选择"复制符号"或"符号"选项分别复制或重命名符号。

图7-31 喷绘其他符号效果 　　　　　　　　　　图7-32 "符号"面板

选择"窗口→符号库"中的子菜单即可打开"符号库"的子库，比如选择子菜单"自然"符号库，就会打开"自然界"库的面板。如图7-33所示。

**注意** 可以通过双击符号来重命名，或拖动符号到面板的"新建符号"按钮上以创建副本。

在Illustrator CS4中，只需通过拖动，或通过使用"符号库"面板菜单中的"添加到符号"命令，就可以将符号库中选择的符号移动到"符号"面板。此外，在文档中使用符号时，符号自动添加到"符号"面板。面板菜单命令如图7-34所示。

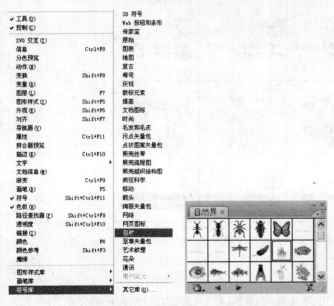

图7-33 子菜单和"符号库"的"自然"子库 　　　　图7-34 符号库面板菜单

执行以下任一操作更改符号在"符号"面板中列出的方式：

• 从面板菜单中选择一种视图选项："缩览图视图"显示缩览图，"小列表视图"显示带有小缩览图的命名符号的列表，"大列表视图"显示带有大缩览图的命名符号列表。如图7-35所示。

- 将符号拖动到不同位置。当有一条黑线出现在所需位置时，松开鼠标按键。
- 从面板菜单中选择"按名称排序"以字母顺序列出符号。

### 7.3.3　符号工具的使用

在Illustrator CS4中，符号工具用于创建和修改符号实例集。我们可以使用"符号喷枪工具"创建符号集。然后可以使用其他符号工具更改集内实例的密度、颜色、位置、大小、旋转、透明度和样式。可用的符号工具如图7-36所示。关于符号工具的名称可参阅前面内容的介绍。

图7-35　以小列表视图显示（左图），
以大列表视图显示（右图）

图7-36　符号工具

下面通过图示的方式介绍这些工具的功能，读者可以参阅图中对每个工具的文字描述，如图7-37所示。

图7-37　各种符号工具的功能图示

### 7.3.4　设置符号工具选项

在Illustrator CS4中，我们可以通过设置选项来设置符号工具的功能。下面介绍几个工具选项的设置。

1. 设置符号喷枪工具的选项

（1）双击工具箱中的符号喷枪工具。打开"符号工具选项"对话框，如图7-38所示。

（2）设置好选项后，单击"确定"按钮即可。

下面介绍一下"符号工具选项"对话框中的几个选项。

·直径：指定工具的画笔大小。

**提示**　使用符号工具时，可随时按"["以减小直径，或按"]"以增加直径。按住Shift+[以减小强度，或按住Shift+]以增加强度。

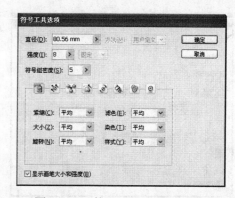

图7-38　"符号工具选项"对话框

·强度：指定更改的速度（值越高，更改越快），或选择"使用压感笔"使用光笔或钢笔的输入，而不是"强度"值。

·符号组密度：指定符号组的吸引值（值越高，符号实例堆积密度越大）。此设置应用于整个符号集。如果选择了符号集，将更改集中所有符号实例的密度，不仅仅是新创建的实例。

**注意**　直径、强度和密度等常规选项出现在对话框上部。特定于工具的选项则出现在对话框下部。常规选项与所选的符号工具无关。

**提示**　要切换到另外一个工具的选项，单击对话框中相应的工具图标即可。

·方法：共有3个选项，分别是"用户定义"、"随机"、"平均"。选择"用户定义"后，可以根据光标位置逐步调整符号。选择"随机"后，可以在光标下的区域随机修改符号。选择"平均"后，可以逐步平滑符号值。

·显示画笔大小和强度：勾选该项后，可以显示画笔的大小和强度。

·符号喷枪选项：仅当选择符号喷枪工具时，符号喷枪选项（"紧缩"、"大小"、"旋转"、"滤色"、"染色"和"样式"）才会显示，使用这些色项可以控制符号实例的显示方式。

单击"符号位移器"按钮，切换到"符号位移器工具"的"符号工具选项"对话框中，如图7-39所示。

窗口上面的几个选项与"符号喷枪工具"的功能相同，在此不再介绍。其他几个工具的选项设置与"符号喷枪工具"的选项设置基本相同。有几个工具的选项可能稍有不同，读者可以根据中文释意进行理解和操作。

### 7.3.5　从现有集添加或删除符号实例

当在Illustrator CS4中创建好了一部分符号实例后，再创建其他的符号实例，可以执行下列操作：

（1）选择现有符号或者符号集。

（2）选择"符号"面板中的符号喷枪工具和一个符号。在希望新建实例的位置单击或拖动即可添加新的符号实例。如图7-40所示。

**提示**　在Illustrator CS4中拖动符号喷枪工具将会创建多个符号实例，如果单击，那么一次只能创建一个符号实例。

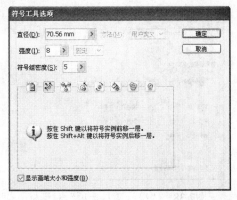

图7-39 "符号工具选项"对话框　　　　　　　　图7-40 添加其他符号实例

（3）如要删除符号实例，单击要删除的实例，然后按键盘上的**Delete**键或者**Backspace**键即可，如图7-41所示。

图7-41 删除符号实例的结果

**提示** 如果按住键盘上的**Alt**键拖动一个符号实例，就会复制出一个相同的符号实例。

### 7.3.6 移动或更改符号实例的堆栈顺序

在Illustrator CS4中，创建好符号实例后，还可以分别移动它们的位置，以便获得需要的设计效果。操作如下。

（1）选择"符号移位器"工具 。

（2）向希望符号实例移动的方向拖动即可，如图7-42所示。

图7-42 移动符号实例的结果

（3）如果要向前移动符号实例，或者把一个符号移动到另外一个符号的前一层，那么按住**Shift**键单击符号实例。如图7-43所示。

（4）如果要向后移动符号实例，按住**Alt**并按住**Shift**单击符号实例即可。

### 7.3.7 聚拢或分散符号实例

在Illustrator CS4中，创建好符号实例之后，还可以使用它们聚拢一些或者距离远一些，操作如下。

　　（1）选择"符号紧缩器"工具🐝。

　　（2）单击或拖动距离靠近符号实例之间的区域。

　　（3）按住Ctrl键，单击或拖动希望距离增大的符号实例之间的区域。如图7-44所示。

图7-43　向前移动符号实例　　　　　　　　　　　　　图7-44　距离缩小

　　**提示**　使用该工具不能大幅度增减它们之间的距离。

## 7.3.8　更改符号实例大小

　　在Illustrator CS4中，创建好符号实例之后，可以对它们中的单个或者多个的大小进行调整，操作如下。

　　（1）选择"符号缩放器"工具🐱。

　　（2）单击或拖动要增大的符号实例即可，如图7-45所示。

　　（3）按住Ctrl键，单击或拖动希望减小符号实例大小的位置。

　　（4）按住Shift键单击或拖动以在缩放时保留符号实例的密度。

## 7.3.9　旋转符号实例

　　在Illustrator CS4中，创建好符号实例之后，还可以对它们进行旋转调整，从而获得需要的效果。

　　（1）选择"符号旋转器"工具🐱。

　　（2）单击或拖动符号实例，使之朝向需要的方向即可，注意中间有个方向箭头，如图7-46所示。

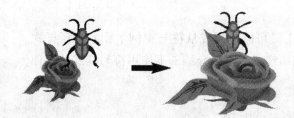

图7-45　增大花朵符号实例后的效果　　　　　　　　　图7-46　旋转效果

## 7.3.10　着色符号实例

　　在Illustrator CS4中，对符号实例着色就像是更改颜色的色相，同时保留原始亮度。此方法使用原始颜色的亮度和上色颜色的色相生成颜色。因此，具有极高或极低亮度的颜色改变很少；黑色或白色对象完全无变化。注意，使用符号着色器工具将使文件增加，并降低其执行性能。当要考虑到内存或导出的Flash/SVG文件大小时，不要使用此工具。

下面介绍如何为符号实例进行着色。

（1）在"颜色"面板中，选择要用作上色颜色的填充颜色。

（2）选择"符号着色器"工具 。

（3）单击或拖动要使用上色颜色着色的符号实例。随着上色量逐渐增加，符号实例的颜色逐渐更改为上色颜色，如图7-47所示。

（4）按住Ctrl键，单击或拖动以减小上色量并显示出更多的原始符号颜色。

（5）按住Shift键，单击或拖动，以保持上色量为常量，同时逐渐将符号实例颜色更改为上色颜色。

### 7.3.11　调整符号实例透明度

在Illustrator CS4中，创建好符号后，还可以对它们的透明度进行调整，从而可以获得需要的设计效果。

（1）选择"符号滤色器"工具 。

（2）单击或拖动希望增加符号透明度的位置即可，如图7-48所示。

红色的树叶　　　　　　绿色的树叶

图7-47　着色效果　　　　　　　　　　　　　图7-48　透明效果（右图）

（3）按住Ctrl键，单击或拖动希望减小符号透明度的位置。

**注意**　如果想恢复原色，那么在符号实例上单击鼠标右键，并从打开的菜单中选择"还原滤色"即可。

### 7.3.12　将图形样式应用到符号实例

在Illustrator CS4中，使用"符号样式器"工具可以应用或从符号实例上删除图形样式。还可以控制应用的量和位置。例如，可以逐渐应用样式。下面介绍一下使用符号样式的操作。

（1）选择"符号样式器"工具 。

（2）在"图形样式"面板中选择一个样式。

（3）单击或拖动希望将样式应用于符号集的位置即可，如图7-49所示。

（4）按住Ctrl键，单击或拖动以减小样式量并显示更多原始非样式化符号。

（5）按住Shift键单击，可保持样式量为常量，同时逐渐将符号实例样式更改为所选样式。

**提示**　使用任何符号工具时可通过单击"图形样式"面板中的样式，切换至"符号样式器"工具。

图7-49　对比效果

## 7.4　创建与删除符号

在Illustrator CS4中，可以使用大部分的对象创建符号，包括路径、复合路径、文本、栅格图像、网格对象和对象组。但是，不能使用链接图稿创建符号，也不能使用某些组，例如图形组。下面介绍符号的创建过程。

（1）选择要用作符号的图稿。

（2）将图稿拖动到"符号"面板。如果希望所选图稿作为新创建的符号实例，那么在拖动时按住Shift键。

（3）在"符号"面板中单击"新建符号"按钮 🗐，此时会打开"符号选项"对话框，如图7-50所示。或者从面板菜单中选择"新建符号"命令打开"符号选项"对话框。

（4）在"符号选项"对话框中，设置好名称和选项，然后单击"确定"按钮即可把图稿添加到符号面板中，如图7-51所示。

图7-50　"符号选项"对话框　　　　　　　图7-51　新建的符号

如果不想再使用这个符号了，可以把它删除掉。只要在"符号"面板中，使用鼠标选中该符号，并把它拖动到"符号"面板右下角的垃圾箱中就可以了。

## 7.5　修改和重新定义符号

创建符号后，还可以对它进行修改和重新定义。

（1）选择符号的实例。

（2）单击"符号"面板中的"断开符号链接"按钮 ⚎。

（3）编辑并选择图稿。执行下列操作之一：

·确保要重新定义的符号在"符号"面板中被选中，然后从"符号"面板菜单中选择"重新定义"。

·按住Alt键将修改的符号拖动到"符号"面板中旧符号的顶部。该符号将在"符号"面板中替换旧符号并在当前文件中更新。

## 7.6 置入符号

在Illustrator CS4中，可以使用"符号"面板在工作页面中置入单个符号，下面介绍它的操作步骤。

（1）选择"符号"面板或符号库中的符号。

（2）单击"符号"面板中的"置入符号实例"按钮 ，即可把实例置入画板中。或者将符号拖动到希望在画板上显示的位置，如图7-52所示。

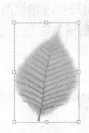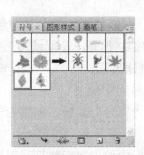

图7-52　置入符号的效果

**注意**　在画板中任何位置置入的单个符号一般都称为实例。而且保持选中状态。

## 7.7 创建符号库

在Illustrator CS4中，不仅可以创建符号，还可以创建符号库。下面简单介绍一下操作过程。

（1）将所需符号添加到"符号"面板，并删除不需要的符号。如果要选择文档中所有未使用的符号，可从"符号"面板菜单选择"选择所有未使用的符号"。

（2）从"符号"面板菜单中选择"存储符号库"命令即可，如图7-53所示。

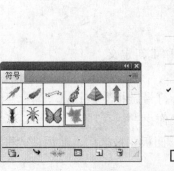

图7-53　"符号"面板和选择的命令

我们可以将库存储在任何位置。但是，如果将库文件存储在默认位置，则当重新打开Illus-
trator时，库名称将显示在"符号库"子菜单和"打开符号库"子菜单中。

## 7.8　实例：贺卡

本部分通过1个实例来巩固在本章学习到的相关知识。我们将结合本章及前面章节中学习
到的工具绘制一个贺卡，最终效果如图7-54所示。

图7-54　绘制的最终效果

（1）启动Illustrator CS4。

（2）选择主菜单栏中的"文件→新建"命令，在弹出的"新建文档"对话框中将"名称"
设为"贺卡"，"大小"设为A4，"颜色模式"设为CMYK，单击"确定"按钮创建一个新文
档，如图7-55所示。

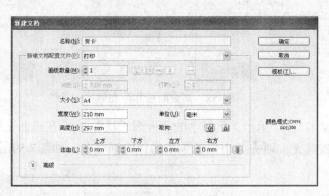

图7-55　"新建文挡"对话框

（3）绘制背景。单击工具箱中的"矩形工具" ，在页面上绘制一个矩形。将"描边"
颜色块设置成无，"填色"设置为渐变填充，设置"渐变类型"为"垂直"，渐变颜色由黄色
到淡绿色的渐变。如图7-56所示。

（4）绘制铃铛。使用工具箱中的"钢笔工具" ，在页面上绘制出铃铛的外轮廓，并使
用"直接选择工具"进行调整。如图7-57所示。

（5）选中绘制的铃铛轮廓，将"描边"颜色块设置成无，"填色"设置为渐变填充，设
置"渐变类型"为"线性"，填充为由白色到淡粉色的渐变色。如图7-58所示。

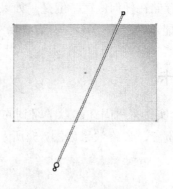

图7-56　绘制的背景

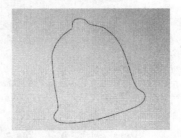

图7-57　绘制的铃铛

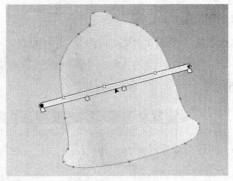

图7-58　渐变面板和渐变效果

（6）绘制铃铛的口径，单击工具箱中的"椭圆工具" ，在页面上绘制一个椭圆形，将"描边"颜色块设置成无，填充为由白色到淡粉色的渐变色。如图7-59所示。

图7-59　渐变面板和渐变效果

（7）使用"椭圆工具" 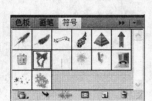再绘制一个椭圆，将"填色"设置为无，将"描边"设为2pt，边框颜色块设置成白色。如图7-60所示。

图7-60 绘制的边框

（8）在工具箱中选择"符号喷枪工具" ，在符号面板中选择"蝴蝶结"，在页面上喷绘一个蝴蝶结，如图7-61所示。

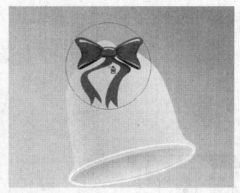

图7-61 符号面板和绘制的蝴蝶结

（9）在工具箱中选择"符号喷枪工具" ，在符号面板中选择"草"在页面上喷绘一些草，如图7-62所示。

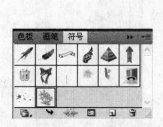

图7-62 符号面板绘制的植物

（10）选择绘制的植物和背景图，然后选择菜单栏里的"对象→剪切蒙版→建立"命令，建立剪切蒙版。如图7-63所示。

图7-63　添加蒙版后的效果

（11）在工具箱中选择"符号喷枪工具" ，在符号面板中选择"五彩纸屑"，在页面上喷绘出一条彩带，如图7-64所示。

图7-64　符号面板绘制的五彩纸屑

（12）添加文字。在工具箱中选择"文字工具" **T**，输入文字，然后在控制面板中设置字体的类型为行楷体，设置字体颜色为白色，并为字体添加封套效果。如图7-65所示。

图7-65　控制面板和添加的文字

（13）继续添加文字。在工具箱中选择"文字工具" **T**，输入文字，然后在控制面板中设置字体的类型为"方正胖娃娃体"，设置字体颜色为白色。如图7-66所示。

图7-66 控制面板和添加的文字

（14）这样一张贺卡图片制作完成了。最终效果如前图7-54所示。

# 第8章 对象管理

与日常的企业管理工作或者人员管理一样，在Illustrator CS4中文版中的对象也需要一定的管理。在设计或者绘制图形的时候，需要将绘制的对象进行移动、调整大小、设置显示位置、排列、变形等的操作，这些都属于对象管理的范畴。

在本章中主要介绍下列内容：

- 对齐对象
- 编组对象
- 变换对象
- 锁定与解锁对象

## 8.1 对齐对象

在Illustrator CS4中文版中，对象的排列一般使用"对齐"面板。选择"窗口→对齐"命令即可打开对齐面板，如图8-1所示。把鼠标指针移动到面板中的按钮上时，就会显示出对应的中文名称注释，

在系统默认状态下，对齐面板中共有12个按钮。它们属于两个命令组：对齐对象和分布对象。在每组命令中各有6个对应的按钮。单击面板上的小三角形，会缩小该面板，在面板中增加了一组分布间距命令，如图8-2所示。

图8-1　对齐面板

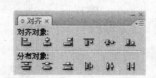

图8-2　隐藏一部分的效果

把鼠标指针移动到面板中的按钮上时，就会显示出对应的中文名称注释，如图8-3所示。通过该中文注释，可以知道该按钮的作用。另外，也可以通过按钮图标的形状来确定该按钮的作用。

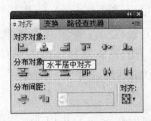 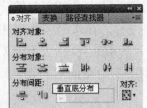

图8-3 显示出的中文注释

对齐面板可以使选定的对象沿指定的轴向对齐。沿着垂直轴方向，可以使所选对象中的最右边、中间和最左边的节点对齐所选的其他对象。或沿着水平轴方向，使所选对象的最上边、中间、最下边的节点对齐所选的其他对象。

对齐对象共有6个按钮，分别是：水平左对齐、水平右对齐、水平居中对齐、垂直顶对齐、垂直居中对齐和垂直底对齐。这6个命令的共同特点是能够将选定的多个对象按照一定的方式对齐。

分布对象也有6个按钮，分别是：垂直顶分布、垂直居中分布、垂直底分布、水平左分布、水平居中分布和水平右分布。这6个命令的共同特点是能够将选定的多个对象按照一定的方式进行分布排列。

分布间距包括2个命令，分别是垂直分布间距和水平分布间距。这两个命令可以指定在分布选定的多个对象时按照什么方式决定分布的间距。

## 8.1.1 对齐对象

当对齐对象时，需要一条线或者一个点作为对齐的依据。在Illustrator CS4中，水平左对齐、水平右对齐、垂直顶对齐和垂直底对齐这四种对齐方式是依据选定的各个对象的水平边线或者垂直边线作为对齐的基准线。

### 1. 水平左对齐

使用"水平左对齐"命令可以把对象左边的边线作为基准线，将选中的各个对象都向基准线靠拢，最左边的对象的位置不变。在水平左对齐的过程中，对象的垂直方向上的位置不变。应用"水平左对齐"命令后的效果如图8-4所示。

### 2. 水平右对齐

在Illustrator CS4中，"水平右对齐"命令与"水平左对齐"命令的区别就在于它是以选定对象的右边的边线作为对齐的基准线，选中的对象都向右边靠拢，最右边的对象位置不变。对齐的对象垂直方向上的位置不变。应用

水平左对齐　　　　　　水平右对齐

图8-4 对齐效果

"水平右对齐"命令后的效果如图8-4所示。

3. 水平居中对齐

在Illustrator CS4中，"水平居中对齐"不以对象的边线作为对齐的依据，而是使用选定对象的中点作为对齐的基准点，中间对象的位置不变。

与水平左、右对齐一样，在水平居中对齐的过程中，各个对象垂直方向上的位置不变。它们的中点对齐之后处于同一条竖直线上。如果对齐的对象不是规则图形，将按它们的重心对齐。

应用"水平居中对齐"命令前后的效果如图8-5所示。

4. 垂直顶对齐

在Illustrator CS4中，"垂直顶对齐"命令可以将多个对象以对象的上边线为基准线对齐，选定的所有对象中最上面的对象位置不变。

在水平对齐的几个命令中，对象对齐之后垂直方向上的位置都不会变。而在垂直对齐的过程中，所有对象的水平位置都不变。应用"垂直顶对齐"命令前后的效果如图8-6所示。

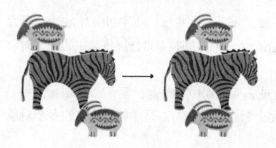

图8-5 水平居中对齐（右图）

图8-6 垂直顶对齐

5. 垂直底对齐

在Illustrator中，"垂直底对齐"依据的基准线是各个对象下面的边线，各个对象向下边线靠拢，最下面的对象位置不变。所有对象的水平位置也不会发生变化。应用"垂直底对齐"命令前后的效果对比如图8-7所示。

6. 垂直居中对齐

"垂直居中对齐"命令与"水平居中对齐"命令相似，只不过"水平居中对齐"各个对象的中点在竖直方向上连成一条直线，"垂直居中对齐"中各个对象的中点在水平方向上连成一条直线。应用"垂直居中对齐"命令前后的效果对比如图8-8所示。

图8-7 垂直底对齐

图8-8 垂直居中对齐

如果对一组对象应用"水平居中对齐"命令后再应用"垂直居中对齐"命令，则这组对象的中点将重叠。

### 8.1.2 分布对象

在Illustrator CS4中，对象的分布也是图形编辑的一项重要操作。使用对齐面板中的各种分布命令按钮，可以很方便地实现对象的分布。从而既节约手动分布所花的大量时间，又提高了精确度。

在很多情况下，对象的分布操作具有重要的作用。例如，当需要绘图页面上的各个对象均匀分布时，对象的分布命令往往是最有效的。使用分布命令进行分布的各个对象，看上去显得更有专业性，更加美观。

如图8-9所示的是图形对象应用了"垂直底分布"命令之后的效果对比。左图是没有应用"垂直底分布"命令的原对象，右图是应用了"垂直底分布"命令后的效果。

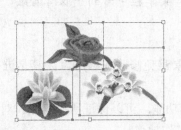

图8-9 应用垂直底分布命令的效果对比

## 8.2 编组、锁定和隐藏/显示对象

Illustrator CS4提供了对象编组功能，这样可以把多个对象作为一个对象进行编辑。另外，还可以锁定对象来避免对它的意外编辑。把指定的对象隐藏起来，这样可以方便我们的编辑。

### 8.2.1 编组对象与取消编组

在工作时，为了实现多个对象的整体移动、删除、编辑、复制等操作，可以根据需要给对象编组，也有人把它称为组合对象。对象编组之后就可以随意地对组合对象进行各种操作。

组合对象的操作步骤如下：

（1）选择选择工具，或直接选择工具，或组选择工具。然后按住Shift键，使用以上三种选择工具中的任意一个选定多个对象。

（2）执行"对象→编组"命令，或是使用键盘组合键Ctrl+G，就可以将这些选择的对象创建成组。

当把多个对象进行编组之后，如果单击其中之一，那么该组中的所有对象将都被选中，效果如图8-10所示。

多个对象编组之后，可以使用选择工具选定编组对象进行整体移动、删除、复制等操作，也可以使用组选择工具选定一个对象进行单独移动、删除、复制等。

图8-10 通过单击一处选取组中的所有对象（右图）

取消编组对象的步骤如下：

（1）选择编组对象。

（2）执行"对象→取消编组"命令，取消对对象的组合。或是使用键盘组合键Shift+Ctrl+G。

**提示** 在有了编组对象之后，才能在"对象"菜单栏中看到"取消编组"命令。

## 8.2.2 锁定、隐藏/显示对象

在Illustrator CS4中，锁定对象可以使该对象避免修改或移动，尤其是进行比较复杂的绘图工作时，可以避免许多误操作所产生的麻烦。

当处理复杂图形时，使用对象的锁定和解锁功能，可以保证所有的操作对锁定的对象不发生作用，这样将大大降低工作中的错误，提高工作效率。

当对象被锁定后，再不能使用选择工具进行选定操作了，也不能移动和修改锁定的对象。但锁定的对象是可见的，在打印的时候也能得到最终的输出效果。

锁定对象的操作步骤如下：

（1）选择对象，比如多个对象、单个对象、组合对象或对象中的一部分。

（2）执行"对象→锁定"的子命令即可。或者使用键盘命令Ctrl+2键也能实现对象的锁定。

将对象锁定后，再通过单击选择它时，就不会被选中了。对比效果如图8-11所示。

图8-11 锁定后的对象不会被选中，左图左上角的花朵被锁定了

如果需要对某一锁定的对象进行修改或者编辑工作，必须首先将它解锁。

解锁对象的操作步骤如下：

（1）选择需要解锁的对象。

（2）执行"对象→全部解锁"命令，或是使用键盘命令Ctrl+Alt+2键。对象解锁之后，就可以对它执行各种编辑命令了。

### 8.2.3 隐藏与显示对象

在另外一些情况下，需要将绘图窗口中的某些对象隐藏起来。隐藏对象，就是使得它在屏幕上暂时消失。这在处理复杂绘图时，可以隐藏不需要进行修改的对象，使得画面简洁。将当前不重要的对象隐藏起来有如下两个好处：

· 使绘图页面显得简洁。

· 使系统的刷新速度加快。

锁定和隐藏对象的命令都位于对象菜单中。

隐藏对象的操作步骤如下：

（1）选择对象，比如多个对象、单个对象、组合对象或对象中的一部分。

（2）根据需要执行"对象"菜单中"隐藏"命令的子命令即可，或是使用键盘命令Ctrl+3键。

如图8-12所示，就是隐藏前后的效果。对象隐藏之后，执行"对象→全部显示"命令，或使用键盘命令Ctrl+Alt+3键，隐藏的对象就可以显示出来。隐藏对象只是使得对象在屏幕上暂时消失，并不是删除。即使不重新显示对象，在打印或保存时它仍然将出现。

选择的对象　　　　　　　　　选择的对象被隐藏

图8-12　隐藏对象前后的效果

## 8.3 变换对象

在Illustrator CS4编辑对象的过程中，变换是一个重要的编辑步骤。对任何绘制图形的工作来说，变换的功能是必不可少的。在Illustrator的工具箱中，有旋转工具、扭转工具、倾斜工具等，执行"窗口→变换"命令，可以启动"变换"面板，如图8-13所示。

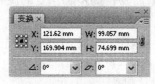

图8-13　"变换"面板

另外，在选择一个对象后，执行"对象→变换→..."子菜单中的命令即可使选择的对象变形。其中的两个变形效果如图8-14所示。

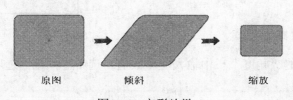

原图　　　　　　　倾斜　　　　　　　缩放

图8-14　变形效果

使用工具箱中的变换工具可以对对象进行各种变换操作。另外，还可以使用"变换"面板来改变对象边界框的长、宽尺寸，调整对象在绘图页面上的位置，以及调整对象的倾角或者对象旋转的角度等，通过在"变换"面板中输入数值即可。"变换"面板如图8-15所示。

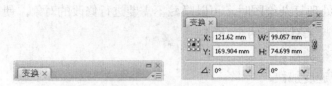

图8-15    "变换"面板

下面分别介绍对象变形的几种常用变换操作。

### 8.3.1    旋转对象

在Illustrator CS4中，旋转工具的作用是旋转选中的对象。可以指定一个固定点或对象的中心点作为对象的旋转中心，使用鼠标拖动的方法旋转对象。使用旋转工具还可以旋转对象的填充图案或在旋转的过程中实现副本原对象的功能。

#### 1. 自由旋转

在Illustrator CS4中，对选定对象的自由旋转的步骤如下：

（1）使用选择工具选取需要旋转的对象。

（2）单击工具箱中的旋转工具，将其选中。

（3）将鼠标移动到绘图页面上，选择旋转中心，按下鼠标左键。

（4）在选中对象上拖动鼠标将对象旋转，旋转到所需角度，松开鼠标键即可。

图8-16所示就是对选定对象旋转后的结果。

**注意**    当鼠标光标由十字形变成箭头时，拖动才能旋转对象。

#### 2. 精确旋转

如果需要得到精确角度的旋转，可以按照如下步骤进行：

（1）选中需要旋转的对象。

（2）双击工具箱中的旋转工具，或执行"对象→变换→旋转"命令，将打开如图8-17所示的"旋转"对话框。

图8-16    旋转效果

图8-17    "旋转"对话框

（3）在该窗口中的"角度"栏中输入一个数值。选中"预览"选项，可以预览按照所输入角度旋转后的结果。

（4）单击"确定"按钮，选定的对象将按输入的角度旋转。

### 3. 旋转时复制

在旋转对象时，如果单击"旋转"窗口中的"复制"按钮，则Illustrator将对象复制后旋转，原对象不变。利用Illustrator旋转时复制的功能，再结合"对象"菜单中"变换"命令下子菜单中的"再次变换"命令，或者按下Ctrl+D键，将选定的对象进行多次复制旋转，可以得到特殊的效果。图8-18所示的图形，就是先绘制一个喇叭，将旋转的角度设为自己需要的度数，旋转复制得到的结果。

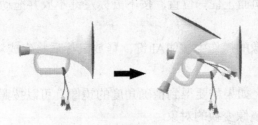

图8-18 复制效果（右图）

### 4. 旋转图案

通常，图案是和轮廓一起旋转的。但有时候我们希望仅仅对图案进行旋转操作，而对象不变。在"旋转"对话框中选中选项区中的"图案"选项，而不选"对象"选项，则旋转的仅仅是对象中填充的图案。如图8-19所示。

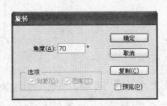

图8-19 旋转图案70度后的效果

**提示** 绘制图形后，使用色板中的图案进行填色即可获得带有图案的图形。

## 8.3.2 镜像对象

在Illustrator CS4中，使用"镜像"工具可以准确地再现图形的翻转形式。镜像的功能是使图形以一定的角度轴为镜面，翻转成镜像效果。可以使用鼠标拖动确定任意角度的一根轴，或者通过输入一个确定的数值建立一根镜面轴，使选中的对象绕轴进行镜像变换。镜像的效果如图8-20所示。

图8-20 镜像效果（右图）

### 1. 自由轴向镜像

自由轴向镜像变换是指镜像可以沿任意轴进行。操作步骤如下：

（1）使用选择工具选取需要进行自由轴向镜像变换的对象。

（2）在工具箱中选中镜像工具 ，这时在图形的中点出现镜像轴标志。

（3）用鼠标拖动图形旋转，可以利用镜像工具实现图形的旋转变换，也就是图形绕自身中心的镜像变换。如图8-21所示。

（4）用鼠标在页面上任一位置单击，则单击产生的点与镜像轴标志的连线就作为镜像变换的镜像轴，对象在与镜像轴对称的地方生成镜像。

（5）将鼠标移动到页面上任一位置，按下鼠标左键不放并拖动，对象将随镜像轴的转动在不同的位置生成镜像。

（6）如果在生成镜像的操作中按住Alt键，释放鼠标后将生成对象的镜像副本。

### 2. 精确角度的镜像

在Illusatrator CS4中，如果需要得到精确角度的镜像，可以按照如下步骤进行：

（1）选中需要进行镜像变换的对象。

（2）双击工具箱中的镜像工具，或执行"对象→变换"命令下子菜单中的"对称"命令，将打开如图8-22所示的"镜像"对话框。

图8-21　自由轴向镜向效果（右图）　　　　　图8-22　　"镜像"对话框

（3）如果在该对话框中选择"水平"选项，则以通过对象中心的水平轴作为镜像轴。如果选择"垂直"选项，则以通过中心的竖直轴作为镜像轴。如果选择"角度"选项，在角度栏中输入一个角度值，则对象将按照输入的角度进行镜像变换。

（4）选择"预览"选项，可以预览镜像变换后的结果。

（5）设置完成之后，单击"确定"按钮既可。下图是在"镜像"对话框中将轴设置为"水平"后的镜像效果，如图8-23所示。

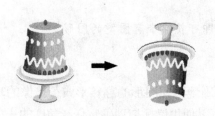

图8-23　镜像效果

### 3. 图案镜像

在Illustrator CS4中，与对象的旋转变换相似，也可以仅仅将填充的图案进行镜像变换，而保持对象不变。实现图案镜像的方法很简单：当选中带有图案填充的对象后，双击镜像工具打开镜像窗口，就会发现其中的选项区中的"对象"和"图案"两个选项被激活。如果仅仅选择"图案"选项而不选择"对象"选项的话，那么单击"确定"按钮后就可以得到图案的镜像，而对象本身不变。图案镜像的效果如图8-24所示。

### 8.3.3 扭转对象

在Illustrator CS4中，使用工具箱中的扭转工具可以将对象进行扭转，从而得到特殊的效果。当需要制作一面飘扬的红旗，或者一条飘带时，扭转工具是一个很方便的工具。

使用扭转工具的步骤如下：

（1）使用选择工具选取需要进行扭转的对象。

（2）单击工具箱中的旋转扭曲工具将其激活，如图8-25所示。

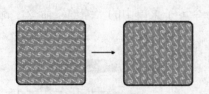

图8-24 图案镜像效果　　　　　　　　　　图8-25 选择旋转扭曲工具

（3）在选中对象的外围按下鼠标左键，然后按顺时针方向或逆时针方向拖动鼠标，图形就会被扭转。拖动的角度越大，扭转的幅度就越大。扭转的效果如图8-26所示。

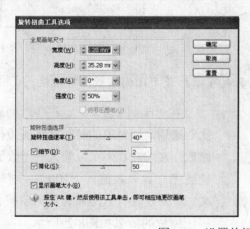

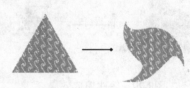

图8-26 设置的扭转效果

**注意** 需要把宽度值和高度值设置得大一些，能够覆盖整个图像才可以把整幅图像进行扭转，如果进行局部扭转，那么把它们的值设置得小一些即可。

### 8.3.4 缩放对象

在Illustrator CS4中，可以使用缩放工具改变对象的尺寸。既可以使用鼠标随意地改变对象的大小，也可以在缩放窗口中输入数据进行等比缩放；既可以使对象以本身中心为缩放中心缩放，也可以以任意点为缩放中心缩放。

#### 1. 自由缩放

选择缩放工具，可以使用鼠标对对象进行自由缩放。

自由缩放的步骤如下：

（1）使用选择工具选取需要进行缩放变换的对象。

（2）在工具箱中选取比例缩放工具。

（3）在绘图页面上单击鼠标确定缩放的变换中心。

（4）拖动鼠标缩放对象，对象上各个点到变换中心的距离都将按比例变换，但对象本身则有可能变形。自由缩放如图8-27所示。

**提示** 在拖动鼠标进行自由缩放的同时，按下Alt键可以在缩放的同时进行副本，按下Shift键可以使对象等比例缩放或限制其只能在水平方向或垂直方向缩放。

### 2. 等比缩放

如果觉得自由缩放的精确度不够，还可以通过使用"比例缩放"窗口进行等比的缩放。双击工具箱中的缩放工具，或者执行"对象→变换"命令下子菜单中的"缩放"命令，都将打开如图8-28所示的"比例缩放"对话框。

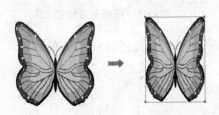

图8-27 自由缩放效果                    图8-28 "比例缩放"对话框

**提示** 通过在工具箱中双击比例缩放工具也可以打开"比例缩放"对话框。

图8-29 等比缩放效果

在"比例缩放"对话框中，如果选中"等比"选项，则对象的长和宽将按照相同的比例缩放。在缩放栏中可以输入一个数值决定缩放的比例，如果数值大于100%，则对象将被放大。如果数值小于100%，则对象将会被缩小。等比缩放的效果如图8-29所示。

如果选中"不等比"选项，则对象的长和宽将按照各自的比例缩放。在水平栏中输入的数值决定对象水平方向上缩放的比例；在垂直栏中输入的数值决定了对象竖直方向上缩放的比例。这两个数值不等，则对象将按不等比缩放。

选中"比例缩放描边和效果"选项，则在缩放对象的同时缩放对象轮廓的宽度。在窗口的最下面有"对象"和"图案"两个选项。与其他的变换操作相同，可以选择是缩放包括图案的对象，还是仅仅缩放对象，或者仅仅缩放图案。选择"预览"选项，可以预览缩放之后的效果。

### 3. 以对象中心缩放

双击缩放工具打开缩放窗口的同时，在对象的中心会出现一个缩放中心。如果想要对象以自身的中心为缩放中心进行缩放，则在缩放窗口中输入缩放的比例，或者单击"取消"按钮，按下鼠标左键在页面上拖动就可以实现对象以自身中心为缩放中心的缩放。

### 8.3.5 倾斜对象

倾斜工具 位于"比例"工具的打开式工具栏中，如图8-30所示。使用它可以使选定的对象倾斜，还可以生成特殊的效果。例如使用倾斜工具及其窗口中的"复制"命令，在应用"倾斜"命令的同时复制，使对象的副本位于原对象之后，然后使用灰度色的填充就可以创建较为特殊的阴影效果。

**1. 倾斜**

倾斜工具的工作过程与其他变换工具的步骤基本相同。首先选择需要应用倾斜变换的对象，然后选中倾斜工具，移动到绘图页面上单击鼠标键确定倾斜的参考面，拖动鼠标达到预期效果时松开鼠标键即可。应用自由倾斜变换的对象如图8-31所示。

图8-30 倾斜变形工具

图8-31 倾斜变形效果

**2. 固定角度倾斜**

双击工具箱中的倾斜工具 ，或者执行"对象→变换"命令下子菜单中的"倾斜"命令，就可以打开如图8-32所示的"倾斜"对话框。

在"倾斜"对话框中的"倾斜角度"栏中可以输入对象倾斜的角度。在坐标轴区中可以选择是以水平轴或垂直轴作为倾斜的坐标轴，或者直接输入需要的角度值。

在"倾斜"对话框的右边，有一个"复制"按钮。与别的变换窗口一样，"复制"按钮的作用是在变换的同时复制原对象。"预览"选项的作用是预览变换后的结果。

> **注意** 有的工具与相应的窗口名称不太一致，我们以软件为主，但是读者需要注意这个问题。

**3. 倾斜图案**

在Illustrator CS4中，所有的变换操作都能够对图案进行单独操作，倾斜也不例外。在"倾斜"对话框中可以选择是倾斜对象还是倾斜图案，或者既倾斜对象又倾斜图案。如果选中了"图案"选项而没有选中"对象"选项，就仅仅进行图案倾斜。仅仅倾斜图案的效果如图8-33所示。

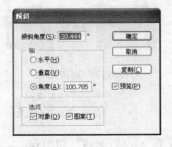

图8-32 "倾斜"对话框

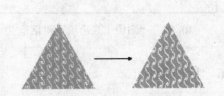

图8-33 倾斜图案的效果

### 4. 膨胀效果

在Illustrator CS4中，可以使用"膨胀"工具 使对象产生膨胀效果。在"膨胀"对话框中可以设置很多选项，而且还可以选择是膨胀对象还是膨胀图案，或者既膨胀对象又膨胀图案。在工具箱中双击膨胀工具即可打开"膨胀工具选项"对话框，如图8-34所示。

其操作非常简单，首先选中对象，然后激活膨胀工具，最后在选择的对象上单击即可。膨胀效果如图8-35所示。

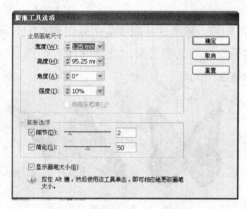

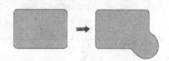

图8-34 "膨胀工具选项"对话框　　　　　图8-35 膨胀图案的效果

### 5. 扇贝效果

在Illustrator CS4中，可以使用"扇贝"工具 使对象产生扇贝效果。在"扇贝"窗口中可以设置很多选项。在工具箱中双击扇贝工具即可打开"扇贝工具选项"对话框。如图8-36所示。

其操作非常简单，首先选中对象，然后激活扇贝工具，最后在选择的对象上单击即可。扇贝效果如图8-37所示。

图8-36 "扇贝工具选项"对话框　　　　　图8-37 扇贝效果

## 8.3.6 自由变换

在进行设计的时候，有时候需要对同一个对象进行各种不同的变换，所以Illustrator设计了自由变换工具。自由变换工具可以连续进行移动、转动、镜像、缩放和倾斜等操作，是一个十分方便快捷的工具。

下面通过绘制一个三角形来说明自由变换工具的使用方法。

（1）在绘图页面上绘制一个三角形，然后选取自由变换工具 。

（2）在不按下鼠标键的情况下把光标移动到矩形外面。光标变成了一个弯曲的箭头，表示此时拖动鼠标可以实现对象的旋转。如图8-38所示。

图8-38 拉伸箭头和旋转箭头

**注意** 为了明显起见，我们对拉伸箭头和旋转箭头进行了放大处理，实际上没有这么大。

（3）把光标移动到矩形边界框的一个手柄上，这时光标变为一个直箭头。拖动鼠标就可以缩放对象以达到想要的尺寸。

**提示** 拖动手柄时按下Shift键可以保持原来的比例，按下Alt键拖动可以从边界框的中心进行缩放，而不是从相对的手柄进行缩放。

（4）把光标移动到矩形的内部，光标再次变化，这时拖动鼠标可以移动对象。

## 8.4 使用"变换"面板

执行"窗口→变换"命令，将启动"变换"面板，如图8-39所示。"变换"面板中显示了一个或多个被选对象的位置、尺寸和方向等有关信息。通过输入新的数值，可以对被选对象进行修改和调整。"变换"面板中的所有值都是针对对象的边界框而言。

使用"变换"面板对对象进行调整的步骤如下：

（1）使用选择工具选择需要进行变换的一个或多个对象。

（2）要选择对被选对象进行修改的参考点，单击代表定界框的方框上的手柄。在"变换"面板中输入数值：

图8-39 "变换"面板

- 在"X"文本框中输入一个数值可以改变被选对象水平方向上的位置。
- 在"Y"文本框中输入一个数值可以改变被选对象竖直方向上的位置。
- 在"W"文本框中输入一个数值可以改变被选对象边界框的宽度。
- 在"H"文本框中输入一个数值可以改变被选对象边界框的高度。

（3）在"角度"文本框中输入0～360°之间的角度值，或者从下拉列表中选取一个数值，可以转动被选对象，

（4）在"倾斜"文本框中输入一个数值，或者从下拉列表选取一个数值，可以使被选对象按照输入的角度倾斜。

（5）调整完毕后，系统将马上应用这些改变。

（6）单击"变换"面板右上角的小三角形，将会打开如图8-40所示的面板菜单。

· 选择执行"水平翻转"命令，可以沿水平方向对所选对象应用镜像变换。

· 选择执行"垂直翻转"命令，可以沿垂直方向对所选对象应用镜像变换。垂直翻转效果如图8-41所示。

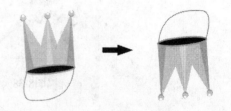

　　　图8-40　打开的面板菜单　　　　　　　　　　图8-41　垂直翻转的效果

· 选择执行"缩放描边和效果"命令，可以按比例变换对象的轮廓和效果。

· 选择执行"仅变换对象"命令，只有对象发生变换。

· 选择执行"仅变换图案"命令，只有图案发生变换。

· 选择执行"变换两者"命令，可以使对象和图案都发生变换。

## 8.5　实例：火之吻

本例结合本章及前面几章内容的知识，绘制一个火烧水容器的图形，绘制的最终效果如图8-42所示。

（1）在主菜单中执行"文件→新建"命令，在弹出的对话框中将"名称"设为"火之吻"，颜色模式设为"CMYK"，单击"确定"按钮创建一个新的文档。如图8-43所示。

　　　图8-42　绘制的最终效果　　　　　　　　　图8-43　"新建文档"对话框

（2）单击工具箱中的"椭圆工具" ◎，在页面上左下角绘制一个正圆，取消其轮廓线并填充为淡绿色。如图8-44所示。

（3）绘制罐子口。单击工具箱中的"椭圆工具" ◎，在页面上绘制一个椭圆形，将"填色"设置为黑色，将"描边"数值设为10pt，轮廓颜色块设置成（C：0M：0Y：0K：80），如

图8-45所示。

图8-44　绘制的正圆　　　　　　　　　　　图8-45　绘制的椭圆

　　（4）绘制罐子内部的水。单击工具箱中的"椭圆工具"◎，在页面上绘制一个椭圆形，并调整好其大小和位置，将"填色"设置为蓝色，如图8-46所示。

图8-46　绘制的正圆

　　（5）绘制气泡。单击工具箱中的"椭圆工具"◎，在页面上绘制几个椭圆形，将"填色"设置为白色，如图8-47所示。

图8-47　绘制的气泡

　　（6）绘制篝火的火苗。在工具箱中选择"钢笔工具"◊，绘制出篝火的轮廓，然后填充为橘黄色。如图8-48所示。

　　（7）绘制火苗的火芯。在工具箱中选择"钢笔工具"◊，绘制出篝火火芯的轮廓，然后填充为黄色。如图8-49所示。

　　（8）继续绘制篝火。在工具箱中选择"钢笔工具"◊，绘制出篝火的轮廓，火苗填充为橘黄色火芯填充为黄色。如图8-50所示。

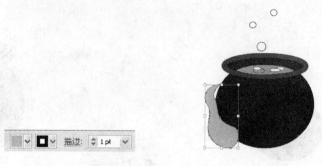

图8-48 绘制的篝火火苗

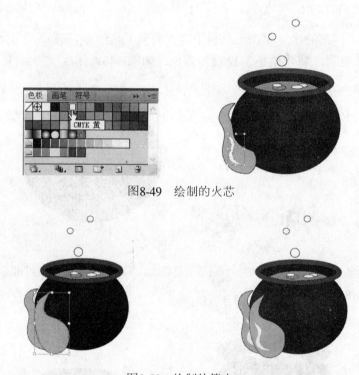

图8-49 绘制的火芯

图8-50 绘制的篝火

（9）使用同样方法绘制出其它的篝火，如图8-51所示。

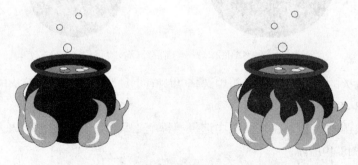

图8-51 绘制的篝火

（10）绘制木柴。在工具箱中单击"矩形工具" ▣ ，在页面上绘制一个矩形，将"填色"设置为黑色，如图8-52所示。

图8-52 绘制的矩形

（11）绘制木柴。在工具箱中单击工具箱中的"椭圆工具" ，在页面上绘制一个椭圆，将"填色"设置为棕色，如图8-53所示。

图8-53 绘制的椭圆和填充颜色

（12）排列图层顺序。在菜单栏中选择，单击工具箱中的"对象→排列→置于底层"，在页面上绘制一个矩形，将"填色"设置为黑色，如图8-54所示。

（13）继续绘制木柴。使用前面的方法绘制出另外的几根木柴，如图8-55所示。

（14）这样一幅篝火烧水的小插画就绘制完成了。绘制的最终效果如图8-42所示。

图8-54 调整图层顺序

图8-55 绘制的木柴

# 第9章 混合效果与渐变网格

在Illustrator CS4中，可以在两个或多个选定对象之间创建一系列中间对象，这些中间对象一般被称为混合对象。混合功能的最简单用途之一就是在两个对象之间平均创建并分布形状。而如果把形状转换为渐变网格对象的话，就可以在形状内部沿各个方向混合颜色，并可以创建出水彩的效果。

在本章中主要介绍下列内容：

- 混合的概念
- 混合的创建方式
- 混合图形的编辑和展开
- 创建和编辑渐变网格

## 9.1 混合效果

在Illustrator CS4中，混合就是在两个原始路径之间的很多特殊路径。虽然在Illustrator中已经有了渐变的功能，包括线性渐变和放射状渐变，但还给我们提供了混合的功能，就是因为混合能将一种形状变形成另一种形状，从而得到一种过渡或者三维效果。

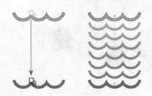

图9-1 使用混合功能在两对象间平均分布形状

当混合图形对象时，在终止路径之间对象从一种颜色变化到另一种颜色，如图9-1所示。终止路径的全部属性通过变形路径来改变，其中包括尺寸、形状以及全部的笔画属性。Illustrator只允许同时混合两种颜色，但是可以在34对不同的终止路径之间混合。

### 9.1.1 创建混合

在Illustrator CS4中，混合是在两个不同路径之间完成的，单击同一区域内不同路径上的定位点就可以创建出均匀平滑的混合效果。如果单击相反区域内的定位点，混合就会变得扭曲。

下面介绍创建混合效果的基本步骤：

（1）使用钢笔工具绘制两条路径，并给这两条路径赋予不同的轮廓色，如图9-2所示。

（2）使用选择工具选中这两条路径。

（3）在工具箱中双击混合工具，打开"混合选项"对话框，并设置参数如图9-3所示。

（4）将鼠标移动到第一条路径上单击，选择混合的第一点。

（5）在第二条路径上的相应点单击，选择第二个混合点。混合效果就能够生成了，如图9-4所示。

蓝色　　　　　　绿色

图9-2　绘制的路径

图9-3　"混合选项"对话框

蓝色　　　　　　绿色

图9-4　混合后的效果

**提示**　选中需要混合的路径后执行"对象→混合→建立"命令，也可以生成混合效果。

混合分为两种：平滑混合与交叉混合。选择两条路径上相应的点生成的混合是平滑混合，选择一条路径上的起点，再选择另一条路径上的终点生成的混合则是交叉混合。交叉混合如图9-5所示。

选择需要混合的路径后，双击工具箱中的混合工具，或者执行对象菜单中"混合"命令下子菜单中的"混合选项"命令，可以打开如图9-3所示的"混合选项"对话框。

在"混合选项"对话框中，第一栏是"间距"的设置，用于设置混合对象之间的距离大小，数值越大，混合对象之间的距离也就越大。另外，它还有3个选项，分别是平滑颜色、指定的步数和指定的距离。如图9-6所示。

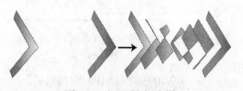

图9-5　交叉混合效果

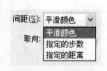

图9-6　三个选项

在第二栏的"取向"选项中可以设定混合的方向。其中第一个按钮表示以对齐页面的方式进行混合，第二个按钮表示以对齐路径的方式进行混合。如果以"对齐页面"的方式混合，相同的颜色都在同一条竖线上，与线性渐变效果相似。如果以"对齐路径"的方式进行混合，则相同的颜色都在随路径变化而变化的路径上。

"预览"选项被选中之后，可以预览更改设置后的所有效果。

### 9.1.2 混合与渐变的区别

乍一看上去，混合效果与渐变效果很相似，但其实它们之间是有区别的。

混合用来把一种形状转换成另一种形状，而渐变仅仅提供填充的线性或放射状效果，经过渐变填充对象的外形不会发生任何变化。效果如图9-7所示。

渐变只能生成颜色之间的变化，或者只能生成二维效果，而混合可以用来生成三维效果。

混合可以产生曲线式的填充。利用路径的不同角度，可以创建线性或曲线性的混合，得到波纹般的效果。如图9-8所示。

蓝色    红色  绿色  蓝色 渐变效果  混合效果

图9-7　对比效果

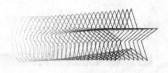

图9-8　混合效果

### 9.1.3 设置混合参数

前面已经提到了"混合选项"对话框，现在具体讲述一下"混合选项"对话框中的参数设置。在"混合选项"对话框的间距栏中有一个下拉列表，如图9-6所示。

在该下拉列表中有三个选项：平滑颜色、指定的步数和指定的距离。

选择"平滑颜色"，此选项表示系统将按照做混合的两个图形的颜色和形状来确定混合步数。一般情况下，系统内定的值会产生平滑的颜色渐变和形状变化。如图9-9即为该种混合方式。

选择该对话框中的"指定的步数"，就可以控制混合的步数。选中此项后，在后面的数值框中可以输入从1到1000的数值。数值越大，混合效果越平滑。如图9-10所示的混合效果的混合步数为10。

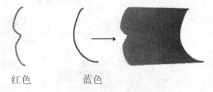

红色      蓝色

图9-9　平滑颜色混合效果

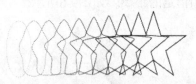

图9-10　步长为10的混合效果

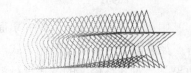

图9-11　距离为6mm的混合效果

选择该对话框中的"指定的距离"，此项可以控制每一步混合间的距离。选中此项后，可以输入从0.1到1000的混合距离。如图9-11中混合效果的混合距离设为6。

以上混合仅仅是封闭图形轮廓线的混合。如果给对象填充上与它们边线相同的颜色，则这时的混合是全面的，即对象的形状和填色都全面逐步过渡。混合效果如图9-12所示。

### 9.1.4 几种特殊的混合

在Illustrator CS4中使用混合工具可以创建出一些特殊的效果。例如可以在多个图形之间进行混合处理。还可以在点与开放的路径之间混合，在闭合轮廓线之间进行混合等。

#### 1. 点与开放路径之间的混合

使用钢笔工具在绘图页面上单击就可以产生一个点，在点与开放路径之间也可以进行混合。具体操作步骤如下：

（1）使用钢笔工具在页面上单击绘制出一个点，给这个点设置填色和轮廓色。

（2）使用铅笔工具绘制一条路径，将其填色设为无色。

（3）使用选择工具选中点和开放路径。然后在工具箱中选择混合工具，在点和开放路径上的一点分别单击鼠标，就可以得到点与开放路径之间的混合。如图9-13所示。

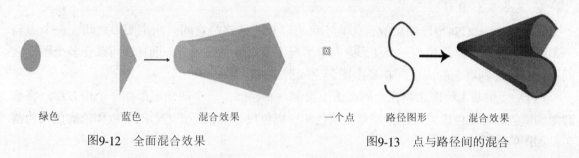

图9-12 全面混合效果　　　　图9-13 点与路径间的混合

**注意** 在图9-13中的点处于选择状态，因此四周有一个选择框。

#### 2. 虚线与混合工具的结合使用

在Illustrator CS4中，把虚线与混合工具结合起来使用可以生成很多漂亮的图形。如图9-14所示的图形效果就是使用虚线和混合工具制作的。实际上这是一种球体上的高光效果。下面介绍一下制作过程。

（1）使用铅笔工具绘制一条曲线。如图9-14所示。

（2）在"画笔"面板中将曲线的线型设为由圆点组成的虚线。

具体设置值为：笔画宽度22，顶点类型为"圆头端点"，转角类型为"圆角结合"。线型为"虚线"，其中第一个虚线栏中的数值设为0，第一个间隔栏中的数值设为24。设置如图9-15所示。

图9-14 绘制的曲线　　　　图9-15 设置的虚线效果

（3）将虚线的填色设为无色，轮廓色设为褐色。

（4）复制前面制作好的虚线，将复制后的虚线轮廓线宽度设为10，轮廓色设为黄色，其他设置不变。然后将复制后的对象移动到原虚线上，如图9-16所示。

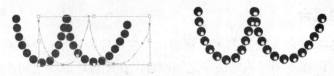

图9-16　复制的虚线和移动后的效果

**提示**　在复制虚线后执行编辑菜单中的"贴在前面"命令，然后使用键盘上的方向键微
移对象，同样可以得到图9-16所示的结果。

（5）在工具箱中选择混合工具 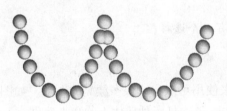。

（6）使用鼠标在两条路径上分别单击，就完成了虚线的混合。混合后的结果如图9-17所
示。

**3. 混合多个图形**

在Illustrator CS4中，使用混合工具不仅可以在两条路径之间、两个图形之间、一个点与
一条路径之间、一条路径与一个图形之间等情况下对对象进行混合，而且还可以在多个图形之
间进行从轮廓到填色的混合。在多个图形之间混合的步骤如下：

（1）使用基本绘图工具在绘图页面上绘制一个椭圆、一个四角星形和一个正方形，将椭
圆形的填色和轮廓色设为红色，星形的填色和轮廓色设为黄色，正方形的填色和轮廓色设为蓝
色。如图9-18所示。

图9-17　最终效果　　　　　　　　　　　　图9-18　绘制多个图形

（2）选中椭圆形和星形，双击混合工具按钮，打开"混合选项"对话框。为了使效果看
上去更明显，在这里将混合设置为指定步长的混合，指定的步长值为6。将鼠标移动到椭圆的
边线上单击鼠标，然后再将鼠标移动到四角星形的边线上单击生成混合，结果得到如图9-19所
示的效果。

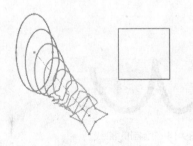

图9-19　"混合选项"对话框和混合椭圆形与星形后的效果

（3）使用直接选择工具选取四角星形与正方形，在两者之间进行混合，在"混合选项"
对话框中指定混合的步长值为6。然后再使用直接选择工具选取星形与正方形，在两者之间进

行混合，同样指定步长值为6。如图9-20所示。

（4）使用同样的方法混合椭圆和正方形，最终得到如图9-21所示的效果，椭圆形、四角星形和正方形相互混合，形成了一个封闭的路径。

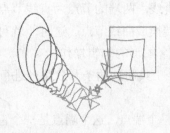

图9-20　混合效果

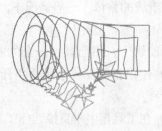

图9-21　最终的混合效果

### 4. 轮廓线的混合

在Illustrator CS4中，轮廓线的颜色只能设置填色而不能设置渐变色。但是利用混合工具，可以先给一个图形绘制出两条轮廓线，之后在两条轮廓线之间应用混合，从而给图形的轮廓线制作出立体感很强的渐变效果。下面结合一个具体的实例来说明制作的方法和步骤：

（1）使用绘图工具在绘图页面上绘制四角星形，在画笔面板中将它的轮廓线宽度设为10。再将轮廓色设为褐色，填色设为无色，如图9-22所示。

（2）选中星形后使用键盘命令Ctrl+C或执行编辑菜单中的"复制"命令复制星形，然后执行编辑菜单中的"贴在前面"命令或按下Ctrl+F组合键将复制的星形粘贴到原四角星形的前面。

（3）使用直接选择工具选中复制的星形，在画笔面板中将轮廓线的宽度改为1，轮廓线的颜色改为白色，其他设置不变。选中复制的星形，用鼠标或者键盘上的方向键将其精细调整位置，得到如图9-23所示的结果。

图9-22　绘制的星形

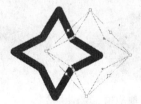

图9-23　复制的轮廓线

（4）选中两条轮廓线，在工具箱中选择混合工具，分别用鼠标在两条轮廓线上单击应用混合，最终得到如图9-24所示的效果。

**提示**　在进行混合时，如果不好进行选择，那么可以使用缩放工具 🔍 放大几倍。

图9-24　具有渐变效果的轮廓线

### 9.1.5  编辑混合图形

在Illustrator CS4中，在图形之间进行混合之后就形成了一个由原图形和图形之间形成的多条路径组成的整体。一般情况下，图形之间的路径为直线，两端的节点为直线节点。但是可以使用"转换锚点工具"⌐将节点的性质改变，可将其转换成曲线节点。这时，就可以对混合图形进行编辑了。下面通过一个的实例具体介绍一下混合图形的编辑操作。

（1）使用铅笔工具绘制两条开放路径，并使用混合工具将这两条开放路径进行混合，如图9-25所示。

（2）在工具箱中用直接选择工具选择直线路径上的一个端点，这个端点是一个直线节点。

（3）在工具箱中选取转换锚点工具，移动鼠标在直线节点上单击，拖动鼠标将其转换成曲线节点，如图9-26所示。

红色       蓝色       混合效果

图9-25  路径及混合效果                图9-26  转换节点性质

（4）这时两条开放路径之间的路径已经编辑为一条曲线了。如果觉得不满意，还可以使用直接选择工具选中节点后调整节点的方向线。如图9-27所示。

（5）同样，也可以按照上述方法编辑其他节点。

**提示**　也可以使用"直接选择工具"Ｒ来编辑混合图形，使用该工具选择需要移动的点进行移动即可，效果如图9-28所示。

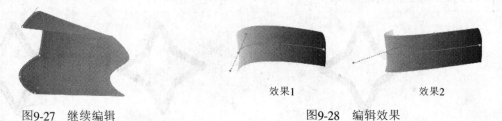

                              效果1              效果2

图9-27  继续编辑              图9-28  编辑效果

### 9.1.6  扩展混合图形

在Illustrator CS4中把图形混合之后，在连接路径上，包含了一系列逐渐变化的颜色与性质都不相同的图形。这些图形是一个整体，不能单独选中。如果将混合图形展开，就可以单独选中路径上的图形了。下面介绍一下展开混合图形的操作步骤。

（1）创建一个混合图形，如图9-29所示。

（2）使用选择工具▶选中混合图形，然后执行"对象→扩展"命令，将打开如图9-30所示的"扩展"对话框。

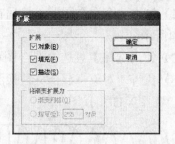

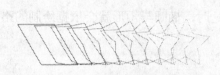

图9-29　创建的混合图形　　　　　　　　　　图9-30　"扩展"对话框

（3）在"扩展"对话框中，可以选择展开的内容。共有"对象"、"填充"和"描边"三个选项，设置好"扩展"对话框中的选项后，单击"确定"，即可将混合图形展开。执行"对象→混合→扩展"命令，同样可以将混合图形展开。扩展后的图形效果如图9-31所示。

（4）混合图形展开后，它们还是一组对象。这时可以使用直接选择工具或者编组选择工具选取其中的任何图形进行复制、移动、删除等操作。移动后的图形如图9-32所示。

图9-31　扩展开的混合图形　　　　　　　图9-32　移动开的各个图形

## 9.1.7　混合命令菜单

在Illustrator CS4中，除了前面讲述的各种混合之外，还可以使用混合子菜单中的各个命令对制作好的混合图形进行编辑，或者制作出一些特殊效果的混合。执行"对象→混合"命令，将打开如图9-33所示的混合子菜单。

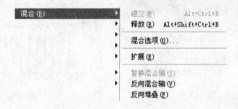

图9-33　混合命令的子菜单

・执行"建立"命令，可以制作混合图形。

・执行"释放"命令，可以撤销对已经混合的图形的混合。

・执行"混合选项"命令，将打开"混合选项"对话框。

・执行"扩展"命令，可以将混合图形展开。

・执行"替换混合轴"命令，可以使图形按照绘制的路径进行混合。

・执行"反向混合轴"命令，可以将混合的图形位置互换。

・执行"反向堆叠"命令，可以将混合的图形的前后位置互换。

有些命令已经介绍过，下面介绍一下混合子菜单中的"替换混合轴"、"反向混合轴"和"反向堆叠"这三个命令的使用。

### 1. 替换混合轴

在Illustrator CS4中，"替换混合轴"命令可以使需要混合的图形按照一条已经绘制好的开放路径进行混合，从而得到所需的混合图形。"替换混合轴"命令的使用方法如下：

（1）制作一个混合图形，然后在图形的下方使用钢笔工具或者铅笔工具绘制一条路径。如图9-34所示。

（2）使用选择工具选中混合图形和路径。

（3）执行"对象→混合→替换混合轴"命令。这时，椭圆与矩形就会依据绘制的路径进行混合。如图9-35所示。

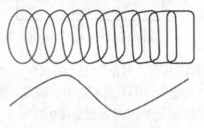

图9-34 绘制的混合图形和路径

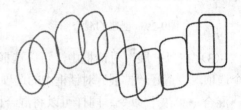

图9-35 替换混合轴

### 2. 反向混合轴

在Illustrator CS4中，"反向混合轴"命令可以使混合的两个图形位置互换，类似于镜像功能。下面介绍一下"反向混合轴"命令的使用。

（1）在绘图页面上绘制两个图形，这里我们绘制一个椭圆形和一个矩形。然后应用混合工具生成混合图形。

（2）使用选择工具选中混合图形，执行对象菜单中"混合→反向混合轴"命令。这时会发现矩形和椭圆形的位置发生了变化，即混合前的椭圆形和矩形的位置发生了反转。如图9-36所示。

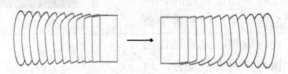

图9-36 反向混合轴效果

### 3. 反向堆叠

"反向堆叠"就是转换进行混合的两个图形的前后位置。"反向混合轴"转换的是两个混合图形的坐标位置，而"反向堆叠"转换的是混合图形图层的前后位置。

如果先绘制一个矩形，然后绘制一个圆。在矩形和圆之间混合，再执行对象菜单中"混合"命令下子菜单中的"反向堆叠"命令，得到的结果就与先绘制一个圆，再绘制一个矩形后进行混合得到的效果相同（假设上述混合中绘制的矩形和圆的大小、位置、颜色等都相同）。

## 9.2　使用渐变网格

使用Illustrator CS4中的渐变工具可以产生很实用的效果，但渐变工具的应用中有一个很大的缺陷，渐变填充的颜色变化只能按照预先设定的方式，而且同一个对象中的渐变方向必须是相同的。在Illustrator中，有一种叫渐变网格的工具，使用它可以实现各种颜色的融合，如图9-37所示。

渐变网格是指利用工具或命令在图形对象上形成网格，利用这些网格可以对图形进行多个方向、多种颜色的渐变填充。渐变网格工具的出现使图形中颜色细微之处变化的制作更简单而且更易于控制。使用网格渐变于图形对象时，多条曲线在图形上交错形成网格，两条曲线的交点称为网格点，网格点与节点具有相同的性质。如图9-38所示的图形就是渐变网格工具的基本结构。

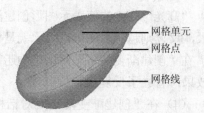

网格单元

网格点

网格线

图9-37 使用渐变制作的渐变效果 　　　　　图9-38 渐变网格

## 9.2.1 创建渐变网格

在Illustrator CS4中，网格对象是一个单一的多色对象。在它上面，颜色能够向不同的方向流动，并且从一点到另一点形成平滑过渡。通过在对象上创建精细的网格和处理每一点的颜色特性，可以精确地操纵网格对象的色彩。也可以通过单击四个网格点之间的区域来将颜色同时应用到这四个点上，以在对象的某些部分产生明显的颜色变化。

使用渐变网格工具、对象菜单中的"建立渐变网格"命令以及前面所介绍的"扩展"命令都能用来将一个对象转换成网格对象。创建渐变网格的步骤如下：

（1）使用铅笔工具或者钢笔工具在绘图页面上绘制一个图形，然后给图形填充上颜色。如图9-39所示。读者也可以绘制出其他的图形。

（2）在工具箱中选择网格工具 ，把鼠标移到图形上，在需要制作纹理的地方单击鼠标添加网格点，多次单击之后可以生成一定数量的网格点。添加网格点后的图形如图9-40所示。

（3）在工具箱中选择直接选择工具，可以用它来调整网格点的位置。选中需要上色的网格点，使用吸管工具 选取黄色或者其他颜色，给图形上的部分区域填充黄色。再次选择不同的网格点，然后使用吸管工具选取黄色，反复几次调整，最后可以得到如图9-41所示的效果。

图9-39 绘制的图形 　　　　图9-40 添加的网格点 　　　　图9-41 生成的渐变网格效果

任意四个网格点之间的区域叫做网格单元。可以使用与改变网格点颜色相同的技巧来改变网格单元的颜色。

还可以使用对象菜单中的"建立渐变网格"命令来创建渐变网格。方法如下：

（1）在绘图页面上绘制一个闭合图形。

（2）选中该图形，执行"对象→创建渐变网格"命令，打开如图9-42所示的"创建渐变网格"对话框。

（3）在该对话框中，可以设置图形网格的行数和列数，行数值框中的数值表示在图形中的水平方向建立的网格单元数，相应的列数值框中的数值控制了在图形中建立的垂直方向的网格单元数。系统默认的行、列数均为4。设置的数值越大，网格数越多，变化的效果就越平滑。

"高光"栏中的值表示图形创建渐变网格之后高光处的光强度，值越大，高光处的光强度越大，反之则越小。图9-43所示就是将"高光"的值分别设为100%和50%的效果。

在"创建渐变网格"对话框中还有一个选项为预览，选中之后可以预览到执行命令后的图形效果，省去了反复调整的麻烦。

（4）在"创建渐变网格"对话框中的"外观"栏中有一个下拉列表，如图9-44所示。

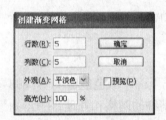

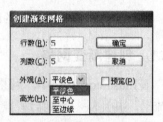

图9-42　"创建渐变网格"　　　图9-43　不同"高光"　　　图9-44　"外观"栏下拉列表
　　　　　 对话框　　　　　　　　　　　值的效果

"至边缘"表示从图形的中心向边缘进行渐变，"至中心"表示从图形的边缘向中心进行渐变。如图9-45所示分别是将"外观"栏中设置为"至边缘"和"至中心"的渐变网格效果。

### 9.2.2　编辑渐变网格

在Illustrator CS4中，无论是用渐变网格工具还是"建立渐变网格"命令建立的渐变网格，都不一定满足着色的要求，这时可以对网格点进行编辑。前面曾介绍过，可以像编辑节点一样处理网格点。下面详细介绍网格点的添加删除和编辑。

#### 1. 添加网格点

选择渐变网格工具，若要增加一个用当前填色上色的网格点，可单击网格对象上任一点，相应的网格线将从此新的网格点延伸至对象的边缘。单击一条已存在的网格线可增加一条与之相交的网格线，如图9-46所示。

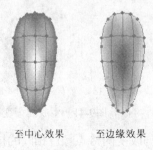

至中心效果　　　至边缘效果

图9-45　不同"外观"的渐变网格效果

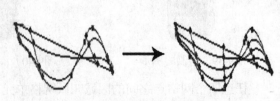

图9-46　增加网格点

**注意**  若要增加一个网格点而不将其颜色改变为当前填色，可按住Shift键后再单击该网格点。

**2. 删除网格点**

若要删除一个网格点及相应的网格线，在工具箱中选中渐变网格工具后直接按住Alt键单击该网格点即可。

**3. 调整网格点**

调整网格点的步骤如下：

（1）绘制一个渐变网格图形。如图9-47所示。

（2）选择渐变网格工具，然后在渐变网格图形上单击网格点。该网格点上将显示其控制柄，可以拖动控制柄对通过该网格点的网格线进行调整。调整后的图形如图9-48所示。因为该网格点已经有了填色，所以调整之后心形的填色色彩比以前有所变化。

还可以用直接选择工具、转换锚点工具或者变换工具来编辑网格点。使用直接选择工具、转换锚点工具也可以调整网格点。单击一个网格点，则可以自由移动该点和该点相连的网格线，如图9-49所示。

图9-47  绘制渐变网格图形

图9-48  调整后的网格点

图9-49  原始的网格点

按住Shift键同时拖动一条控制柄来移动该网格点的所有控制柄。这是一种沿网格曲线移动网格点而不扭曲该网格线的快捷方法。按住Shift键拖动网格点会限制该点沿网格线移动，如图9-50所示。

总之，在Illustrator  CS4中，可以通过各种编辑工具对创建的渐变网格图形中的网格点作精确的调整，直至满足要求。

**4. 使用渐变网格添加颜色**

在前面的内容中介绍过使用颜色面板给渐变网格图形添加颜色，通过使用鼠标直接从"色板"面板中拖放颜色到渐变网格中就可以在渐变对象中给对象加入颜色，如图9-51所示。另外，使用实时上色工具也可以在渐变网格对象上添加颜色，这也是经常用来为对象精确着色的工具。

图9-50  调整后的网格点

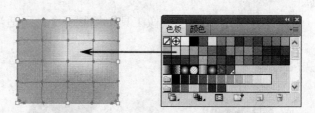
图9-51  以拖动方式设置网格颜色

选定并上色一个网格点时，该网格点及其周围的区域被上色为当前填色。当单击一个网格单元时，环绕该网格单元的四个网格点就会被填充上颜色。如图9-52所示。

这些就是一般常用的渐变网格的编辑，关于渐变网格的其他编辑，在此不再赘述。

## 9.3 实例：蝶之恋

在这一实例中，我们通过一个实例来介绍渐变工具的使用。我们将制作几只蝴蝶围绕绿叶飞舞的效果，效果如图9-53所示。

为一个网格点上色的效果　　为4个网格点同时上色的效果

图9-52　为网格添加颜色　　　　　　　　　　图9-53　蝶之恋

（1）新建一个文档，并命名为"蝶之恋"。

（2）使用"铅笔工具"绘制一个蝴蝶翅膀，如图9-54所示。并填充为天蓝色。

（3）激活工具箱中的"网格工具"，在蝴蝶翅膀上单击4次，创建出网格，如图9-55所示。

（4）使用"直接选择工具"单击交叉点，选中后为红色的点，调整翅膀的形状，如图9-56所示。

  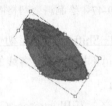

图9-54　蝴蝶翅膀　　　　　　图9-55　创建网格　　　　　　图9-56　调整形状

（5）有了网格后，通过单击一个点或者一个网格框可以设置不同的颜色。单击中间的两个网格框，并在色板中选择一种深蓝色，来改变局部的颜色。通过单击中间的一个点，并在色板中选择一种粉红色，来改变局部的颜色。如图9-57所示。

（6）单击边缘处的点，并在色板中选择一种深褐色，来改变局部边缘的颜色。如图9-58所示。

（7）调整后，使用"镜像工具"复制一个，可适当调整其形状，如图9-59所示。

图9-57　改变局部颜色　　　　图9-58　改变局部颜色　　　　图9-59　复制的效果

（8）制作另外一对翅膀。先使用铅笔或者钢笔工具绘制出翅膀后翼，并使用上面介绍的方法调整颜色，如图9-60所示。

（9）使用"镜像工具"复制一个，可适当调整其形状，如图9-61所示。

（10）调整好四个翅膀的位置，如图9-62所示。

图9-60 后翼　　　　　　图9-61 镜像复制的效果　　　　　　图9-62 调整位置

（11）制作触角，使用"铅笔工具" ✏ 绘制出触角的形状，并设置渐变色，如图9-63所示。

**提示**　在进行设计时，一定要注意整体颜色的搭配，这个蝴蝶的整体格调是蓝色的，所以在翅膀、触角、身体部位最好都要以蓝色为主色调。

（12）镜像复制出另外一个，如图9-64所示。

（13）使用"钢笔工具" ✒ 绘制出头部，如图9-65所示。

图9-63 触角　　　　　　图9-64 镜像复制效果　　　　　　图9-65 头部

（14）绘制出眼睛，并设置好渐变色，并复制出另外一个，如图9-66所示。

（15）使用"铅笔工具" ✏ 绘制出身体部位，并设置好渐变色，如图9-67所示。

（16）使用"选择工具" ▶ 把触角调整好位置和大小，如图9-68所示。

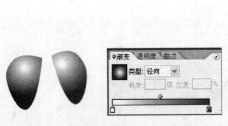

图9-66 眼睛　　　　　　图9-67 身体部位　　　　　　图9-68 调整好位置

（17）把翅膀调整好位置和大小，这样一只可爱的蝴蝶就制作完成了，最终效果如图9-69所示。

（18）使用同样的方法制作出另外一只蝴蝶，如图9-70所示。

图9-69　调整好位置

图9-70　另一只蝴蝶

（19）使用和制作蝴蝶翅膀同样的方法，制作出3个带树叶的树枝，如图9-71所示。

图9-71　制作的树枝效果

最后把它们合并在一起，就会得到前面所提到的效果。

# 第10章 文字效果

图形和文字是构图的两个重要因素。使用Illustrator CS4不仅可以设计图形，还可以设计文字。文字是构成图形的重要元素，很多情况下，都需要借助于文字来表达我们的想法。而给观众的最主要的信息也是通过文字来传递的。因此掌握文字的创建及编辑是非常重要的。

在本章中主要介绍下列内容：
- 文本的创建方式
- 文本的编辑方式
- 文本的格式和样式
- 文本的其他操作

## 10.1 文字工具概述

为了在设计时制作出更多的文本效果，在Illustrator CS4的工具箱中一共提供了6种文字工具。通过单击工具箱中的文字工具，即可从打开的工具栏中选取需要使用的文字工具。如果单击最右侧的小三角按钮，则可以将其以独立的工具面板显示，效果如图10-1所示。

如果单击文字工具栏右边的小三角形，还可以把文字工具作为一个单独的工具栏排列在绘图窗口中。

文字工具栏中共有6种文字工具，从左至右依次是：文字工具 **T**、区域文字工具 **T**、路径文字工具 **∵**、直排文字工具 **T**、直排区域文字工具 **T** 和直排路径文字工具 **∵**。

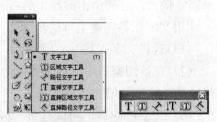

图10-1　文字工具

> **注意** 只要按下T键就可以激活文字工具。激活一种文字工具后，即使在工具箱已经隐藏的情况下此方法仍然有效。

**提示** 如果工具箱和面板处于隐藏状态，按键盘上的Tab键可以把它们显示出来。如果再次按Tab键，就可以把它们隐藏起来。

在Illustrator CS4中使用文字工具能够很方便地在文件中创建一行行独立于其他对象的文字；使用区域文字工具，可以将一条开放或闭合的路径变换成文本框，并在其中以横排的方式录入文字；使用路径文字工具，可以让文字按照路径的轮廓线方向进行横排排列。

因为Illustrator CS4针对不同的国家、不同的语种设计了不同语言的版本，并被世界上不同的国家和地区使用，为了适应一些特殊语种的需要（比如说中文、日文、韩文等），每一种文字工具都设计了一种垂直变换形式，如直排文字工具、直排区域文字工具、直排文字工具。如图10-2所示。

图10-2 文字效果

使用直排文字工具，可以使文字按照竖直方向排列；使用直排区域文字工具，可以将一条开放或闭合的路径变换成义本框，并在其中以竖排的方式录入文字；使用直排路径文字工具可以让文字按照路径的轮廓线方向进行竖排排列。

## 10.1.1 文字工具

在Illustrator CS4文件中可以使用文字工具 T 将文本作为一个独立的对象输入或置入。和工具箱中的其他工具一样，文字工具有自己独特的光标形状。通过光标形状，可以清楚地知道自己正在使用的是哪一种工具。

在使用文字工具时，Illustrator CS4允许我们任意地放置文本。当在工具箱中选取文字工具后，移动鼠标光标到绘图窗口中的任意位置单击鼠标左键来定位一个插入点，接下来就可以创建文本了。

点文本将文本对齐到一个定位点，而不是一条边框或区域。因此，点文本不能自动换行，如果需要换行，必须单击键盘上的Enter键才能够转入下一行。

使用文字工具创建文本的步骤如下：

（1）选择文字工具。

（2）在绘图窗口中任意位置单击鼠标左键，然后就可以输入文字了。系统默认输入的文字格式为无轮廓和填充黑色。

（3）按下Enter键，可以在第一行开始处的正下方输入新的一行。

（4）完成文字输入后，选择工具箱中的任意一种工具，就可以把刚才输入的文本作为一个单元选中。再单击其他任何位置，可以取消对文本的选择。使用文字工具创建的文本如图10-3所示。

## 10.1.2 直排文字工具

在Illustrator CS4中，直排文字工具 IT 与文字工具相比，直排文字工具以垂直的方式排列文字。使用直排文字工具与使用文字工具的方法和步骤基本相同，这里不再赘述。用它创建的文本如图10-4所示。

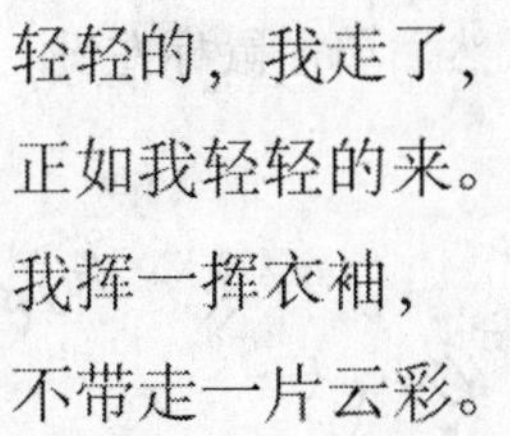

轻轻的，我走了，

正如我轻轻的来。

我挥一挥衣袖，

不带走一片云彩。

图10-3　使用文字工具创建的文本效果

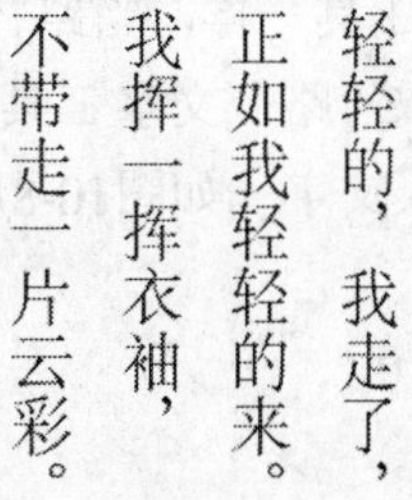

轻轻的，我走了，正如我轻轻的来。我挥一挥衣袖，不带走一片云彩。

图10-4　使用直排文字工具创建文本

**提示**　在使用文字工具时，按下Shift键可以将任何水平文字工具暂时变为直排文字工具，或者将直排文字工具暂时变为水平文字工具。

## 10.1.3 区域文字工具

在Illustrator CS4中，区域文字工具也称体文字工具，它可以让我们用文本来填充一个现有的形状。使用区域文字工具的步骤如下：

（1）绘制图形或打开已有的图形文件，并使用"选择工具"选取要作为区域的图形。

（2）在文字工具栏中选择区域文字工具 T，移动鼠标到图形区域上单击鼠标左键。

（3）在图形区域中输入文本。

使用区域文字工具创建的文本如图10-5所示，其中左边的文本是使用"区域文字工具"拖拉出的文本框，右边的文本是使用圆形作为文本框。

## 10.1.4 直排区域文字工具

在Illustrator CS4中，"直排区域文字工具" IT 和"区域文字工具"的使用方法相似，但是直排区域文字工具是以竖直的方式排列文本。

使用"直排区域文字工具"创建的文本如图10-6所示，左边的文本是使用"直排区域文字工具"拖拉出的文本框，右边的文本是使用六边形作为文本框创建出来的。

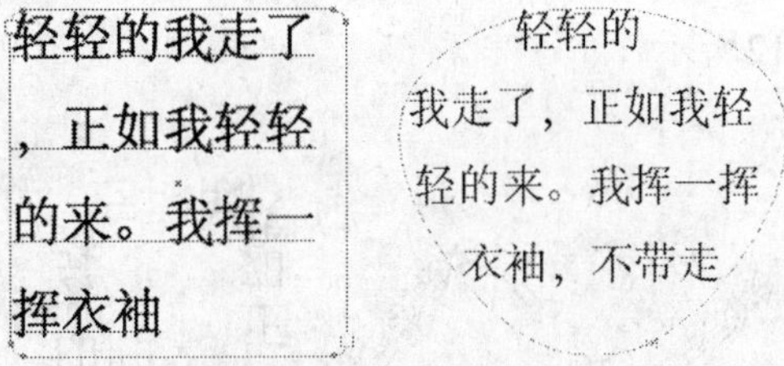

轻轻的我走了，正如我轻轻的来。我挥一挥衣袖

轻轻的我走了，正如我轻轻的来。我挥一挥衣袖，不带走

图10-5　使用区域文字工具创建文本

轻轻的我走了，正如我轻轻的来。我挥一挥衣袖，不带一

轻轻的我走了，正如我轻轻的来。

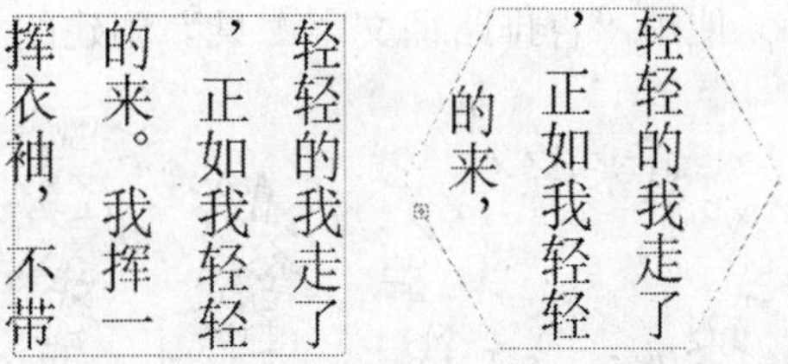

图10-6　使用直排区域文字工具创建文本

## 10.1.5 路径文字工具

通常，我们都是沿着直的基线来创建文本，但并不是说必须这么做。通过使用"路径文字

工具"或"直排文字工具"将文本放到任意开放或闭合路径上，这样，文字就可以按照路径的方向进行排列。

使用路径文字工具创建文本的步骤如下：

（1）使用"钢笔工具"或者"铅笔工具"绘制一条路径，如图10-7所示。然后使用"选择工具"选取路径。路径可以是开放路径，也可以是闭合路径，在这里选取一条开放路径。和使用其他文字工具一样，当路径变换为控制文字时，路径的轮廓和填充的属性都将被去掉。

（2）选取"路径文字工具"，移动鼠标在路径上，然后单击鼠标左键。

（3）输入文字。如图10-8所示。

图10-7　绘制的路径效果　　　　　　　　图10-8　使用路径文字工具创建文本

（4）此时，选择"选择工具"沿路径拖动"Ⅰ"标记，可以改变文字在路径上的起始点。如图10-9所示。

（5）按住Ctrl键将路径文字工具暂时变换为"选择工具"，拖动"Ⅰ"标记到路径的另一边，可以将文字移动到路径的另一边，然后再使用步骤（4）所述的方法调整文字的起始点。如图10-10所示。

图10-9　改变文字的起始点　　　　　　　图10-10　拖动文字到路径的另一边

除了使用开放路径排列文字，还可以使用闭合路径或者使用创建的图形来排列文字，如图10-11所示。

## 10.1.6　直排路径文字工具

在Illustrator CS4中，"直排路径文字工具"和"路径文字工具"的使用方法和步骤基本相同，只是"直排路径文字工具"是按照路径的方向，以竖直的方式排列文本的。这里不再赘述。

使用"直排路径文字工具"创建的文本如图10-12所示。

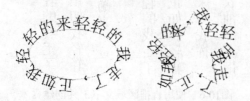

图10-11　闭合路径上的文字效果　　　　　图10-12　使用"直排路径文字工具"创建的文本效果

## 10.2 文本的录入和编辑

在Illustrator CS4中，所有的文字工具的使用方式一般都是相似的：先在文件中或是在一个对象上单击鼠标，然后就可以录入文字了。如果是创建区域文本，还可以使用鼠标拖拉出一个矩形框作为文本框，在矩形框中录入文字。另外，执行"文件"菜单中的"置入"命令，可以将已经创建好的一些特定格式的文本置入到Illustrator CS4中。

在选中文本后，就可以使用任何标准字处理方法来编辑该文本。我们可以使用编辑菜单中的"剪切"、"复制"、"粘贴"、"清除"以及"全选"等命令从Illustrator CS4复制文本到其他应用程序、从别的应用程序引入文本到Illustrator CS4文件，或在Illustrator CS4文件中编辑文本。

**注意** 在使用命令将文本复制到其他应用程序以及从其他应用程序复制文本时，所复制的仅是字符，而无法复制样式。

Illustrator CS4还包括专门为编辑文本块而设计的命令。可以使用这些工具在文本中检查拼写、查找和替换文本、修改大小写、以及添加恰当的排印标点符号。

### 10.2.1 文本的置入

在前面的内容中，我们已经介绍了文本录入的基本方法。另外，执行文件菜单中的"置入"命令可以快速将已有的其他格式的文本置入到Illustrator CS4中。

"置入"命令把文件从其他应用程序置入到Illustrator CS4中。文件可以嵌入或包含到Illustrator CS4文件，或者链接到Illustrator CS4文件中。链接了的文件与Illustrator CS4文件保持独立，结果形成一个较小的Illustrator CS4文件。但是，文本文件只能被嵌入，不能被链接。

图10-13 绘制的椭圆

在Illustrator CS4中置入文本的步骤如下：

（1）创建或打开一个图形作为置入文本的文本框。在这里选择一个椭圆，如图10-13所示。也可以绘制其他图形。

（2）在文字工具栏中选取一种文字工具，然后移动鼠标在选定的椭圆上单击。

（3）执行菜单栏中的"文件→置入"命令，将打开如图10-14所示的"置入"对话框。

（4）在该窗口中查找并选择需要置入的文件，如果没有看到需要的文件名，说明该文件是以Illustrator CS4不能读取的格式存储的。然后单击"置入"按钮。如果是纯Word文件，那么将会打开"Microsoft Word 选项"对话框，如图10-15所示。

图10-14 "置入"对话框

（5）选中需要置入的文本文件，然后单击"确定"按钮，选中的文本将被置入到椭圆文本框中。下面置入的是一篇Word文稿，效果如图10-16所示。

图10-15　"Microsoft Word选项"对话框　　　　　　图10-16　置入的文本效果

**注意**　虽然可以将其他应用程序中的文本置入到Illustrator CS4文件中，但文本中的字体、字符大小等格式将丢失。

**提示**　如果Illustrator CS4没有内置的相应文字格式，那么会打开一个对话框提示我们。

如果要在录入文本的同时进行一些基本的编辑工作，如移动光标、选取文本或删除字符等，可以使用键盘上的控制键来进行。各种控制键的使用方法如下：

- ←键：将光标前移一个字符的宽度。
- ↑键：将光标上移一行。
- →键：将光标后移一个字符的宽度。
- ↓键：将光标下移一行。
- **Ctrl+←键**：将光标移动到所在词的开始处，如果光标已经在所在词的开始处，则将光标移动到前一词的开始处。
- **Ctrl+↑键**：将光标移动到所在段落的开始处，如果光标已经在所在段落的开始处，则将光标移动到前一段落的开始处。
- **Ctrl+→键**：将光标移动到所在词的结尾处，如果光标已经在所在词的结尾处，则将光标移动到下一词的结尾处。
- **Ctrl+↓键**：将光标移动到所在段落的结尾处，如果光标已经在所在段落的结尾处，则将光标移动到后一段落的结尾处。
- **Shift+←键**：选中光标所在处前面的一个字符。
- **Shift+↑键**：选中光标所在处至上一行光标正上方之间的文字。
- **Shift+→键**：选中光标所在处后面的一个字符。
- **Shift+↓键**：选中光标所在处至下一行光标正上方之间的文字。
- **Shift+Home键**：选中光标所在处前面的所有文字。
- **Shift+End键**：选中光标所在处后面所有的文字。
- **Ctrl+Shift+←键**：选中从光标处到光标所在词（或前一词）的开始处的文字。
- **Ctrl+Shift+↑键**：选中从光标到光标所在段开头的文字。
- **Ctrl+Shift+→键**：选中从光标处到光标所在词（或后一词）的结尾处的文字。
- **Ctrl+Shift+↓键**：选中从光标到光标所在段结尾的文字。
- **Ctrl+A键**：选中包括文本块、文本路径或点文本在内的全部内容。
- **Home键**：移动光标到文本的开头。

· End键：移动光标到文本的结尾。

· Delete键：删除光标后面的一个字符。

· Backspace键：删除光标前面的一个字符。

在Illustrator CS4中，如果能够熟练应用上面的这些快捷键，那么更加方便、更加快捷地对文本进行各种编辑。

### 10.2.2 文本的复制、剪切和粘贴

使用"编辑"菜单中的"剪切"、"复制"以及"粘贴"命令，可以在Illustrator CS4中的各个文本之间或者同一文本的不同位置剪切和复制文本。剪切或复制文本的步骤如下：

（1）使用"文字工具"输入文字，然后把它们选中如图10-17所示。

（2）执行编辑菜单中的"剪切"或"复制"命令，选中的文本内容将被剪切或拷贝。另外，按下Ctrl+X键也可以执行"剪切"命令，按下Ctrl+C键可以执行"复制"命令。

（3）移动鼠标到需要粘贴剪切内容的位置。

（4）执行编辑菜单中的"粘贴"命令，或者按下Ctrl+V键，剪切的内容就被粘贴到鼠标光标所在的位置了。如图10-18所示。

图10-17　选取文本内容

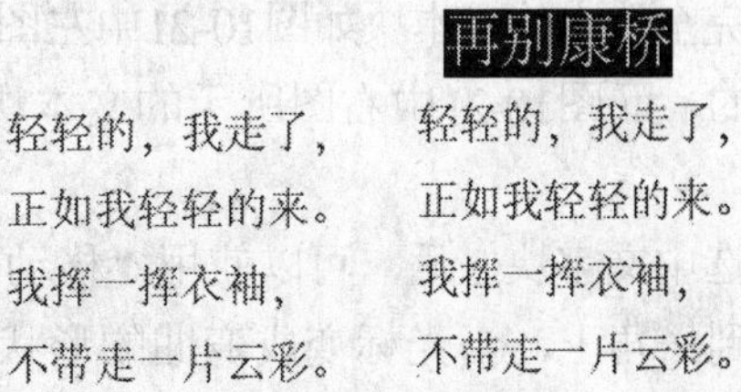

图10-18　粘贴内容后的效果（右图）

### 10.2.3 文字排列格式的变换

在Illustrator CS4中录入或置入文本后，还有一种快速变换文字方向的方法来改变文字的方向。变换文字方向操作的步骤如下：

（1）使用"选择工具"选中文本框。

（2）执行"文字→文字方向"命令，将打开如图10-19所示的"文字方向"子菜单，根据需要在该子菜单中有"水平"和"垂直"两项命令。

（3）执行"水平"命令，可以将垂直排列的文本变换成水平排列的文本。执行"垂直"命令，可以将水平排列的文本变换成垂直排列的文本。

如果选中图10-20中左图所示的文本，执行"垂直"命令，将得到图10-20中右图所示的结果。

图10-19　文字方向菜单

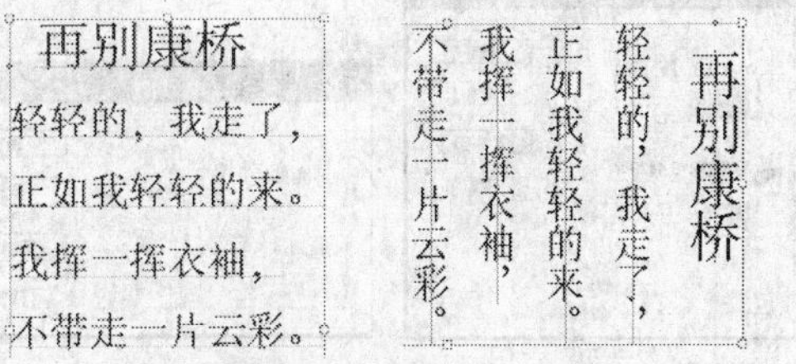

图10-20　变换文字方向后的效果

## 10.2.4 文本块的调整

在Illustrator CS4中，当在一个文本框中输入文字后还可以调整它的位置和大小。和Illustrator CS4中的其他对象一样，如果要调整文本块的位置和大小，首先要选中文本块，然后根据需要进行调整。

在"预览"视图模式下，当没有选中文本块时，屏幕上不会显示基线和文本框。在"线条稿"视图模式下，可以看见没有选中的文本块的文本框，但是看不见基线。

使用下面任何一种操作均可选中文本块：

- 使用任何"选择工具"在文本的基线上单击。
- 使用"选择工具"或者"组选择工具"在文本块的边上单击。
- 如果文本块有填充色，使用任何一种"选择工具"在文本块内的任何地方单击。
- 使用"选择工具"或"组选择工具"，在文本块的边上或基线的任何部分按下鼠标左键并拖拉出一个选取框圈选。

文本块必须在完全选中时才能移动，亦即文本框中的所有部分都必须选中。通过观察文本框的各个角点和文本基线，可以知道文本块是否完全选中。

完全选中的文本块如图10-21中左图所示，基线和文本框都选中了，它是使用"选择工具"选中的。而图10-21中右图所示的文本块仅仅选中了基线部分，它是使用"直接选择工具"选中的。

选中文字块之后，可以使用"移动工具"旋转文本块，选中"移动工具"后，把鼠标指针移动到一角上，当光标变成弯曲的形状后即可旋转文本块，如图10-22所示。另外，还可以使用旋转工具  进行旋转。

| | |
|---|---|
| 再别康桥<br>轻轻的，我走了，<br>正如我轻轻的来。<br>我挥一挥衣袖，<br>不带走一片云彩。 | 再别康桥<br>轻轻的，我走了，<br>正如我轻轻的来。<br>我挥一挥衣袖，<br>不带走一片云彩。 |

图10-21　选择文本块　　　　　　　　图10-22　旋转效果（右图）

文本块选定之后，就可以使用鼠标拖动的方法来移动它了。如果需要进行精确位置的移动，可以执行"对象"菜单中的"变换"命令下子菜单中的"移动"命令，在打开的"移动"对话框中输入需要移动的距离。也可以选择"旋转"命令打开"旋转"对话框进行旋转，如图10-23所示。

图10-23　"移动"对话框和"旋转"对话框

还可以选择"倾斜"命令打开"倾斜"对话框，设置倾斜参数对文本块进行倾斜，如图10-24所示。

另外，选择"缩放"命令打开"缩放"对话框，设置缩放参数对文本块进行缩放，如图10-25所示。

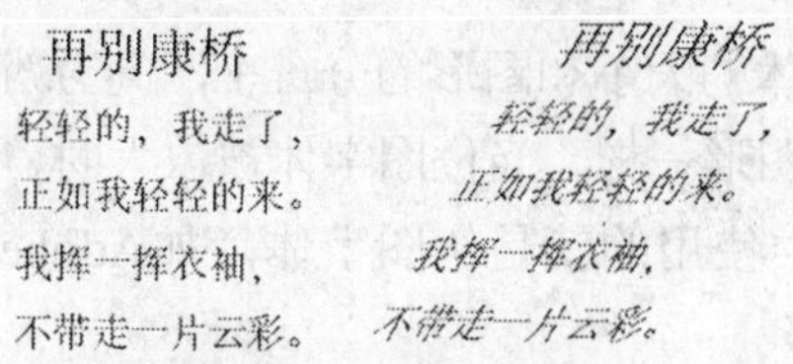

再别康桥
轻轻的，我走了，
正如我轻轻的来。
我挥一挥衣袖，
不带走一片云彩。
再别康桥
轻轻的，我走了，
正如我轻轻的来。
我挥一挥衣袖，
不带走一片云彩。

图10-24 文本块的倾斜效果

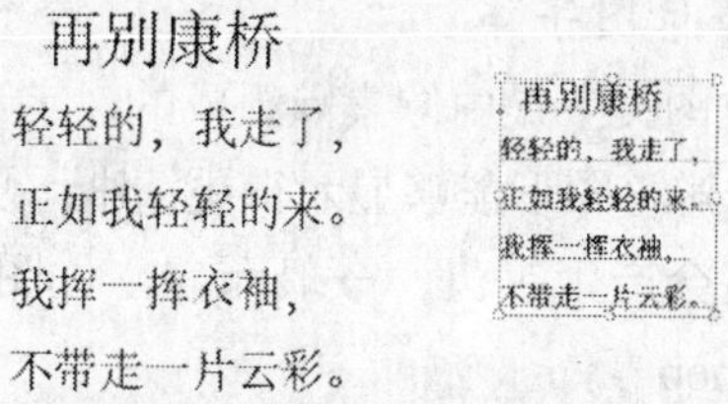

再别康桥
轻轻的，我走了，
正如我轻轻的来。
我挥一挥衣袖，
不带走一片云彩。
再别康桥
轻轻的，我走了，
正如我轻轻的来。
我挥一挥衣袖，
不带走一片云彩。

图10-25 文本块的缩放效果

另外，选择“对称”命令打开“对称”对话框，设置对称参数使文本块产生对称效果，如图10-26所示。

选择“分别变换”命令则打开“分别变换”对话框，如图10-27所示。在该对话框中，可以同时设置缩放参数、移动参数和旋转参数来设置文本块的缩放、移动和旋转效果。

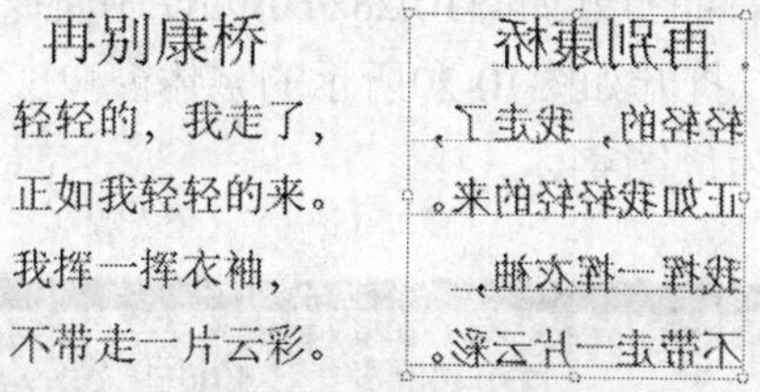

再别康桥
轻轻的，我走了，
正如我轻轻的来。
我挥一挥衣袖，
不带走一片云彩。

图10-26 文本块的对称效果

分别变换
缩放
水平(H): 100 %
垂直(V): 100 %
确定
取消
复制(C)
移动
水平(O): 0 mm
垂直(E): 0 mm
对称 X(X)
对称 Y(Y)
旋转
角度(A): 0 °
随机(R)
预览(P)

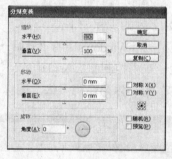

图10-27 “分别变换”对话框

## 10.3 字符格式的设定

在Illustrator CS4中，文字格式的设定是在字母的基础上影响文字格式的。如字体选择、字符的大小选择、文字的颜色等操作就是文字格式的设定。

无论是矢量绘图软件还是基于点阵方式的图像处理软件，只要能够录入或者处理文字，就能够制定各种不同的字符格式，都有设定字符格式的功能。和其他图形处理软件相比较，Illustrator CS4不仅图形绘制和处理能力强大，能够设定的字符格式也很多。所以说Illustrator CS4是一款功能强大的图形处理软件。

### 10.3.1 字体的类型和安装

图形处理软件大致上可以分为两类：矢量绘图软件和位图图形处理软件。根据绘图软件的不同，其使用的字体也可以分为两类：由矢量组成的轮廓字体和由像素组成的位图字体。下面简要介绍这两种字体。

1. 轮廓字体

轮廓文字由数学定义的图形组成。和其他矢量图形一样，不论文字缩放到任何尺寸，文字的边缘都能够保持清晰平滑。轮廓字体又叫True Type字体，是Windows应用程序中应用最广泛的字体。一般而言，矢量绘图软件使用的都是轮廓字体，如Adobe公司的Illustrator CS4、PageMaker或者InDesign，Corel公司的CorelDRAW等。

## 2. 位图字体

位图文字是由像素点组成的，字形效果取决于字体的大小和图形的分辨率，高分辨率图形比低分辨率图形能够显示得更清晰、更光滑。和位图图形一样，当位图字体被放大时，字体的边缘将会产生锯齿。一般而言，位图图形处理软件中使用的就是位图字体，如Adobe公司的Photoshop等。

在应用中使用哪一类字体，视具体情况而定。如果需要得到色彩艳丽、效果鲜明的文字，建议使用位图字体。如果需要对文字进行缩放，则最好使用轮廓字体，这样得到的文字才不会有锯齿边缘。

## 3. 安装字体

通常，系统自带的字体格式能够满足需求。但自带的字体毕竟是有限的，如果需要使用更多的字体，可以自己安装字体。

安装字体的步骤如下：

（1）执行Windows中的"开始→控制面板"命令，将打开如图10-28所示的控制面板窗口。

（2）双击控制面板窗口中的"字体"图标，可以打开如图10-29所示的字体窗口。其中图标为"T"的字体为轮廓字体，图标为"A"的字体为位图字体。

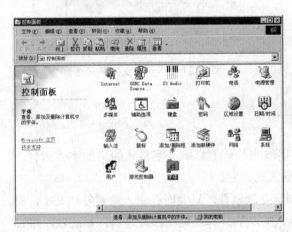

图10-28 "控制面板"窗口

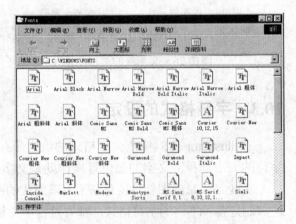

图10-29 "字体"窗口

图10-30 "添加字体"对话框

（3）执行"字体→安装新字体"命令，将打开如图10-30所示的"添加字体"对话框。

（4）在该对话框中单击"驱动器"下的小三角形，从打开的下拉列表中选择驱动器。然后单击包含要添加字体的文件夹，从打开的文件夹中单击要添加的字体。

（5）单击"确定"按钮，即可开始字体的安装。

如果选择安装的是轮廓字体，则在安装完成之后，新装的字体会显示在Illustrator CS4"文字"菜单下的"字体"子菜单中。

**提示** 有的计算机应用的操作系统不同，可能不是直接打开"控制面板"。那么可以直接选择"开始→设置→控制面板→字体"命令，然后从打开的字体列表中选择自已需要的字体，如图10-31所示。

## 10.3.2 "字符"面板

在Illustrator CS4程序中，一般使用"字符"面板对字符属性进行精确的控制，这些属性包括字体、文本尺寸、行距、字距微调、字距调整、基线微移、水平及垂直比例、间距以及字母方向等。可以在输入新文本之前设置字符属性，也可以重新设置这些属性来更改所选中的已有字符的外观。如果选择了多个文本路径和文本容器，可以一次性设置所选多个文本中的字符属性。有些字符属性还有单独的子菜单或面板。此外，可以使用键盘快捷键来更改某些字符属性。

执行"窗口→文字→字符"命令，或者使用键盘命令Ctrl+T，可以打开如图10-32所示的"字符"面板。

单击"字符"面板右上角的小三角形，将会打开如图10-33所示的"字符"面板打开菜单，在该菜单中有"显示选项"和"比例宽度"等多项命令。

图10-31 Windows中的字体列表 　　　图10-32 "字符"面板 　　　图10-33 "字符"面板菜单

执行"显示选项"命令，可以在"字符"面板中显示字符选项。在"字符"面板中显示多语种和方向选项。所有选项全部显示的"字符"面板如图10-34所示。

"字符"面板中的内容全部显示后，打开菜单中的命令相应地变成"隐藏选项"命令。执行该命令可以关闭相应的内容。"字符"面板中各个部分的名称如图10-35所示。

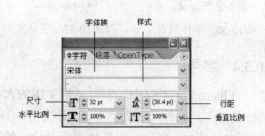

图10-34 显示全部选项的"字符"面板 　　　图10-35 "字符"面板的组成

### 10.3.3　字体

我们可以在"字符"面板中设置字符的各种属性。单击"字体"文本框右边的小三角形，可以从下拉列表中选择一种字体。单击"样式"文本框右边的小三角形，可以从下拉列表中选择一种样式。也可以在"字体"文本框中输入要使用的字体族名称。在"样式"文本框中输入字体样式（例如黑体、紧凑、斜体）。随着字体名称和样式的输入，将出现以该字母开始的第一种字体或样式。继续输入该名称直至出现正确的字体或样式名称。

如果在录入文本之前想要指定录入文本的字体，可以按照如下步骤进行：

（1）在文字工具栏中选择一种文字工具。

（2）移动鼠标到绘图页面上，单击鼠标左键确定插入点。

（3）在"字符"面板中单击"Adobe宋体Stdl"右侧的下拉按钮即可打开一个字体选择列表，如图10-36所示。从中可以选择需要的字体样式。

也可以执行"文字→字体"命令，然后从打开的"字体"菜单中选择合适的字体类型。如图10-37所示。

如果要修改已经录入的文本的字体，可以按照如下步骤进行：

（1）使用"选择工具"选中文本。

（2）在"字体"子菜单中选择一种字体，或者在"字符"面板中选择一种字体。

（3）如果仅需改变某几个字符的字体而不是文本的全部，则先选中需要改变字体的字符，然后从"字体"子菜单中或"字符"面板中选择字体和样式。

各种不同的中文和英文字体如图10-38所示。另外同种字体可以设置不同的样式。

北京奥运会　　北京奥运会
北京奥运会　　北京奥运会
北京奥运会　　北京奥运会

Beijing 2008　**Beijing 2008**
**Beijing 2008**　Beijing 2008

图10-36　字体列表　　　　图10-37　字体菜单命令　　　　图10-38　各种不同的字体

### 10.3.4　字号

在Illustrator CS4中，字号是指字体的大小，表示从字符突出部分的最高点到字符下伸部分的最低点之间的尺寸。字体的大小一般用磅来度量，Illustrator CS4提供的标准字号共分为从6磅到72磅的15个级别。如果使用手动输入的方法调整字体的大小，可以设置从0.1磅到1296磅的不同的字体大小。

使用下面几种方法都可以改变文字的字号：

• 单击"字符"面板中"大小"选项旁边的小三角形 ，将打开一个下拉列表，在下拉列表中可以选择字号。

　　·单击"字符"面板中"大小"选项旁边的上下箭头█，可以调整字体的大小。

　　·直接在"大小"文本框中输入一个数值。

　　·执行"文字→大小"命令，在打开的子菜单中选择字号。

　　各种不同的字号如图10-39所示。

　　要查看文字的字号，可以使用"选择工具"选取文字，这时在"字符"面板中将显示所选文字的字号，"大小"子菜单中的相应字号前有一个"√"标记。如果文字的字号不是标准字号，则在"大小"子菜单中的"其他"前有一个"√"标记。如果任何字号的旁边都不出现"√"标记，则说明所选文字的字号多于一种。

## 10.3.5　设置颜色和变形

　　在Illustrator CS4中录入的文字与在其他软件中录入文字的最大区别是Illustrator CS4并不仅仅将文本作为文本，还可以将文本作为艺术作品。我们已经知道可以以任何形状或沿着任何路径对文字进行排列，另外，还可以给文本填充颜色或图案。

　　由于Illustrator CS4中的文本并不等同于路径对象，所以在进行颜色填充时就要受到一定的限制。例如，不能对单纯的文本进行渐层填充。

　　1. 文本及文本框颜色的设定

　　对于一幅作品来说，色彩是很重要的，文本也不例外。文本和文本框正如Illustrator CS4中其他的对象一样，都有轮廓和填充。Illustrator CS4可以给文本加上填充色或图案，给文本框加上颜色、渐层或图案。

　　如果要对文本着色，可以按照如下步骤进行：

　　（1）使用工具箱中的"选择工具"选中文本框中文本的基线，如图10-40所示。

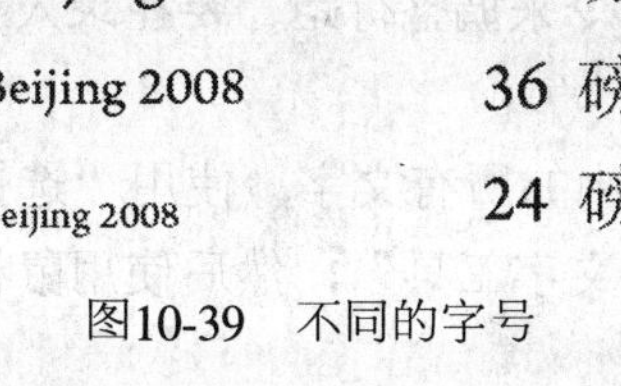

Beijing 2008　　72 磅

Beijing 2008　　60 磅

Beijing 2008　　36 磅

Beijing 2008　　24 磅　　　　　　Beijing 2008　72 磅

　　　图10-39　不同的字号 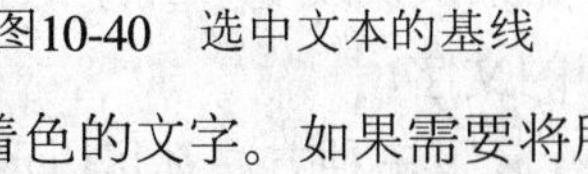　　　　　　　　图10-40　选中文本的基线

　　（2）选择一种文字工具，然后使用鼠标光标选择需要着色的文字。如果需要将所有的文字都使用同一种颜色，用"选择工具"单击文字基线即可。

　　（3）执行菜单栏中的"窗口→颜色"命令，打开"颜色"面板。

　　（4）单击"颜色"面板中的填充色样框切换到填充工作模式下，然后选择颜色或图案对文本进行填充。如图10-41所示就是应用不同的填充色和图案得到的效果。

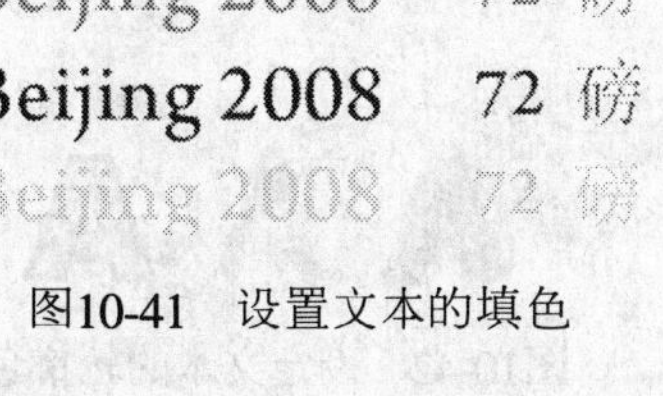

Beijing 2008　　72 磅

Beijing 2008　　72 磅

Beijing 2008　　72 磅

Beijing 2008　　72 磅

　　　　　　　　图10-41　设置文本的填色

　　**提示**　在输入的文字处于选中的状态下，也可以通过单击"色板"面板中的颜色样本块来改变文字的颜色。

**注意** *如果要给文本应用渐层填充，必须首先给文本创建轮廓。*

另外，我们还可以在Illustrator CS4中对文字的轮廓进行颜色的设定，方法与填充的方法基本相同，只是在选中文本后在颜色面板中切换到轮廓色工作模式下，然后选择一种轮廓颜色。图10-42所示就是应用不同轮廓色的文字的效果。

如果要对文本框着色，可以按照如下步骤进行：

（1）使用"直接选择工具"选中文本框。

（2）如果要填充文本框，在工具箱中的"填充"和"描边"框中切换到"填色"或者在颜色面板中切换到"填色"。

（3）在颜色面板中选择一种颜色，或者执行"窗口→色板"命令打开"色板"面板，从色板面板中选择一种填充色或图案。

（4）如果需要给文本框加上轮廓，可以在选中文本框后执行"窗口→画笔"命令打开"画笔"面板，在笔画面板中给文本框设置一定宽度的轮廓。

（5）描边线宽度设置完成之后，将工作模式切换到"描边"，然后给文本框的描边设置描边色或描边的填充图案即可。

## 10.3.6 行距

通常，我们知道行距就是在两行文字之间间隔距离的大小，是从一行文字基线到另一行文字基线之间的距离。它是在文字高度之上额外增加的距离，而不是小于文字的高度。如果一行文本中包含了具有不同行距值的字符，则这一行的行距为两个数值的较大者。

可以在录入文本之前设置文本的行距，也可以在文本录入后再改变行距。如果录入之前没有设置行距，则录入的文本将根据文字的字号自动套用系统的默认行距。默认的"自动设置行距"选项将行距设为文本尺寸的120%。例如，12磅文本的行距为14磅。在"字符"面板中的"行距"栏中，如果行距是默认值，则行距值将被加上括号。

可以在"字符"面板中调整行距，或直接使用键盘命令来调整行距。要在录入文本之后改变行距，可以执行下列步骤：

（1）选中想要改变行距的文本。如果要改变文本框中的所有文字，使用"选择工具"选取即可。如果仅仅改变一部分文字的行距，可以先选择"文字工具"，然后使用鼠标选中需要改变行距的文字。

（2）以下三种方法都可以改变选定文本的行距。

·执行"文字"菜单中的"字符"命令，打开"字符"面板。在"字符"面板中的"行距"栏中输入一个0.1磅到1296磅之间的行距值。如图10-43所示。

图10-42 设定文本的轮廓色

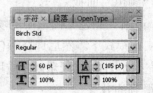

图10-43 在"行距"栏中输入数值

- 单击 "行距" 栏中的 按钮, 在打开的下拉列表中选择一个行距值。
- 单击 "行距" 栏中的 按钮, 可以增大行距, 每单击一次增加1磅。单击 按钮, 可以减小行距, 每单击一次减少1磅。
- 按下键盘上的**Alt+↑**键, 可以减小行距。按下**Alt+↓**键, 可以增大行距。每按下一次, 系统的增量默认值为2磅。如果需要改变增量值, 可以执行 "编辑" 菜单中的 "首选项" 命令或按下**Ctrl+K**键打开 "首选项" 对话框, 在下拉列表中选择 "文字", 将 "大小/行距" 栏中的值设为所需的数值。

如果要使相同的字体尺寸对应的行距相同, 那么双击 "行距" 图标。要将某个设置值重新设为其默认数值, 按住**Ctrl**键并单击面板中相关的图标即可。如果要使录入的文本自动应用设置好的行距, 则在选择 "文字工具" 后首先设置好文本的行距, 然后再录入文本即可。不同行距的文本如图10-44所示。

### 10.3.7 字间距

在**Illustrator CS4**中, 特殊字距是指任意指定的字符对之间的间距值。特殊字距只有当光标位于两个字符中间时才能够被改变。默认时, 当几个字符被选中时, 在 "字符" 面板的特殊间距列表中通常会自动选择自动选项, 由系统自动选定间距值。当字符之间存在闪烁的光标时, 就可以选定其他的值, 系统将自动以指定的值来代替原来的自动选项。

如果需要使用字体的特殊字距来设置字符的间距, 可以选择 "字符" 面板中的 "特殊字距" 的 "自动" 选项。很多**Roman**字体都包含有关各个字符对之间的间距的信息。例如, A和W之间的间距通常小于A和F之间的间距。

如果要对文件中已有文本应用自动特殊字距, 可以按照如下步骤进行:

(1) 使用 "选择工具" 选择要应用自动字距微调的文本。

(2) 选择执行 "窗口→文字→字符" 命令打开 "字符" 面板, 从面板的 "特殊字距" 下拉列表中选择 "自动" 或在文本框中输入 "自动"。

如果要关闭自动字距微调, 只需在 "字距微调" 文本框中输入0即可。

也可以在 "字符" 面板中选择一个特定的特殊字距数值, 而不使用 "自动" 选项直至完成文本的创建。

调整特殊字距的步骤如下:

(1) 使用 "文字工具" 在需要调整的两个字符间单击, 这时出现一个闪烁的光标。

(2) 执行 "窗口→文字→字符" 命令, 打开 "字符" 面板。如图10-45所示。

图10-44 不同行距的文本对比效果

图10-45 "字符" 面板

（3）从“特殊字距”下拉列表选择一个值，或者单击上下箭头调整，也可以在“特殊字距”文本框中输入一个从-1000到10 000的数值。

特殊字距和字距微调为正数则使字符分开，间距增大。为负数则使字符更加紧凑。特殊字距和字距微调都是以宽空白的1/1000为度量单位。一个宽空白的宽度与当前的文本尺寸相关。对于1磅的字体，1个宽空白为1磅；而在10磅的字体中，1个宽空白则为10磅。由于字距微调的单位为1/1000个宽空白，所以对于10磅字体而言，特殊字距或字距微调为100则等价于1磅。

Beijing 2008
特殊字距为自动
Beijing 2008
特殊字距为1/4
图10-46 不同特殊字距的文本

对同样的文本设置不同的“特殊字距”的效果如图10-46所示。

字距微调和特殊字距不同的地方是特殊字距对字符对适用，而字距微调对多个字符适用。把文本用选择工具选中后，改变“字符”面板中字距微调的数值就可以改变文本字符间的距离。

可以使用字距微调来调整一个单词或整个文本块的间距。在选定文本的多个字符时，字距微调将给它们设置一致的间距。

如果要调整字距微调，可以按照如下步骤进行：

（1）使用选择工具选择要调整字距微调的文本。

（2）执行“窗口→文字→字符”命令，打开“字符”面板。

（3）与调整“特殊字距”相似，可以从“字距微调”下拉列表选择一个值，也可以单击上下箭头调整，还可以在“字距微调”文本框中输入一个从-1000到10000的数值。如图10-47所示。

不同“字距微调”值的文本如图10-48所示。

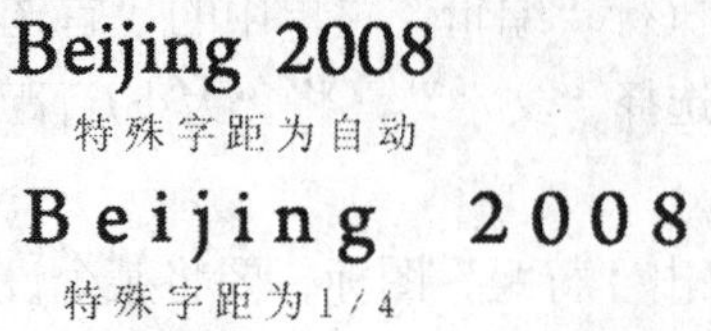

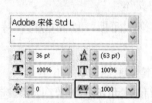

Adobe 宋体 Std L
-
36 pt
(63 pt)
100%
100%
0
1000
图10-47 调整“字距微调”

Beijing 2008
特殊字距为100
Beijing 2008
特殊字距为200
图10-48 不同字距微调的文本

**提示** 当光标在两个字符之间闪烁时，按下Alt+→键可以增大特殊字距值，按下Alt+←键可以减小特殊字距值。每按下一次，系统默认的增量为20。当选中一段文本时，按下Alt+→键可以增大字距微调值，按下Alt+←键可以减小字距微调值。每按下一次，系统默认的增量也是20。执行“编辑”菜单中的“首选项”命令，可以在“文字”中的“字距”栏中调整增量的大小。

如果需要得到有关特殊字距和字距微调的信息，可以在单击字符或选中文本后在“字符”面板中查看，也可以在信息面板中查看。

使用信息面板查看特殊字距和字距微调信息的步骤如下：

（1）使用“文字工具”在需要查看其“特殊字距”及“字距微调”数值的两个字符之间选择一个插入点。

（2）执行“窗口→信息”命令，打开“信息”面板。如图10-49所示。这时，在“信息”

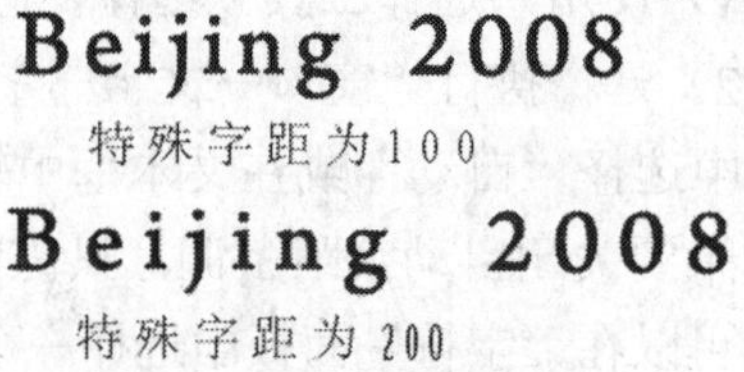

面板中将显示这两个字符间的总间距。另外，在"信息"面板中还显示了文字的字号和字体。

**提示** 这是信息面板和导航器面板的组合面板，通过拖动面板标签的名称可以把它们分开。

### 10.3.8 字符的水平比例和垂直比例

在Illustrator CS4中，可以允许改变单个字母的宽度和高度，可以将文字压扁或拉长。"字符"面板中的水平比例和垂直比例选项主要用来控制字符的宽度和高度，使选定的字符进行水平方向的扩展或者缩小。

如果对文字进行成比例的缩放，实际上就相当于改变文字的字号。例如，将48磅文字的水平缩放和垂直缩放都设置为50%，就能得到与字号为24磅的文字相同的效果。如果将水平缩放设为50%，垂直缩放不变，或者将垂直缩放设为200%，水平缩放不变，则可以得到拉长1倍的文字。

改变字符的水平比例和垂直比例的步骤如下：

（1）选中需要改变比例的文字。

（2）单击"字符"面板右上部的小三角形，在打开的菜单中选择执行"显示选项"命令，这时"字符"面板中将会增加"水平缩放"、"垂直缩放"和"基线微调"三个选项，如图10-50所示。

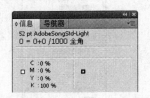

图10-49 信息面板

图10-50 "字符"面板

（3）在"字符"面板中的"水平缩放"栏中输入一个1%到10000%之间的比例，或者从下拉列表中选择一个比例。还可以单击向上箭头和向下箭头调整，每单击一次，水平缩放的比例增加或减少1%。

（4）使用同样的方法改变垂直缩放的比例。

（5）设置完成后，单击键盘上的Enter键。

不同水平比例和垂直比例的文字如图10-51所示。

另外，在Illustrator CS4中可以通过调整基线来调整文本与基线之间的距离，从而可以抬升或降低选中的文本。使用"基线微移"选项可用来创建上标或下标。使用"字符"面板中的"基线微移"选项可以制作上标和下标等，制作的上标、下标如图10-52所示。

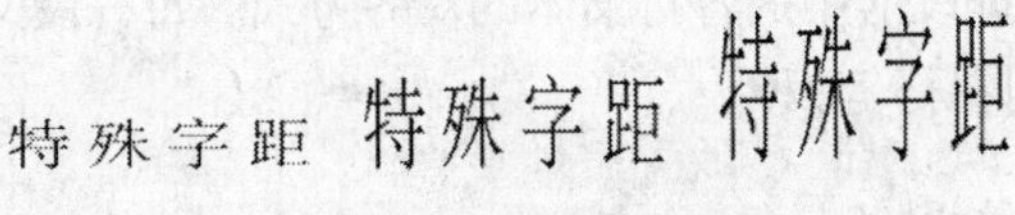

特殊字距 特殊字距 特殊字距

$$3^2 + 4^2 = 5^2$$
$$H_2O + CO_2 = H_2CO_3$$

图10-51 不同水平比例和垂直比例的文字　　　　图10-52 制作上标和下标

提示　按下Shift+Alt+↑键也可以用来增加基线微移，按下Shift+Alt+↓键可以减小基线微移。增量等于"文字和自动描图预置"中设置的数值，默认情况下为2磅。

## 10.4　段落格式

在Illustrator CS4中，段落格式的设定将会影响整个文本，而不仅仅是对一个字母或一个词。我们可以设置段落的对齐方式、缩进、段间距等。

### 10.4.1　"段落"面板

在Illustrator CS4中，设置段落格式的各种选项主要在段落面板中。执行"窗口→文字→段落"命令，就可以打开"段落"面板，如图10-53左图所示。在此窗口中可以方便地改变有关段落的各种设定。使用鼠标点单击窗口右上角小三角形，在打开的面板菜单中选择执行"显示选项"命令，在段落面板中将会出现更多的选项，如图10-53右图所示。

"段落"面板中包括大量的功能，特别适合于大块文本的操作，例如在图中安排文本等。这些功能可以用来设置段落的缩进量以及文本的对齐方式，更改段落之间的间距数值，设置制表符标记，使用连字符功能，甚至还可以指定单词在段落中何处断开。

其选项菜单命令中的"字距调整"选项用来设定单词与单词、字母与字母之间的距离。其选项菜单命令如图10-54下图所示。

图10-53　段落面板　　　　　　　　　　　　　　图10-54　段落面板菜单

"连字"选项是针对西文设置的。如果此项未被选中，当一个英文单词在一行不能放下时，这个单词自动移到下一行。如果选中此项，单词隔开部分会出现连字符，表示单词未完成，下一行还有。

"中文标点溢出"选项控制标点符号是否可以放在行首，一般来说，中文标点符号避免放在行首，所以此选项需选中。

### 10.4.2　对齐文本

段落面板中的"对齐"按钮的主要作用是安排段落中的各行文本的对齐方式。每一段文本可以为左对齐、居中对齐、右对齐、齐行、强制齐行等7种。

段落面板中的各个对齐按钮的功能如下：

　左对齐按钮：它的作用是使文本靠左边对齐。

　居中对齐按钮：它的作用是使文本居中对齐。

右对齐按钮：它的作用是使文本靠右边对齐。

中间对齐，末行左对齐按钮：它的作用是使文本的左右两边都对齐，最后一行左对齐。

强制齐行按钮：它将对齐所有文本，并强制段落中的最后一行也要两端对齐。在默认设置中，两端对齐段落的最后一行是左对齐的，并在右边剩下一段空白。

中间对齐，末行居中对齐按钮：它的作用是使文本的左右两边都对齐，最后一行居中对齐。

中间对齐，末行右对齐按钮：它的作用是使文本的左右两边都对齐，最后一行右对齐。

要在段落面板中更改对齐选项的操作步骤如下：

（1）使用选择工具选择任何文本容器或文本路径，或者使用“文字工具”设置一个插入点或选择一个文本块。

（2）执行“窗口→文字→段落”命令，打开段落面板。

（3）在段落面板中单击所需的对齐样式。

应用不同的对齐方式的文本如图10-55所示，从左至右依次为左对齐，居中对齐和右对齐。

| 左对齐 | 居中对齐 | 右对齐 |
|---|---|---|
| 帘外雨潺潺 | 帘外雨潺潺 | 帘外雨潺潺 |
| 春意阑珊 | 春意阑珊 | 春意阑珊 |
| 罗衾不耐五更寒 | 罗衾不耐五更寒 | 罗衾不耐五更寒 |
| 梦里不知身是客 | 梦里不知身是客 | 梦里不知身是客 |
| 意饷贪欢 | 意饷贪欢 | 意饷贪欢 |
| 独自莫凭栏 | 独自莫凭栏 | 独自莫凭栏 |

图10-55 几种对齐方式

### 10.4.3 缩进

在Illustrator CS4中，缩进量指定了文本每行两端与包含文本的路径之间的间距。可以从路径的左边缩进，也可以从路径的右边缩进，并且可以给段落的第一行选择附加缩进量。负值的缩进量可以将文本移出到空白边距之外。缩进量只影响选中的段落，因此可以方便地给不同的段落设置不同的缩进量。

如果要指定段落缩进量，可以按照如下步骤进行：

（1）使用“选择工具”选择任何文本容器或文本路径，或设置一个插入点，或使用“文字工具”选择一个文本块。

（2）执行菜单栏中的“窗口→文字→段落”命令，打开“段落”面板。

（3）选择要更改的缩进文本框：“左边缩进”、“右边缩进”或“首行左缩进”。

（4）输入缩进量，然后按键盘上的Enter键即可。左缩进、右缩进如图10-56所示。

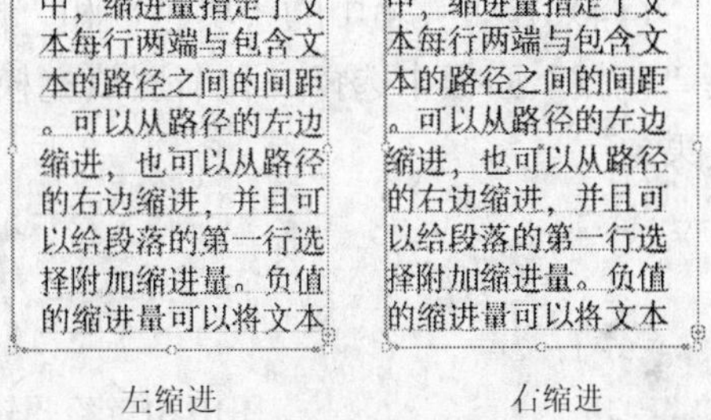


图10-56 对齐效果

（5）如果要创建首行悬挂缩进，在“首行左缩进”文本框中输入一个数值即可。首行左缩进的效果如图10-57所示。

段前间距和段后间距的效果如图10-58所示。

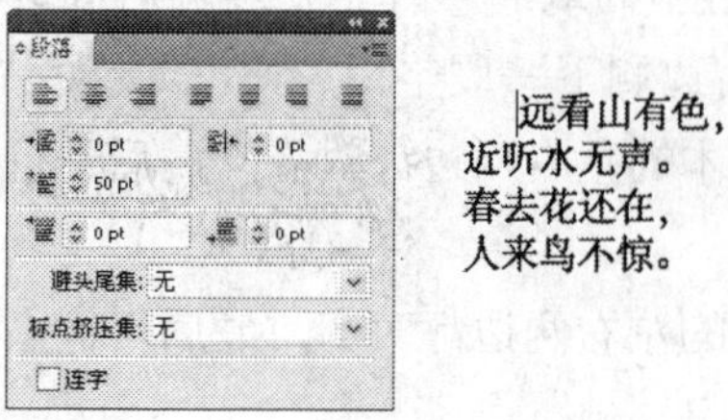

远看山有色，
近听水无声。
春去花还在，
人来鸟不惊。

在Illustrator CS4中，缩进量指定了文本每行两端与包含文本的路径之间的间距。可以从路径的左边缩进，也可以从路径的右边缩进，并且可

在Illustrator CS4中，缩进量指定了文本每行两端与包含文本的路径之间的间距。

可以从路径的左边缩进，也可以从路径

图10-57　首行左缩进效果（右图） 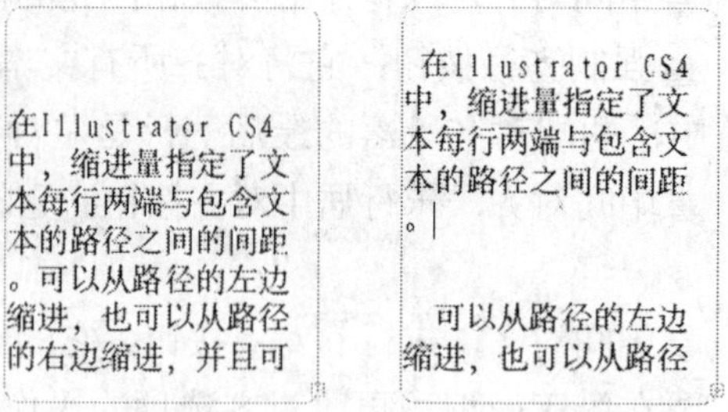　　　　　　　图10-58　段前间距和段后间距

## 10.5　将文本转化为轮廓

在前面的内容中我们已经介绍过对于创建的文字一般不能应用渐层填充。如果需要对文字应用渐层填充，就必须将文字转化成轮廓。Illustrator CS4的强大功能之一就是可以把文字转化为可以编辑的贝塞尔路径。使用"选择工具"选中文本后，执行"文字"菜单中的"创建轮廓"命令，或者按下Ctrl+Shift+O，即可把文字转化为路径。转化成轮廓后，就可以对它应用各种应用于图形的操作了。

"创建轮廓"的变换将影响整个文本，我们不能只变换文本块内的一部分。下面结合一个实例来说明怎样将文字转化成轮廓：

（1）使用"选择工具"选中需要转化成轮廓的文本，或使用"文字工具"创建需要转化成轮廓的文字。在这里，使用"文字工具"输入文字，然后在"字符"面板或"文字"菜单中将字号调得大一些，如图10-59所示。

（2）执行"文字"菜单中的"创建轮廓"命令，或者按下键盘上的Ctrl+Shift+O键。这时可以看到文字变成了由许多节点组成的路径，它们将保存与原来文本同样的描绘特性。如图10-60所示。

美丽的青岛　　美丽的青岛

图10-59　创建的文字 　　　　　　　　　　图10-60　执行"创建轮廓"命令

（3）执行"窗口→色板"命令，打开"色板"面板。

（4）在工具箱中的"填色"和"描边"框中将工作模式激活为"填充"工作模式，然后在"色板"面板中选择一种渐层填充模式对文字进行填充。这时就可以得到如图10-61所示的效果。

美丽的青岛

图10-61　给"轮廓文字"应用填充（左绿右蓝）

**提示**　将文字转化成轮廓后还可以对它应用各种滤镜效果生成各种美观的图形。有关滤镜的知识请参阅后面的章节。

## 10.6　有关文本的其他操作

在Illustrator CS4中的"文字工具"虽然不能同Microsoft Word等装备齐全的字处理软件相提并论，但它也具有一些和字处理软件相同的文本处理功能，包括查找和替换文本、查找字体、拼写检查、变换大小写及智能标点等。

### 10.6.1　查找和替换文本

在Illustrator CS4中的"查找和替换"命令有点像Word中"查找/替换"命令的简化版，使用这个命令可以查找和替换路径上或文本容器中的文本字符串，且同时保持文本的样式、颜色、字距微调以及文本的其他属性，但它不能查找文本格式设定。

查找和替换文本的操作步骤如下：

（1）选择需要查找的文本。

（2）执行菜单栏中的"编辑→查找和替换"命令，将打开如图10-62所示的"查找和替换"对话框。

（3）在该对话框中的"查找"文本框中输入需要查找的文本字符串。如果需要替换，再在"替换为"文本框中输入作为替换的文本字符串。

在"查找"栏中输入要查找的文字，单击"查找"按钮可以找到需要的内容。

选中"区分大小写"选项，将只查找与"查找"文本框中的大写和小写文本准确匹配的文本字符串。

选中"向前搜索"选项，将从插入点向文件的结尾处搜索文件。

选中"检查隐藏图层"选项，将查找被隐藏图层中的内容。

选中"检查锁定图层"选项，将查找被锁定图层中的内容。

（4）设置完成之后，可以执行下列操作之一：

· 单击"查找"按钮，系统将查找在"查找"文本框中输入的文本字符串，而不进行替换。

· 单击"替换为"按钮，将只替换该文本字符串在文件中找到的当前实例。

（5）另外还可以设置查找和替换的其他内容，比如，版权符号、制表符和引号等，单击"查找"或者"替换为"文本输入栏后面的小三角按钮即可打开一个菜单命令，如图10-63所示。

（6）单击"完成"按钮后即可返回Illustrator CS4的工作窗口。

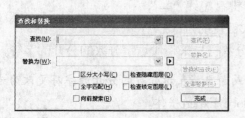

图10-62　"查找和替换"对话框

图10-63　菜单栏

### 10.6.2 大小写变换

在Illustrator CS4中，提供了字母大小写变换的功能，可以将全部字母改为大写字母，也可以将其改为小写字母，还可以将单词的首字母大写，其他字母小写。选择文本后，执行"文字→更改大小写→大写"命令即可把所有的文字改成大写的，如图10-64所示。

选择"文字→更改大小写→"命令打开的子菜单如图10-65所示。可以使用该命令来更改字母的大小写。

| | | |
|---|---|---|
| it's raining | IT'S RAINING | |
| it's pouring | IT'S POURING | |
| the old man is snoring | THE OLD MAN IS SNORING | |
| rain, go away | RAIN, GO AWAY | |
| come again, another day | COME AGAIN, ANOTHER DAY | |

图10-64　更改为大写字母（右图）　　　　　　　　　　　图10-65　打开的子菜单

### 10.6.3 智能标点

在Illustrator CS4中，可以使用"智能标点"对话框，查找键盘文本符号并用出版文本符号替代。并且"智能标点"命令还具有报告替换的符号数量的功能。要使用出版字符替换标准的键盘字符，可以按照如下步骤进行：

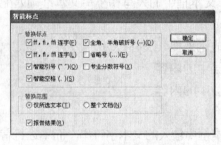

图10-66　"智能标点"对话框

（1）使用"选择工具"选择一个文本块，或者使用"文字工具"选择一个文本段。

（2）执行菜单栏中的"文字→智能标点"命令，将打开如图10-66所示的"智能标点"对话框。

（3）在该对话框中选择一个或多个下列选项：

·"ff、fi、ffi连字"选项，将ff、fi或ffi这几个字母组合的任何实例更改为连字。所谓连字，就是由两个或多个字母组成一个单独的特殊字符。

·"ff、fl、ffl连字"选项，将ff、fl或ffl字母组合的任何实例更改为连字。

·"智能引号"选项，将键盘上的直引号（""和' '）更改为出版文本引号（""和' '）。

·"智能空格"选项，将句号后的多个空格替换为一个空格。

·"全角、半角破折号"选项，既"短破折号、长破折号"，用一个短破折号来替代两个键盘短线"--"，并且用一个长破折号来替代三个键盘短线"---"。

·"省略号"选项，用省略号（．．．）来替代键盘的点（...）。

·"专业分数符号"选项，使用单个的等价分数符号来替代表示分数的分开的字符。

**注意**　　要设置ff、fi、ffi或ff、fl、ffl连字选项，或者要将表示分数的分开的字符更改为专门的分数符号，则必须在系统上安装Adobe Expert字体。

（4）选择"替换范围"。

· 选中"仅所选文本"选项，将只在选中的文本中替换标点符号。

· 选中"整个文档"选项，将在整个文件中查找和替换标点符号。

（5）选择"报告结果"选项，可以查看所替换的符号数量列表。

（6）设置完成之后，单击"确定"按钮开始查找和替换选定的字符。

## 10.7  分列

分列就是我们所说的分行。通常，在许多出版物中由于需要处理大段的文本，就要使用 Illustrator CS4的分栏功能。文本流在出版行业是一个经常使用的文本术语，它是指大段的连续的文本，可以分布在多个不连续的文本块中。下面使用一个简单的例子来具体介绍分栏在出版物中的使用：

（1）在绘图页面中置入已经在剪贴板中准备好的大段文本（这个文本可以在任何Windows的文本编辑器中创建）。

（2）使用选取工具 选定要进行分列的段落文本，该文本块的外型既可以是标准的矩形，也可以是其他的文本容器，但不能是点文本或者路径文本。

（3）执行菜单栏中的"文字→区域文字选项"命令，打开如图10-67所示的行与柱状图表对话框。

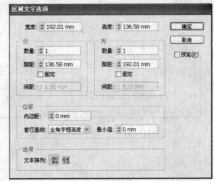

图10-67  "区域文字选项"对话框

（4）选中"预览"复选框，以便在退出该对话框之前预览改动的效果。在进行设置时随时可以监控设置的文本效果。

在"行"选项区中的"数量"增量框中键入需要设置的栏数和右侧的列数，或者在该数字框旁边的向上或向下的箭头上单击以改变栏数。在"预览"复选框被启用的情况下，用户设置分栏数以后，马上就可以观察到如图10-68所示的分列效果。

在"行"选项区和"列"设置区中相应的增量框中可以调整栏宽、行高和栏间距以及行之间的宽度，具体设置一看即知，无需多言。通过分栏和行的同时设置，可以更改大段文本的单调外观，得到一些轻松的文本效果。如图10-69所示即是同时将分栏数和行数设为2的段落文本。

（5）设置完毕后，单击"确定"按钮即可。

| 在Illustrator CS4中，缩进量指定了文本每行两端与包含文本的路径之间的间距。可以从路径的左边缩进，也可以从路径的右边缩进，并且可以给段落的第一行选选中"预览"复选框，以便在退出改对 | 在Illustrator CS4中，缩进量路径之间的间距。可以从路径的右边缩进 | 指定了文本每行两端与包含文本的边缩进，也可以从路径的右边缩进 |
|---|---|---|

图10-68  文本的分栏效果（两栏，右图）

| 在Illustrator CS4中，缩进量指定了文本每行两端与包含文本的路径之间的间距。可以从路径的左边缩进，也可以从路径的右边缩进，并且可以给段落的第一行选选中"预览"复选框，以便在退出改对 | 在Illustrator CS4中，缩进量指定了文本每行两端与包含文本的 | 路径之间的间距。可以从路径的左边缩进，也可以从路径的右边缩进 |
|---|---|---|

图10-69  文本的分行、分栏效果

## 10.8  文字的导出

介绍过，使用"文件→置入"命令可以把文字置入到Illustrator文件中。另外，当文字编辑完成之后，剩下的任务就是导出文字。因为我们编辑文字的目的，就是要将其打印出来。导出文字可以按照如下步骤进行：

图10-70　"导出"对话框

（1）选中想要导出的文字范围或文字块。如果没有选中任何对象，将会导出文档中的所有文字。

（2）执行菜单栏中的"文件→导出"命令，将会打开"导出"对话框，如图10-70所示。

（3）在"导出"对话框中的"文件名"文字框中输入保存的文件名，在"保存在"文字框中设置文件保存的路径。

（4）单击"保存类型"后的按钮，打开下拉列表从中选择一种类型。

（5）单击"保存"按钮即可。

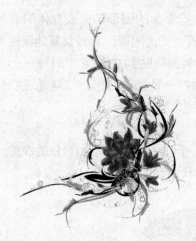

# 第11章 效果和样式

在使用Illustrator CS4进行设计的过程中，使用效果和样式可以为我们的作品添加更加具有冲击力的美感，另外，还可以制作出非常绚丽的效果，因此很有必要掌握这两种工具的使用。

在本章中主要介绍下列内容：
- "效果"菜单的使用
- 样式的使用
- 外观属性

## 11.1 效果概述

在Illustrator CS4中，当我们打开"效果"菜单时会发现该菜单中的效果命令，如风格化、像素化、纹理和扭曲等，另外，单击每个菜单后面的小三角按钮可以打开它们的子菜单命令，比如"变形"的子菜单如图11-1所示。使用该菜单中的命令后，对实现的效果可以进行编辑，可以随时在"外观"面板中进行调整，所以会有更多的发挥余地。

在这一版本的Illustrator中，效果菜单总体分为两组，一组是Illustrator效果，另外一组是Photoshop效果。Illustrator效果组中的命令用于处理矢量图，Photoshop效果组中的命令用于处理位图。下面是使用Illustrator效果中的"变形→凸出"效果使矩形发生的形状改变，如图11-2所示。

图11-1 效果菜单

**提示**　在Illustrator中既可以处理矢量图片，也可以处理位图图片。另外，在这一版本的Illustrator中，把"滤镜"功能给去掉了，当然也看不到我们以前使用的"滤镜"菜单命令了。

## 11.1.1　3D效果

在Illustrator CS4中，可以把平面的图形转换成立体的效果，并可以对它的类型、光线和方向等进行调整。可以通过设置高光、阴影、旋转及其他属性来控制3D对象的外观，还可以像三维软件那样为它们使用贴图将图稿贴到3D对象中的每一个表面上。

有两种创建3D对象的方法：一是通过凸出，二是通过绕转。另外，还可以在三维空间中旋转一个2D或3D对象。

· 凸出3D对象

也就是沿对象的z轴凸出一个2D对象，以增加对象的深度。例如，凸出一个2D圆形图形，它就会变成一个立体的圆形形状，如图11-3所示。

图11-2　变形效果　　　　　　　　　　　图11-3　凸出对象

**注意**　如果对象在3D选项对话框中旋转，则对象的旋转轴将始终与对象的前表面相垂直，并相对于对象移动。

· 绕转3D对象

围绕全局y轴（绕转轴）绕转一条路径或剖面，使其作圆周运动，通过这种方法来创建3D对象。由于绕转轴是垂直固定的，因此用于绕转的开放或闭合路径应为所需3D对象面向正前方时垂直剖面的一半；可以在效果的对话框中旋转3D对象。如图11-4所示。

图11-4　两种绕转对象效果

**注意**　3D对象在屏幕上可能呈现消除锯齿效果，但这些效果不能打印或显示在为Web优化过的图稿中。

### 1. 凸出和斜角

凸出和斜角效果用于将平面图形沿z轴伸出一定的厚度，从而形成3D效果。我们可以先创建一个平面，如图11-5所示。然后执行"效果→3D→凸出和斜角"命令，打开"3D凸出和斜角选项"对话框，如图11-6所示。

如果使用默认设置，在"3D凸出和斜角选项"对话框中单击"确定"按钮，则会生成下列3D效果，如图11-7所示。

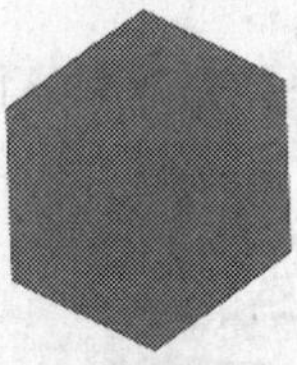

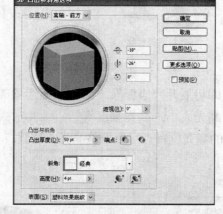

图11-5 绘制的平面　　　　图11-6 "3D凸出和斜角选项"对话框　　　　图11-7 默认的3D效果

下面介绍一下该对话框中的选项，通过设置这些选项可以制作出效果各异的3D效果。

· 位置：设置对象如何旋转以及观看对象的透视角度。通过单击右侧的下拉按钮，可以打开一个下拉菜单，使用该菜单可以设置不同的透视角度。

· 凸出与斜角：确定对象的深度以及向对象添加或从对象剪切的任何斜角的延伸。

凸出厚度：设置对象深度，使用介于0到2000之间的值。

端点：指定对象是显示为实心（打开绕转端点 ●）还是显示为空心（关闭绕转端点 ●）。如图11-8所示。

斜角：沿对象的深度轴（z轴）使用所选类型的斜角边缘。如图11-9所示。

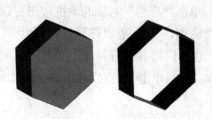

图11-8 对比效果

无斜角　　　　　　有斜角

图11-9 对比效果

高度：设置介于1到100之间的高度值。如果对象的斜角高度太大，则可能导致对象自身相交，产生意料之外的结果。对比效果如图11-10所示。

· 表面：创建各种形式的表面，从黯淡、不加底纹的不光滑表面到平滑、光亮，看起来类似塑料的表面。使用其右侧的下拉菜单选项可以设置不同的效果，如图11-11所示。

高度值为4　　　　　　高度值为8

图11-10 对比效果

弹出菜单　　　　塑料效果底纹　　　　线框　　　　扩散底纹

图11-11　菜单选项和对比效果

　　单击"更多选项"按钮即可展开"表面"下面的光照选项部分，如图11-12所示。使用这些选项可以设置光源强度、高光大小、高光强度等。

　　另外，通过移动球体上的高光位置点可以调整高光的位置，下图是两个高光效果不同的对比效果，如图11-13所示。

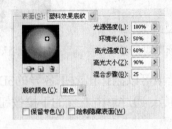

图11-12　光照选项

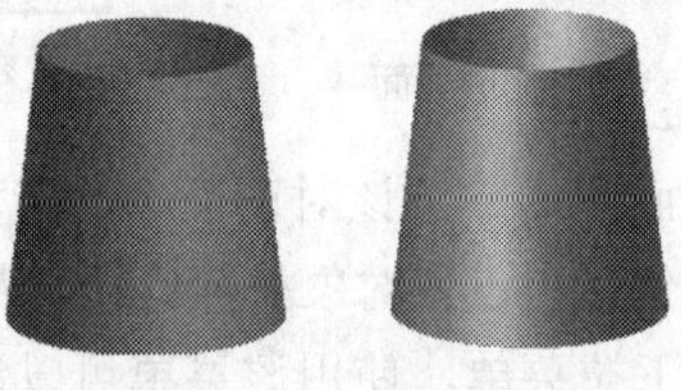

图11-13　高光位置不同的对比效果

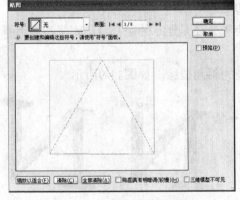

图11-14　"贴图"对话框

　　• 贴图：将图稿贴到3D对象表面上。

　　在图形处于选中状态的情况下，单击"贴图"按钮，可以打开"贴图"对话框，如图11-14所示。使用该对话框可以为图形设置贴图。

　　单击"符号"右侧的下拉按钮可以选择需要的贴图，一般是"符号"面板中现有的符号，也可以打开"符号库"或者自己制作符号样本。然后单击"确定"按钮即可，如图11-15所示。

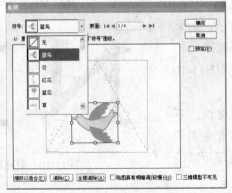

图11-15　贴图效果

**提示**　如果想使用更多的图案，需要打开"符号"面板，并在"符号"面板中添加更多的符号即可。添加符号后的列表如图11-16所示。

　　单击"贴图"对话框底部的"清除"按钮可以清除所选面的贴图。单击"全部清除"可以清除所有面的贴图。如果单击"缩放以适合"按钮可以使贴图放大至适合对象的大小。

　　如果选中"贴图具有明暗调"项，那么生成的贴图会有一定的明暗度变换。如果选中"三维模型不可见"项，那么将把三维模型隐藏起来，只有贴图可见，如图11-17所示。

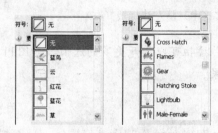

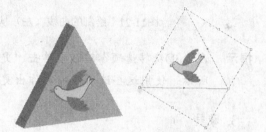

图11-16　添加符号后的列表（右图），
　　　　　左图中列出的是默认的符号

图11-17　只有贴图可见

## 2. 绕转

　　在Illustrator CS4中，使用"绕转"命令可以使平面对象沿y轴进行旋转，从而形成3D效果，如图11-18所示。注意用于绕转的平面最好不要有轮廓线，因为这样会增加3D效果的形成时间。

　　该命令的使用和"凸出和斜角"命令相同，首先绘制出形状，如前图所示。然后执行"效果→3D→绕转"命令，则会打开"3D绕转选项"对话框，如图11-19所示。设置好选项之后，单击"确定"按钮即可生成3D绕转效果。

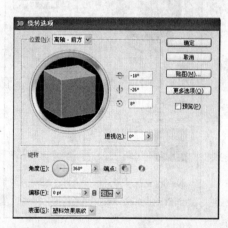

图11-19　"3D绕转选项"对话框

图11-18　原始形状（左）绕转效果（右）

　　在"3D绕转选项"对话框中的多数选项与"凸出和斜角"对话框中的多数选项基本相同。但是可以绕转对象的角度，可以设置为任意绕转的角度，如图11-20所示。

图11-20　绕转不同角度的效果

另外还可以设置图形沿y轴绕转的偏移量，默认值为0，使用该值时，将紧贴y轴进行旋转。也可以设置不同的旋转开始方向，但是绕转而成的效果会有不同。在"3D绕转选项"对话框的底部"偏移"右侧，可以设置绕转的方向，一个是自右边，另一个是自左边，设置不同绕转方向的效果也是不同的。效果对比如图11-21所示。

图11-21　绘制的曲线（左）从右边绕转（中）从左边绕转（右）

**提示**　在"3D绕转选项"对话框单击"更多选项"按钮可以展开更多的选项，如图11-22所示。使用这些选项可以制作出更多的效果。

### 3. 旋转

在Illustrator CS4中，使用"旋转"命令可以使2D图形在3D空间中进行旋转，从而模拟出透视的效果。该命令只对2D图形有效，不能像"绕转"命令那样对图形进行绕转，也不能产生3D效果。

该命令的使用和"绕转"命令基本相同。绘制好一个图形，并执行"效果→3D→旋转"命令，打开"3D旋转选项"对话框，如图11-23所示。

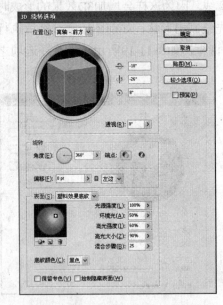

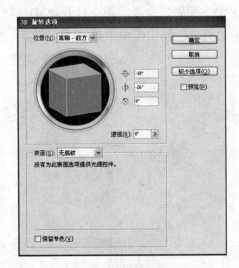

图11-22　在"3D绕转选项"对话
框中展开更多的选项

图11-23　"3D旋转选项"对话框

可以设置图形围绕x轴、y轴和z轴进行旋转的度数，使图形在3D空间中进行旋转，也可以设置"透视"选项来调整图形透视的角度。如图11-24所示。

## 11.1.2　栅格化

在Illustrator CS4中，栅格化是将矢量图形转换为位图图像的过程。在栅格化过程中，Illus-trator CS4会将图形路径转换为像素。我们所设置的栅格化选项将决定结果像素的大小及特征。

可以使用"效果→栅格化"命令栅格化单独的矢量对象。也可以通过将文档导入为位图格式（例如JPEG、GIF或TIFF）的方式来栅格化整个文档。矢量图被栅格化后的图形看起来边缘有些锯齿效果，如图11-25所示。

图11-24　在3D空间中旋转2D图形的效果　　图11-25　对比效果，右图为栅格化后的效果

打开或者选择好需要进行栅格化的图形，执行"效果→栅格化"命令，打开"栅格化"对话框，如图11-26所示。

• 颜色模型：用于确定在栅格化过程中所用的颜色模型。可以生成RGB或CMYK颜色的图像（这取决于文档的颜色模式）、灰度图像或1位图像（黑白位图或是黑色和透明色，这取决于所选的背景选项）。

• 分辨率：用于确定栅格化图像中的每英寸像素数（ppi）。栅格化矢量对象时，选择"使用文档栅格效果分辨率"来使用全局分辨率设置。

• 背景：用于确定矢量图形的透明区域如何

图11-26　"栅格化"对话框

转换为像素。选择"白色"可用白色像素填充透明区域，选择"透明"可使背景透明。如果选择"透明"，则会创建一个Alpha通道（适用于除1位图像以外的所有图像）。如果图稿被导出到Photoshop中，则Alpha通道将被保留。该选项消除锯齿的效果要比"创建剪切蒙版"选项的效果好。

• 消除锯齿：使用消除锯齿效果，以改善栅格化图像的锯齿边缘外观。设置文档的栅格化选项时，若取消选择此选项，则保留细小线条和细小文本的尖锐边缘。

栅格化矢量对象时，若选择"无"，则不会使用消除锯齿效果，而线稿图在栅格化时也将保留其尖锐边缘。选择"优化图稿"，可使用最适合无文字图稿的消除锯齿效果。选择"优化文字"，可使用最适合文字的消除锯齿效果。

• 创建剪切蒙版：创建一个使栅格化图像的背景显示为透明的蒙版。如果已为"背景"选择了"透明"，则不需要再创建剪切蒙版。

• 添加环绕对象：围绕栅格化图像添加指定数量的像素。

**提示**　在Illustrator CS4中把矢量图栅格化后，就可以应用滤镜菜单中的Photoshop滤镜了。

### 11.1.3 SVG滤镜

在Illustrator CS4中，"SVG滤镜"菜单的子菜单中有很多比较特殊的命令，比如暗调、木纹、磨蚀和高斯模糊等，如图11-27所示。使用这些命令可以创建出比较特殊的效果。

#### 1. 暗调

在Illustrator CS4中，使用暗调滤镜可以创建出阴影的效果。该效果的操作比较简单，创建或者选择图形后，在"效果"菜单中选择该滤镜即可。效果如图11-28所示。

在应用AI_暗调_1滤镜后，系统会经过一定的时间进行渲染，同时会打开一个对话框来显示渲染进度。效果如图11-29所示。在应用其他SVG滤镜时也会打开一个同样的渲染"进度"对话框来显示渲染的进度。

图11-28 应用AI_暗调_1滤镜后的效果（右图）

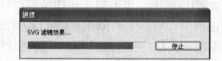

图11-27 "SVG滤镜"菜单的子菜单

图11-29 渲染"进度"对话框

**提示** 我们可以使用符号进行测试练习，在使用符号喷枪工具喷绘好符号之后，在"效果"菜单中选择一种效果即可。

#### 2. 木纹

在Illustrator CS4中，使用木纹滤镜可以创建出类似木纹的效果。该效果的操作比较简单，创建或者选择图形后，在"效果"菜单中选择该滤镜即可。效果如图11-30所示。

#### 3. 湍流

在Illustrator CS4中，使用湍流滤镜可以创建出类似噪波或者杂纹的效果。该效果的操作比较简单，创建或者选择图形后，在"效果"菜单中选择该滤镜即可。效果如图11-31所示。

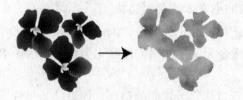

图11-30 应用AI_木纹滤镜后的效果（右图）

图11-31 应用AI_湍流滤镜后的效果（右图）

#### 4. 磨蚀

在Illustrator CS4中，使用磨蚀滤镜可以创建出类似油墨画的效果。该效果的操作比较简单，创建或者选择图形后，在"效果"菜单中选择该滤镜即可。效果如图11-32所示。

### 5. 高斯模糊

在Illustrator CS4中，使用高斯模糊滤镜可以创建出类似油墨画的效果。该效果的操作比较简单，创建或者选择图形后，在"效果"菜单中选择该滤镜即可。效果如图11-33所示。

图11-32 应用AI_磨蚀滤镜后 　图11-33 应用AI_高斯模糊滤镜后
的效果（右图） 　　　　 的效果（右图）

关于SVG滤镜组中的其他滤镜的应用与前面介绍的几种滤镜应用操作相同，在本书中不再一一介绍，读者可以自己进行尝试。

### 11.1.4 转换为形状

在Illustrator CS4中，"转换为形状"菜单的子菜单中共有3种命令，分别是矩形、圆角矩形、椭圆，如图11-34所示。使用这些命令可以把一些简单的形状转换为前面列举的这3种形状。

在Illustrator CS4中，使用"转换为形状"菜单中的"矩形"命令可以把其他一些形状转换为矩形。其操作比较简单，创建或者选择图形后，在"转换为形状"菜单中选择"矩形"命令，将会打开一个"形状选项"对话框，如图11-35所示。在该对话框中可以设置要转换成的形状的大小。

在"形状选项"对话框中设置好参数之后，单击"确定"按钮即可生成需要的形状，如图11-36所示。注意，在"形状选项"对话框中也可以设置要改变的其他形状。

 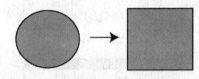

图11-34 "转换为形状"菜 　图11-35 "形状选项" 　图11-36 把椭圆转换为矩形（右图）
单的子菜单 　　　 　对话框

注意，不能把一些复杂的图形转换为矩形或者其他形状，比如一朵花就不能转换为其他形状，如图11-37所示。

在Illustrator CS4中，我们也可以把一个图形转换为椭圆和圆角矩形。操作非常简单，不再一一赘述。

图11-37　不能转换为矩形形状的图形

### 11.1.5　风格化

在Illustrator CS4中，"风格化"子菜单中有几个比较特殊也比较常用的命令，比如内发光、羽化等，如图11-38所示。使用这些命令可以创建出比较特殊的效果。

1. 内发光和外发光

在Illustrator CS4中使用"内发光"命令可以模拟在对象内部或者边缘发光的效果，效果如图11-39所示。

图11-38　"风格化"菜单的子菜单

图11-39　内发光效果

选中需要设置内发光的对象后，执行"效果→风格化→内发光"命令，打开"内发光"，对话框，如图11-40所示。设置好选项之后，单击"确定"按钮即可。

- 模式：指定发光的混合模式。
- 不透明度：指定所需发光的不透明度百分比。
- 模糊：指定要进行模糊处理之处到选区中心或选区边缘的距离。
- 中心（仅适用于内发光）：使用从选区中心向外发散的发光效果。
- 边缘（仅适用于内发光）：使用从选区内部边缘向外发散的发光效果。

外发光命令的使用与内发光命令相同，只是产生的效果不同而已。"外发光"对话框和外发光效果如图11-41所示。

图11-40　"内发光"对话框

图11-41　"外发光"对话框和外发光效果

2. 圆角

在Illustrator CS4中使用"圆角"命令可以使带有锐角边的图形产生圆角效果，从而获得一种更加自然的效果。其操作非常简单，绘制好形状或者选择需要圆角的形状之后，执行"效果→风格化→圆角"命令，打开"圆角"对话框，并根据需要设置好参数，如图11-42所示。

在"圆角"对话框中设置参数之后，单击"确定"按钮后就可以获得圆角效果了。如图11-43所示。

图11-42 "圆角"对话框

图11-43 圆角效果

### 3. 投影

在Illustrator CS4中使用"投影"命令可以在一个图形的下方产生真实的投影效果。其操作非常简单，绘制好形状或者选择需要投影的形状之后，执行"效果→风格化→投影"命令，打开"投影"对话框，并根据需要设置好参数，如图11-44所示。

在"投影"对话框中设置参数之后，单击"确定"按钮就可以获得投影效果了。如图11-45所示。

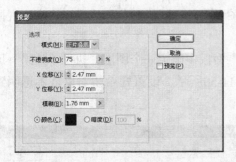

图11-44 "投影"对话框

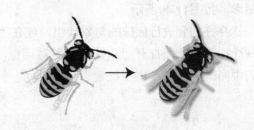

图11-45 投影效果

**提示** 在"投影"对话框中的选项一般使用默认设置即可。也可以根据需要设置投影的参数。

### 4. 羽化

在Illustrator CS4中使用"羽化"命令可以制作出图形边缘虚化或者过渡的效果，从而获得一种比较真实的效果。如图11-46所示。

图11-46 阴影的羽化效果（右图）

选择好需要进行羽化的对象或组，或在"图层"面板中确定一个图层。执行"效果→风格化→羽化"命令，打开"羽化"对话框，如图11-47所示。设置好希望对象从不透明到透明的中间距离，并单击"确定"按钮即可。

另外，使用"羽化"命令制作对象边缘比较模糊或者渐变的效果，在设计中也可能会使用到。如图11-48所示。

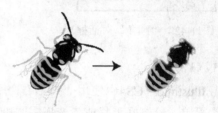

图11-47　"羽化"对话框　　　　　　　　　　　图11-48　边缘羽化的效果

### 5. 涂抹

在Illustrator CS4中，涂抹效果也是经常使用到的一种效果。使用该命令可以把图形转换成各种形式的草图或者涂抹效果。添加该效果后，图形将以不同的颜色和线条形式来表现原来的图形，如图11-49所示。

选择好需要进行涂抹的对象或组，或在"图层"面板中确定一个图层。执行"效果→风格化→涂抹"命令，打开"涂抹选项"对话框，如图11-50所示。设置好希望对象从不透明到透明的中间距离，并单击"确定"按钮即可。

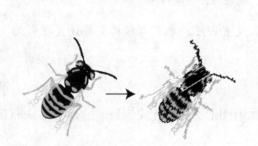

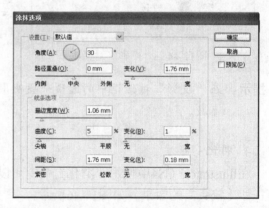

图11-49　涂抹效果　　　　　　　　　　　图11-50　"涂抹选项"对话框

下面介绍一下"涂抹选项"对话框中的选项：

· 角度：用于控制涂抹线条的方向。可以单击角度图标中的任意点，围绕角度图标拖移角度线，或在框中输入一个介于-179到180之间的值。如果您输入了一个超出此范围的值，则该值将被转换为与其相当且处于此范围内的值。

· 路径重叠：用于控制涂抹线条在路径边界内部距路径边界的量或在路径边界外距路径边界的量。负值将涂抹线条控制在路径边界内部，正值将涂抹线条延伸至路径边界外部。

· 变化（适用于路径重叠）：用于控制涂抹线条彼此之间的相对长度差异。

· 描边宽度：用于控制涂抹线条的宽度。

· 曲度：用于控制涂抹曲线在改变方向之前的曲度。

- 变化（适用于曲度）：用于控制涂抹曲线彼此之间的相对曲度差异大小。
- 间距：用于控制涂抹线条之间的折叠间距量。
- 变化（适用于间距）：用于控制涂抹线条之间的折叠间距差异量。

**提示** 在"风格化"菜单中的"添加箭头"命令与滤镜中的"添加箭头"命令的作用是相同的，绘制好路径曲线，然后执行该命令即可添加上箭头效果。

**注意** 在"效果"菜单中还有几个命令，它们的作用与使用和滤镜菜单中的有些命令基本上是相同的，在本书中不再介绍。读者可以自己进行尝试。

## 11.2 外观属性

在Illustrator CS4中，外观属性是一组在不改变对象基础结构的前提下影响对象外观的属性。外观属性包括填色、描边、透明度和效果。如果把一个外观属性使用于某对象而后又编辑或删除这个属性，该基本对象以及任何使用于该对象的其他属性都不会改变。

我们可以在图层层次结构的任意层级设置外观属性。例如，如果对一个图层使用投影效果，则该图层中的所有对象都将使用此投影效果。但是，如果将其中的一个对象移出该图层，则此对象将不再具有投影效果，因为投影效果属于图层，而不属于图层内的每个对象。

执行"窗口→外观"命令即可打开"外观"面板，一般使用"外观"面板来处理外观属性，如图11-51所示。因为可以把外观属性使用于层、组和对象（常常还可使用于填色和描边），所以图稿中的属性层次可能会变得十分复杂。例如，如果对整个图层使用了一种效果，而对该图层中的某个对象使用了另一种效果，就很难分清到底是哪种效果导致了图稿的更改。"外观"面板则可显示已向对象、组或图层所使用的填色、描边和不透明度。

当我们对一个图形使用了某个效果之后，想对图形进行调整的话，可以打开"外观"面板，并在所有效果上双击，即可改变原来所设置的参数，从而达到修改的目的。

### 11.2.1 复制外观属性

在Illustrator CS4中，使用"外观"面板可以将一个对象的外观属性复制到另外一个对象上去，下面介绍一下具体的操作过程。

（1）分别绘制一个五角形和一个圆角矩形，如图11-52所示。

（2）确定绘制的第一个图形处于激活状态，打开"色板"面板，为五角形设置一种填充色，如图11-53所示。

图11-51 "外观"面板

图11-52 绘制的图形

图11-53 填充后的效果

（3）把鼠标指针移动到"外观"面板的左上角图标上，然后按住鼠标键拖动到圆角矩形上即可完成复制，如图11-54所示。

（4）复制之后的效果如图11-55所示。可以看到两个图形的图案效果变成相同的了。

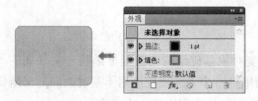

图11-54 填充后的效果

图11-55 填色效果

## 11.2.2 添加外观属性

在Illustrator CS4中，使用"外观"面板中的菜单命令"添加新填色"和"添加新描边"可以为对象添加新的填色和描边效果。下面介绍一下具体的操作过程。

（1）绘制一个三角形，设置填色为绿色，边线为黑色，如图11-56所示。

（2）执行"添加新填色"命令，将会在"外观"面板中添加一个新的添色。如图11-57所示。

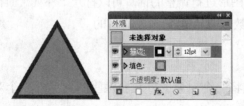

图11-56 绘制的三角形

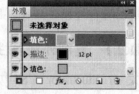

图11-57 改变颜色

（3）我们可以通过"色板"面板改变它的颜色，比如黄色，效果如图11-58所示。

（4）执行"添加新描边"命令，将会在"外观"面板中添加一个新的添色。如图11-59所示。

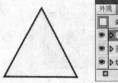

图11-58 改变为黄色后的效果

图11-59 改变描边的颜色

（5）如果在"描边"面板中设置为虚线，那么会生成如图11-60所示的效果。

图11-60　虚线效果

## 11.2.3　继承外观属性

在默认设置下，"外观"面板下的"新建图稿具有基本外观" ⬤⬤ 按钮处于按下的状态，如果单击它，使它弹起来，那么在绘制新的图形时，会具有和前一图形相同的外观效果，也就是说会继承同样的外观属性。比如，在前面的内容中，绘制了一个具有虚线效果的矩形，那么再使用星形工具绘制三角形时，会具有相同的虚线效果，如图11-61所示。

## 11.2.4　编辑外观属性

如果在Illustrator CS4中绘制完一个图形后，想对其进行编辑，那么选择对象，然后在"外观"面板中双击需要编辑的外观属性，就可以打开相应的窗口或者面板，再重新设置需要的选项即可。下面介绍一下操作步骤。

（1）使用"矩形工具"绘制一个矩形，如图11-62所示。

图11-61　具有相同外观属性的矩形　　　　　　　　图11-62　绘制的图形

（2）执行"效果→扭曲和变换→收缩和膨胀"命令，打开"收缩和膨胀"对话框，并设置参数如图11-63所示。

（3）单击"确定"按钮即可获得变形效果，如图11-64所示。

图11-63　"收缩和膨胀"对话框和预览效果　　　　图11-64　变形效果

（4）选中变形的图形，在"外观"面板中双击"波纹效果"，打开"收缩和膨胀"对话框，并重新设置参数，如图11-65所示。

（5）单击"确定"按钮即可获得新的变形效果，如图11-66所示。

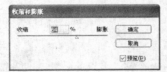

图11-65 "收缩和膨胀"对话框 　　　　　　　　图11-66 其他变形效果

### 11.2.5 删除外观效果

在Illustrator CS4中删除外观效果的操作非常简单，有两种方法，一种是把外观效果直接拖拽到"外观"面板右下角的垃圾箱图标中，另外一种是选中外观效果后，在面板菜单中选择"清除外观"命令即可，如图11-67所示。

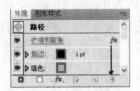

图11-67 清除外观效果

## 11.3 样式

在Illustrator CS4中图形样式是一组可反复使用的外观属性。图形样式使我们可以快速更改对象的外观；例如，可以更改对象的填色和描边颜色，更改其透明度，还可以在一个步骤中使用多种效果。使用图形样式所进行的所有更改都是完全可逆的。

我们可以将图形样式使用于对象、组和图层。将图形样式使用于组或图层时，组和图层内的所有对象都将具有图形样式的属性。例如，假设现在有一个由50%的不透明度组成的图形样式。如果将此图形样式使用于一个图层，则此图层内固有的（或添加的）所有对象都将显示50%的不透明效果。不过，如果将对象移出该图层，则对象的外观将恢复其以前的不透明度。

如果将图形样式使用于组或图层，但样式的填色没有出现在图稿中，那么需要将"填色"属性拖移至"外观"面板中"内容"项之上。图形样式的样本都存储在"图形样式"面板中，执行"窗口→图形样式"命令或者按Shift+F5组合键可以打开"图形样式"面板，如图11-68所示。

### 11.3.1 使用样式

选择一个对象或组（或在"图层"面板中定位一个图层），然后从"图形样式"面板或图形样式库中选择一种样式即可。也可以将图形样式拖移到文档窗口的对象上。如图11-69所示。

**注意** 在使用图形样式时，若要保留文字的颜色，那么需要从"图形样式"面板菜单中取消选择"覆盖字符颜色"选项。

图11-68 "图形样式"面板

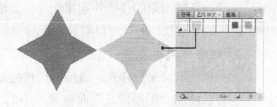

图11-69 使用样式的效果

### 11.3.2 创建新样式

在Illustrator CS4中可以自己创建新的样式，而且还可以保存起来以备后用，下面介绍创建过程。

（1）选择一个对象并对其使用任意外观属性组合，包括填色和描边、效果和透明度设置。

可以使用"外观"面板来调整和排列外观属性，并创建多种填色和描边。例如，可以在一种图形样式中包含三种填色，每种填色均带有不同的不透明度和混合模式（用于定义不同颜色之间如何相互作用）。

（2）然后执行下列任一操作：

· 单击"图形样式"面板中的"新建图形样式"按钮。

· 从面板菜单中选择"新建图形样式"。

· 将缩览图从"外观"面板（或将对象从插图窗口）拖移到"图形样式"面板中。

· 按住Alt键并单击"新建图形样式"按钮，输入图形样式的名称，然后单击"确定"按钮即可。

另外还可以根据自己的需要创建新的样式库，下面介绍一下创建过程。

（1）向"图形样式"面板添加所需的图形样式，或删除任何不需要的图形样式。

（2）从"图形样式"面板菜单中选择"存储图形样式库"命令。

我们可以将库存储在任何位置。不过，如果将库存储在默认位置，则重启Illustrator CS4时，库名称将出现在"图形样式库"和"打开图形样式库"子菜单中。

### 11.3.3 "图形样式"面板的其他使用

在Illustrator CS4中，使用"图形样式"面板还可以执行其他操作，比如断开链接、复制样式和删除样式等。一般使用"图形样式"面板菜单来完成，如图11-70所示。

1. 断开图形样式链接

首先选择使用了图形样式的对象、组或图层。然后执行下列操作之一：

· 从"图形样式"面板菜单中选择"断开图形样式链接"，或单击面板中的"断开图形样式链接"按钮 即可。

图11-70 "图形样式"面板菜单

· 更改所选对象的任何外观属性（例如填色、描边、透明度或效果）。对象、组或图层将保留原来的外观属性，且可以对其进行独立编辑。不过，这些属性将不再与图形样式相关联。

2. 删除样式

如果需要删除某个样式，直接把样式拖动到"图形样式"面板右下角的垃圾箱图标中即可。也可以使用"图形样式"面板菜单中的"删除图形样式"来删除。

## 11.4　实例：立体字

在这一部分内容中，我们通过一个广告立体字体设计与制作，了解关于立体字制作的流程。在本实例中，主要使用"文字工具"、"矩形工具"和"钢笔工具"等制作一幅立体字的效果。制作的最终效果如图11-71所示。

（1）启动Illustrator CS4。

（2）选择主菜单栏中的"文件→新建"命令，在弹出的"新建文档"对话框中将"名称"设为"立体字"，"大小"设为A4，"颜色模式"设为CMYK，单击"确定"按钮创建一个新文档，如图11-72所示。

图11-71　最终效果

图11-72　"新建文档"对话框

（3）绘制背景。选择工具箱中的"矩形工具"，在页面上创建一个矩形，如图11-73所示。

（4）填充颜色。选中绘制的矩形，将"描边"颜色块设置成无，"填色"设置为渐变填充，设置"渐变类型"为"径向"，渐变颜色由淡蓝色到蓝色的渐变。如图11-74所示。

图11-73　绘制的矩形

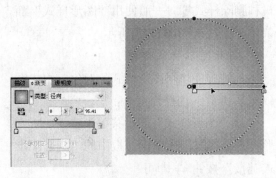

图11-74　渐变面板和渐变填充

（5）使用"文字工具" T. 在页面上输入
"小"，在其属性栏中设置字体的类型和大小，将字
体填充颜色为白色。如图11-75所示。

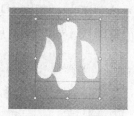

图11-75 输入的文字

（6）选中输入的文字，在菜单栏中选择"效果
→3D→凸出和斜角"命令，在弹出的对话框中设置立
体化面板中的各项数值。如图11-76所示。

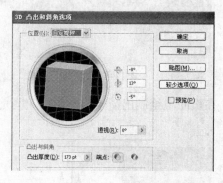
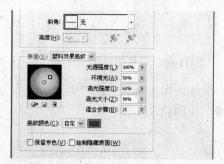

图11-76 "凸出和斜角选项"面板

（7）执行立体化后的效果如图11-77所示。

（8）使用"文字工具" T. 在页面上输入"P"，在其属性栏中设置字体的类型和大小，将
字体填充颜色为白色。如图11-78所示。

图11-77 制作的立体字

图11-78 输入的文字

（9）选中输入的文字，然后在菜单栏中选择"效果→3D→凸出和斜角"命令。在弹出的
对话框中设置立体化面板中的各项数值。如图11-79所示。

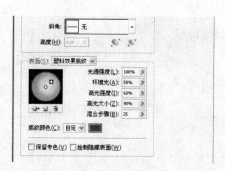

图11-79 "凸出和斜角选项"面板

（10）执行立体化后的效果如图11-80所示。

（11）绘制箭头。使用工具箱中的"钢笔工具" ◊,在页面上绘制出箭头的外轮廓，填充为白色并取消轮廓线。如图11-81所示。

图11-80　立体化效果　　　　　　　　　　　图11-81　绘制的箭头

（12）继续使用工具箱中的"钢笔工具" ◊,在页面上绘制出箭头的外轮廓，填充为白色并取消轮廓线。如图11-82所示。

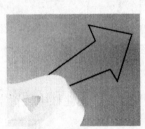

图11-82　绘制的箭头

（13）使用同样的方法绘制出另外一个箭头。如图11-83所示。

图11-83　绘制的箭头

（14）这样一个立体字表现图就制作完成了，绘制的最终效果如前图11-71所示。

# 第12章　Photoshop效果

在Illustrator CS4中，不仅可以为矢量图应用多种效果，还可以为位图应用多种效果，从而获得需要的多种设计效果。本章介绍Photoshop效果的创建。

在本章中主要介绍下列内容：

- Photoshop效果简介
- 各种Photoshop效果的创建

## 12.1　Photoshop效果简介

前面已经介绍了Illustrator效果的创建，除了这些，还可以在Illustrator中为位图应用各种效果，从而获得需要的位图效果。实际上，这些Photoshop效果是在Adobe Illustrator中内置的滤镜组。使用Photoshop效果不仅可以为矢量图应用效果，还可以为位图应用效果。在以前的版本中，在Illustrator中专门有一个"滤镜"菜单命令，但是在Illustrator CS4中，都被合并到"效果"菜单中了，如图12-1所示。

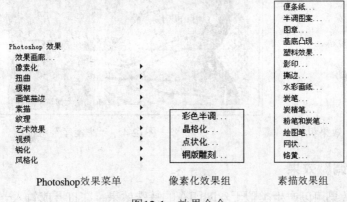

图12-1　效果命令

Photoshop效果组中的效果类型总数要比Illustrator的矢量图效果类型总数丰富得多。使用这些效果可以获得各种各样的效果，从而能够满足多种设计需要。如图12-2所示的就是3种效果。

晶格化效果　　　　　　　模糊效果　　　　　　　玻璃效果

图12-2　3种效果

　　下面简要介绍一下这些效果的应用。注意，在Illustrator CS4中既可以对矢量图，也可以对位图图片应用Photoshop效果，不过，一般把Photoshop效果应用于位图。

## 12.2　"像素化"效果组

　　Illustrator CS4自带的"像素化"效果组共包含4个效果，依次为彩色半调、点状化、晶格化和铜版雕刻，如图12-3所示。这一组效果主要用于将图片中相似颜色对应的像素合并起来，以产生明确的轮廓或者某些特殊的视觉效果。

　　**提示**　　在Photoshop效果组中还有一个"效果画廊"命令，使用它可以打开"滤镜库"对话框，如图12-4所示。在该对话框中也可以选择、应用和设置各种效果。

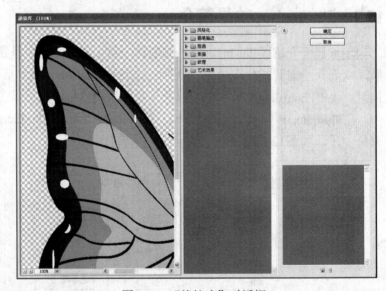

图12-3　"像素化"效果组　　　　　　图12-4　"滤镜库"对话框

### 12.2.1　"彩色半调"效果

　　使用彩色半调效果可以产生类似于丝网印花的特殊效果。在打开或置入一副图片时，Illustrator会根据图片的彩色模式自动创建一定数量的颜色信息通道，彩色半调效果会对每个颜色通道使用一个扩大半调屏幕的效果。也就是说，对每个颜色信息通道，彩色半调效果将图像分成许多矩形，然后使用圆形替换矩形。彩色半调效果将会自动决定每个圆的大小，使其大小与矩形的亮度成比例。

在效果菜单中选择"彩色半调"命令后即可打开"彩色半调"对话框，如图12-5所示，在对话框中需要对以下项目进行指定。

·最大半径：指定一个像素值（从4到127之间），该像素值将用于确定生成的半调圆点的半径。

·网角：使用彩色半调效果时，需要为图片对应的每一个颜色信息通道指定一个屏幕角度，该屏幕角度代表了圆点与真实水平线的角度。不同色彩模式的图片对应了不同的颜色信息通道类型：对于灰度模式的图片，仅有一个通道可用，即通道1；对RGB模式下的图片，1、2、3通道分别代表了R（红）、G（绿）、B（蓝）三个颜色；对CMYK模式下的图片，1、2、3、4四个通道分别对应青色、洋红色、黄色以及黑色通道。

观察经过处理后的图片与原图片的差异，如图12-6所示，生成的图片由许多圆形的色块组成，形成透过布料进行印刷的效果。事实上，彩色半调效果就是根据网角度选项中设置的角度排列各色块而形成"布料"的纹理的。

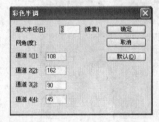

图12-5 "彩色半调"对话框　　　　　　　　图12-6 使用"彩色半调"效果获得的效果

**提示** 在学习这些效果时，需要打开一些位图图像，可以使用本书配套资料中的图像，也可以使用自己搜集的位图图像。

### 12.2.2 "点状化"效果

"点状化"效果可以制作结晶化的效果。从本质上说，"点状化"效果会将图片中颜色相近的像素合并为不规则的小块。

"点状化"对话框如图12-7所示，选取"单元格大小"为5，可以得到如图12-7右图所示的效果。这里图片中物体的大致轮廓仍然可辨，并且有一种透过毛玻璃看景物的效果。

图12-7 点状化效果

但是，"点状化"效果形成的效果与其唯一的设置选项"单元格大小"有着非常紧密的联系。一般情况下，当"单元格大小"的数值小于10时，可以观察出比较清晰的轮廓，形成透过毛玻璃看景物的效果；当"单元格大小"大于10时，图片将被许多色块布满，形成透过有雨滴的玻璃看景物的效果。

### 12.2.3    "晶格化"效果

"晶格化"效果在操作方式上与"点状化"效果大致相同，区别在于"点状化"效果处理图片时将保证每个色块大致为圆形，这样会在各个色块之间产生空隙，"点状化"效果此时就将用图片的背景色填充空隙；而"晶格化"效果生成的色块是紧密连接在一起的，"晶格化"效果会自动改变色块的形状以适应填充空隙的要求。

"晶格化"对话框如图12-8左图所示，右图所示为使用了"晶格化"效果的图片，与使用"点状化"效果的图片对比，不难发现两者的区别。

图12-8    "晶格化"效果

### 12.2.4    "铜版雕刻"效果

"铜版雕刻"效果也是一个针对像素进行处理的操作，它可以根据图片情况产生出各种不规则的点或线，从而模拟"铜版雕刻"的效果。

如图12-9所示的即为"铜版雕刻"对话框，对话框底部的"类型"选择框中列出了可以使用的10种类型的效果，它们分别是"精细点"、"中等点"、"粒状点"、"粗网点"、"短线"、"中长线"、"长线"、"短描边"、"中长描边"和"长边"。

从本质上讲，"铜版雕刻"效果处理图片时会根据像素对应的色彩通道，将每个通道的颜色分别进行处理，最后再将各通道合并。如图12-10的右图所示就是应用"精细点"后的效果。

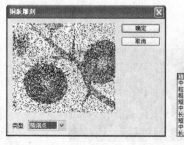     

图12-9    "铜板雕刻"对话框和类型列表        图12-10    铜版雕刻效果

为了比较各种类型的处理效果，图12-11中依次列出了对图片使用"粒状点"、"粗网点"、"短线"和"中长直线"得到的效果。

图12-11 各种类型的"铜版雕刻"效果

## 12.3 "风格化"效果组

在"风格化"效果组中只有一个效果，也就是"照亮边缘"效果。"照亮边缘"效果的工作原理是通过置换像素以及查找和提高图像的对比度，产生一幅具有写实或印象派效果的图像。由于在Illustrator CS4中不能像Photoshop一样对选区进行精确控制，所以照亮边缘只能是照亮图像中颜色对比度比较大的区域的边缘。为了得到比较好的照亮效果，被处理的图像应是对象边缘轮廓比较清晰的。

置入位图图像之后将其选中，单击执行"效果→风格化→照亮边缘"命令，则弹出如图12-12所示的"照亮边缘"对话框，对话框中有边缘宽度、边缘亮度、平滑度三个选项。

- "边缘宽度"：用于指定被照亮边缘的宽度，取值范围为为1～14。
- "边缘亮度"：用于设置边缘被照亮的程度，取值范围为1～20，值越大边缘越亮。
- "平滑度"：用于设置边缘的平滑度，取值范围为1～14，值越大，边缘越平滑。

如图12-13的左图为原图，右图为照亮边缘之后的效果，可以看出处理之后的苹果的边缘被照亮了。

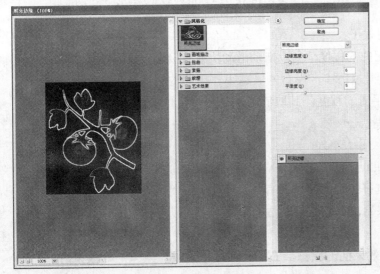

图12-12 "照亮边缘"对话框

图11-13 风格化效果

## 12.4 "扭曲"效果组

在Illustrator CS4中，"扭曲"效果组可以从几何上扭曲一幅位图图像，它主要用于创建三维图像或其他扭曲效果。在"扭曲"效果组下共有3个效果，分别是"玻璃"、"海洋波纹"和"扩散亮光"效果，如图12-14所示。这几个效果大多是通过对像素进行位移或插值等操作来实现对图像的扭曲，可以模拟玻璃、水纹和火光等自然效果。

### 12.4.1 "玻璃"效果

使用"玻璃"效果可以在图像上制造出一系列的细小纹理，从而使图像产生一种似乎是透过玻璃观察得到的效果。

"玻璃"效果对话框如图12-15所示，它有"扭曲度"、"平滑度"、"缩放"和"反相"4个选项，如图12-15所示。

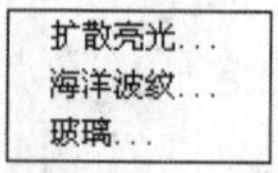

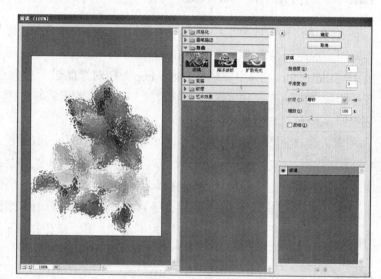

图12-14 扭曲效果组中的效果

图12-15 "玻璃"效果对话框

这4个选项的设置方法和作用如下：

· "扭曲度"用来设置图像扭曲的程度，可以拖动滑动块或直接输入数值设置，其取值范围是0～20。设置的值越大，扭曲得越厉害，设置的值越小，扭曲的程度越小。

· "平滑度"用来设置图像平滑的程度，其取值范围是1～15。设置的值越大，图像越平滑，设置的值越小，图像越不平滑。

· "缩放"用来设置图像的尺寸大小。

· "反相"用来控制纹理的凹凸方向。

另外，在该对话框中还可以选择纹理的类型。有"风格化"、"画笔描边"、"扭曲"、"素描"、"纹理"和"艺术效果"，单击它们右边的小三角形可以打开更多的选项供选择，如图12-16所示。

如图12-17所示的左图是使用效果前的原图，右图是使用"玻璃"效果后的效果。

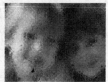

图12-16　更多的选项　　　　　　图12-17　使用"玻璃"效果制作的效果

### 12.4.2　"海洋波纹"效果

在Illustrator CS4中，使用"海洋波纹"效果可以模拟海洋表面的波纹效果。选择"效果"菜单中的"海洋波纹"效果命令后即可打开"海洋波纹"对话框，如图12-18所示。

其中有"波纹大小"和"波纹幅度"两个选项，这两个选项的设置方法和作用如下：

• "波纹大小"选项用来设置波纹的大小，它的取值范围是1到15。值越大，产生的波纹也越大，反之产生的波纹越小。

• "波纹幅度"选项用来设置波纹的数量，它的取值范围是0到20。取值越大，效果越明显，当取值为0到5时，波纹的效果很弱。

图12-19左图所示的是使用效果前的原图，右图是使用"海洋波纹"效果后的效果图，其中各项设置分别为："波纹大小"设置值为15，"波纹幅度"设置值为9。

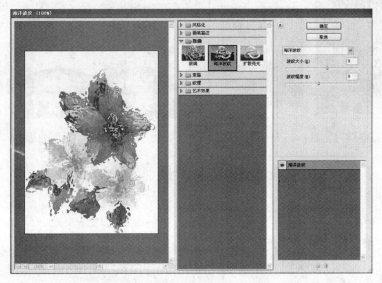

图12-18　"海洋波纹"效果对话框　　　　　图12-19　"海洋波纹"效果

### 12.4.3　"扩散亮光"效果

为图像使用"扩散亮光"效果，可以给对象制造出一种光芒四射的效果，并且使图像的明暗对比更加明显。

选择"效果"菜单中的"扩散亮光"命令即可打开"扩散亮光"效果对话框，如图12-20所示。

其中有"粒度"、"发光量"和"清除数量"三个选项，这三个选项的作用如下：

• "粒度"选项用来设置杂色的数量，它的取值范围是0~10。设置的值越大，产生杂色的数量就越多，设置的值越小，产生杂色的数量就越少。

• "发光量"选项用来设置虚拟的背景发光点的发光强度，它的取值范围是0~20。取值越大，图像中就有越多的背景被虚拟的灯光照亮。

• "清除数量"选项用来调整图像中被清除的阴影区域的大小，它的取值范围是0~20。设置的值越大，清除的区域就越大。注意，"发光量"和"清除数量"这两个选项是可以相互影响的。

如图12-21所示的是左图是使用效果前的原图，右图是使用"扩散亮光"后的效果，其中各项设置分别为："粒度"设置值为6，"发光量"设置值为10，"清除数量"的值为15。

图12-20  "扩散亮度"对话框                    图12-21  "扩散亮光"效果

# 12.5  "模糊"效果组

"模糊"效果组中共有3个效果，它们是"高斯模糊"效果、"径向模糊"效果和"特殊模糊"效果，如图12-22所示。其中"特殊模糊"效果是在Illustrator CS4中新增加的。"模糊"效果组中提供的效果的主要作用是削弱相邻像素之间的对比度，从而使图像达到柔化的效果。"高斯模糊"效果是一种传统的模糊效果，而"径向模糊"效果则可以提供带有方向性的模糊效果。

图12-22  模糊效果组

## 12.5.1  "高斯模糊"效果

"高斯模糊"效果的作用原理是通过高斯曲线的分布模式来有选择地模糊图像。在Illustrator CS4中，"高斯模糊"效果使用的是钟形高斯曲线，这种曲线的特点是中间高，两边低，呈尖峰状。

"高斯模糊"对话框如图12-23所示，其中只有一个选项可以用于调整效果，就是"半径"的设置值。"半径"值的设置范围是从0.1～250，设置值越小，模糊的效果越弱，设置值越大，模糊的效果越强。

如图12-23所示就是原图及应用"高斯模糊"效果后的效果图（右图），"半径"值分别设为5像素和10像素。

### 12.5.2  "径向模糊"效果

"径向模糊"效果可以使对象产生旋转模糊或中心辐射的效果，最终得到的图像类似于拍摄旋转物体所产生的照片。

"径向模糊"对话框如图12-24左图所示，其中有"模糊方法"、"品质"和"数量"三个选项，这三个选项的设置方法和作用如下：

· "模糊方法"选项用来设置"径向模糊"的模式，有"旋转"和"缩放"两种模式。"旋转"可以产生旋转模糊的效果，"缩放"可以产生中心辐射的效果。

· "品质"选项用来设置使用效果后图像的品质，有"草图"、"好"和"最好"三个可选项。

· "数量"选项用来设置"径向模糊"的程度。数值越大，模糊的效果越强，数值越小，模糊的效果越弱。

如图12-24中图所示的是原图，右图是使用"径向模糊"效果后的效果，其中"模糊方法"设置为"缩放"模式，"品质"为"草图"，数量设为50。

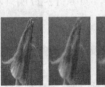
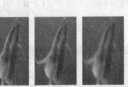

图12-23  模糊效果组　　　　　　　　　　图12-24  "径向模糊"效果

### 12.5.3  "特殊模糊"效果

"特殊模糊"效果可以使对象产生特殊的模糊效果，比如在特定的对象边缘或者其他某一区域产生模糊效果。

"特殊模糊"对话框如图12-25左图所示，其中有"半径"、"阈值"、"品质"和"模式"4个选项，这4个选项的设置方法和作用如下：

· "半径"选项用来设置"特殊模糊"效果的大小。

· "阈值"选项用来设置使用该效果所产生的模糊效果的程度。

· "品质"选项用来设置"特殊模糊"的质量，分别是高、中和低。

· "模式"选项用来设置"特殊模糊"的模式，有"正常"、"仅限边缘"和"叠加边缘"3种模式。

如图12-25中间所示的是原图，右图是使用"特殊模糊"效果后的效果。

图12-25 "特殊模糊"效果

# 12.6 "画笔描边"效果组

"画笔描边"效果组中共有8个效果，它们是"喷溅"、"喷色描边"、"墨水轮廓"、"强化的边缘"、"成角的线条"、"深色线条"、"烟灰墨"和"阴影线"。如图12-26所示。画笔描边效果组中的效果用于对对象的边缘进行处理，产生特殊的效果，对边缘可以产生凸现、线条化、模糊化、强化黑色、阴影或是油墨等效果。

## 12.6.1 "喷溅"效果

在Illustrator CS4中，"喷溅"效果可以使图像产生斜纹状水珠飞溅的效果。选择"效果→画笔描边→喷溅"命令后即可打开"喷溅"对话框，如图12-27所示。其中有"喷色半径"和"平滑度"两个选项。

喷溅...
喷色描边...
墨水轮廓...
强化的边缘...
成角的线条...
深色线条...
烟灰墨...
阴影线

图12-26 "画笔描边"效果组　　　　　图12-27 "喷溅"效果对话框

• "喷色半径"用来设置水珠喷射时能辐射到的范围，它决定画面的虚化程度，取值范围为0到25。

• "平滑度"用来设置喷溅效果边缘的平滑效果。

如图12-28的左图为原图，右图为经过"喷溅"效果处理后的效果图。"喷色半径"值设置为10，"平滑度"值设置为5。

### 12.6.2 "喷色描边"效果

图12-28 "喷溅"效果

在Illustrator CS4中，"喷色描边"效果和"喷溅"效果的作用基本相同，"喷色描边"效果侧重于对象的边缘。选择"效果→画笔描边→喷色描边"命令后即可打开"喷色描边"对话框，如图12-29所示。其中有"描边长度"，"喷色半径"，"描边方向"3个选项。我们可以参阅"喷溅"对话框中选项的介绍。

图12-29 "喷色描边"效果对话框

- "描边长度"用来设置线条的长度，线条长度决定线条的粗细程度。
- "喷色半径"用来设置水珠喷射时能辐射到的范围，它决定画面的虚化程度，取值范围为0到25。
- "描边方向"用来设置线条的方向，有水平、垂直、左对角线和右对角线4个方向。

### 12.6.3 "墨水轮廓"效果

"墨水轮廓"效果用于创建类似于墨水绘图的图像效果。选中欲进行处理的图像之后执行"效果→画笔描边→墨水轮廓"命令即可打开如图12-30所示的"墨水轮廓"对话框。

在"墨水轮廓"对话框中有"描边长度"、"深色强度"和"光照强度"3个选项：
- "描边长度"选项用来设置笔画的长度。
- "深色强度"选项用来设置图像中深色区域的强度。
- "光照强度"选项用来设置图像浅色区域的亮度。

如图12-31所示的上图为原图，下图为使用了"墨水轮廓"效果后的效果图。

图12-30 "墨水轮廓"对话框　　　　　　　　　　　图12-31 "墨水轮廓"效果

### 12.6.4 "强化的边缘"效果

"强化的边缘"效果可以将对象的边缘加宽、加亮或是粗糙化。经过此效果处理的对象通常会降低亮度，并且会出现自然的阴影。执行"效果→画笔描边→强化的边缘"命令后，即可打开"强化的边缘"效果对话框，如图12-32所示。

在该对话框中有"边缘宽度"、"边缘亮度"、"平滑度"3个选项：

- "边缘宽度"用来设置对象边缘的宽度，取值范围为1～14。
- "边缘亮度"用来设置对象边缘的亮度，取值范围为0～50，值越大，边缘越亮。
- "平滑度"用来设置边缘的平滑度，取值范围为1～15。

经过此效果处理的对象通常会降低亮度，并且会出现自然的阴影。如图12-33所示的左图为原图，右图是经过了"强化的边缘"效果处理之后的效果。飞机和白云的亮度变暗了，边缘变粗了，并且出现了阴影。

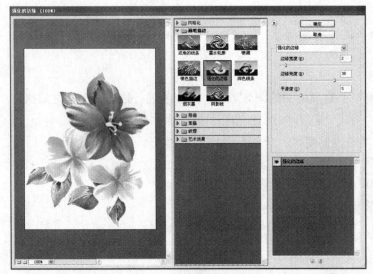

图12-32 "强化的边缘"对话框　　　　　　　　　　图12-33 "强化的边缘"效果

### 12.6.5　"成角的线条"效果

"成角的线条"效果可以将对象比较平滑、清晰的边缘变得粗糙、模糊。除此之外还可以用该效果来处理图像使其具有"毛毛雨"般的特殊效果。执行"效果→画笔描边→成角的线条"命令后，即可打开如图12-34所示的"成角的线条"对话框。

在该对话框中有"方向平衡"、"描边长度"、"锐化程度"3项：

· "方向平衡"选项用来设置线条的倾斜方向，取值范围为0～100，当设为0时线条从右上向左下倾斜；设为100时，从左上向右下倾斜。

· "描边长度"选项用来设置线条的长度，取值范围为3～50。

· "锐化程度"选项用来设置线条的尖锐程度，取值范围为0～10。

如图12-35所示的左图为原图，右图为经过"成角的线条"效果处理之后的效果，可以看到图像上有了一些倾斜线条。

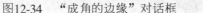

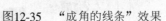

图12-34　"成角的边缘"对话框　　　　　　图12-35　"成角的线条"效果

### 12.6.6　"深色线条"效果

"深色线条"效果通过设置画笔描边时所用笔触的颜色平衡系数、强化黑色、暗化白色，从而创建有个性的黑色边框和阴影线。执行"效果→画笔描边→深色线条"命令后，即可打开如图12-36所示的"深色线条"对话框。

在该对话框中有"平衡"、"黑色强度"、"白色强度"3项，这3个选项的不同设置将产生不同方向和强度的阴影效果：

· "平衡"用来设置线条阴影的方向，取值范围为0～10，0表示线条的阴影方向为从图像的左上方到右上方；设为10时正好相反。

· "黑色强度"用来设置黑色阴影的强度，取值范围为0～10，设为10时，图像中的线条将变为黑色。

· "白色强度"用来设置白色区域的强度，取值范围为0～10，设为10时图像中的浅色区域将变为高亮。

如图12-37所示的左图为原图，右图为经过"深色线条"处理之后的效果。可以看出原图中颜色较浅的天空背景区域变得更浅，而飞机机翼较深的部分变得更深。

图12-36 "深色线条"对话框 　　　　　　　　图12-37 "深色线条"效果

### 12.6.7 "烟灰墨"效果

"烟灰墨"效果会计算图像像素的色值分布，按照原对象边缘颜色的强度用强度不同的黑色边缘来填充原有的边缘。选中欲进行处理的图像之后执行"效果→画笔描边→烟灰墨"效果命令即可打开如图12-38所示的"烟灰墨"对话框。

图12-38 "烟灰墨"对话框

在"烟灰墨"对话框中有"描边宽度"、"描边压力"和"对比度"3个选项，下面分别介绍一下：

- "描边宽度"选项用来设置笔画的宽度，取值范围为3～15，值越大笔画越光滑。
- "描边压力"选项用来设置笔画的压力值，取值范围为0～15。取值小时产生的效果平滑且模糊，取值大时图像中会产生大量黑色区域。

·"对比度"选项用来设置图像的对比度，取值范围为0～40，值越大对比度越明显。

如图12-39所示的左图为原图，右图为使用了"烟灰墨"后的效果图，可以看到经过效果处理过后的小鸟已经和周围的背景融为一体了。

图12-39  "烟灰墨"效果

## 12.6.8  "阴影线"效果

"阴影线"效果可以产生类似于交叉网格的阴影效果。通过设置线条长度、锐化程度和强度可以决定描边线条的精细程度、随机线条的位置偏移以及黑色的强度等。选中欲进行处理的图像之后执行"效果→画笔描边→阴影线"效果命令即可打开如图12-40所示的"阴影线"对话框。

在"阴影线"对话框中有"描边长度"、"锐化程度"、"强度"3个选项，下面分别介绍一下：

·"描边长度"用来设置交叉网状线条的长度，取值范围为3～50，所输入值大于6时会出现相互交叉的网状线条。

·"锐化程度"用来设置交叉网状线的锐化强度，取值范围为0至20，值越大，锐化程度越高。

·"强度"用来设置交叉网状线的密度，取值范围为1至3，取3的时候交叉网状线的密度达到最大。

如图12-41所示的左图为原图，右图为"阴影线"处理后的效果，可以看到右侧的飞机变得更暗了。

图12-40  "阴影线"对话框

图12-41  "阴影线"效果

## 12.7 "锐化"效果组

在"锐化"效果组中只有一个效果，即"USM锐化"效果。与"模糊"效果组中的效果作用相反，使用"USM锐化"效果可以通过加强临近像素点间的对比度，模拟胶片负片和原始胶片正片的组合，从而使模糊图像产生清晰的边缘效果。该效果主要用于处理各种模糊的图像，如摄影或扫描得到的图像。

"USM锐化"效果对话框如图12-42左图所示，其中有"数量"、"半径"和"阈值"三个选项，这三个选项设置方法的作用如下：

- "数量"选项用来设置锐化的程度，它的取值范围是1%～500%。设置的值越大，锐化的效果越明显。

- "半径"选项用来设置图像轮廓周围被锐化的范围，它的度量单位是"像素"，取值范围为0.1～250像素。设置的值越大，锐化的效果也就越明显，但处理的速度也会相应减慢。一般来说，对于分辨率较高的图像需要使用较大的"半径"值才能得到所需的效果。

- "阈值"选项的作用是设定相邻像素点之间的亮度差值达到多少时才会受到该效果的处理。它的取值范围是0～255，度量单位是"色阶"。取值越大，可以锐化的像素就越少，相应地，使用效果后得到的效果图像素之间的对比就较弱。

如图12-42所示的中间的图就是使用效果前的原图，右图为使用"USM锐化"后的效果图，其各项参数的设置为："数量"150%，"半径"10像素，"阈值"为10色阶。

原图      锐化效果

图12-42   "USM锐化"效果组和使用"USM锐化"的效果

## 12.8 "视频"效果组

"视频"效果组的主要作用是从摄像机输入图像或者将Illustrator格式的图像输出到录像带上，可以用来解决Illustrator格式图像与视频图像交换时产生的系统差异的问题。实际上"视频"效果组是Illustrator CS4的一个外部接口程序。

NTSC 颜色
逐行...

图12-43 视频效果组

"视频"效果组中共有两个效果："NTSC颜色"效果和"逐行"效果。执行"效果→视频"命令即可打开它们，如图12-43所示。

### 12.8.1　"NTSC颜色"效果

"NTSC"是"National Television Standards Committee"的缩写，翻译成中文就是"国家电视标准委员会"的意思，通常指的是美国的电视标准委员会。

"NTSC颜色"效果作用的原理是将颜色限制在电视再现所能接受的范围，防止由于电视扫描线之间的渗漏导致颜色过度饱和。举个例子来说，"NTSC颜色"的色彩范围比RGB色彩模式的范围小，如果一个RGB图像需要转换为视频时，可以先对该图像应用"NTSC颜色"效果，将饱和过度而在视频上无法显示的色彩转换成可以在NTSC系统上显示的色彩，这时就可以在视频上应用该图像了。

### 12.8.2　"逐行"效果

"逐行"效果的作用原理是通过隔行删去一幅视频图像的奇数行或偶数行，来平滑从视频上获得的移动位图图像。"逐行"效果对话框如图12-44所示。

图12-44　"逐行"效果对话框

在该对话框中有两个选项："消除"和"创建新场方式"。

· "消除"选项包含两个单选项："奇数场"和"偶数场"。选中"奇数场"表示删除奇数场的像素，选中"偶数场"表示删除偶数场的像素。

· "创建新场方式"选项也包含两个单选项："复制"和"插值"。选择这两个选项中的一个，系统将会通过复制或插值的方法来替换被删除的行的像素。

## 12.9　"素描"效果组

"素描"效果组一共提供了14个效果，如图12-45所示。"素描"效果组所提供的效果可以用来模拟现实生活中的素描、速写等美术手法对图像进行处理。该组效果使用当前的背景色或前景色代替图像中的颜色，再在图像中加入底纹从而产生有凹凸感觉的立体效果。本组效果比较多而且功能也

图12-45　"素描"效果组

比较相似，由于篇幅所限，这里不全部介绍，只介绍几个比较常用的。

　　**提示**　"素描"效果组中的14个效果只能应用于RGB和灰度模式的图像。

### 12.9.1　"便条纸"效果

使用"便条纸"效果能使图像产生类似于凹版画的凹陷压印效果。在图12-46所示的"便条纸"对话框中有三个选项。

· "图像平衡"用于设置凹陷效果中前景色与背景色的平衡，取值范围从0～25。

· "粒度"用于设置颗粒纹理的密度，取值范围从0～20。

· "凸现"用于设置调节凹陷效果的起伏程度，取值范围从0～25。

如图12-47所示的左图为原图，右图为经过"便条纸"效果处理之后的效果图。所使用的"图像平衡"为25、"粒度"为10、"凸现"为11。

图12-46　"便条纸"对话框

图12-47　"便条纸"效果

## 12.9.2　"半调图案"效果

使用"半调图案"效果可以使图像的前景色和背景色产生网格图案。通过对如图12-48左图所示的"半调图案"对话框中的"大小"、"对比度"、"图案类型"三个选项设置可以控制图像的效果。

如图12-49所示的左图为原图，右图为使用"半调图案"效果处理之后的效果，所使用的"图案类型"为"网点"，"大小"为1，"对比度"为5。

图12-48　"半调图案"对话框

图12-49　"半调图案"效果

### 12.9.3　"绘图笔"效果

"绘图笔"效果可以产生类似于手工绘制的速写艺术效果，所得到的图像的线条颜色为黑色，背景色为白色，就象现实生活中的写生画。

如图12-50所示的为"绘图笔"效果对话框，使用时可以通过设置"描边长度"、"明/暗平衡"、"描边方向"等三个选项来对对象进行设置。

如图12-51所示的左图是原图，右图为经过"绘图笔"效果处理之后的效果，线条长度为14，"明/暗平衡"为73，"描边方向"为"右对角线"。

图12-50　"绘图笔"对话框　　　　　　　图12-51　"绘图笔"效果

### 12.9.4　"基底凸现"效果

"基底凸现"效果能使图像产生类似于浮雕的效果，使图像有立体感。可以通过调节"基底凸现"对话框中的"细节"、"平滑度"和"光照"来调整图像的浮雕效果。如图12-52左图所示为原图，右图为经过"基底凸现"效果处理的效果，"细节"为8，"平滑度"为4，"光照"为"左下方"。

### 12.9.5　"炭笔"效果

"炭笔"效果可以使图像产生炭笔画的效果。在"炭笔"对话框中，通过调节"炭笔粗细"、"细节""明/暗程度"选项，可以得到不同效果的炭笔效果。如图12-53所示的左图为原图，右图为经过"炭笔"效果处理之后的效果。

图12-52　"基底凸现"效果　　　　　　　图12-53　"炭笔"效果

**注意** 如果将"炭笔粗细"一项设得过大，那么得到的图像将是黑黑的一团，因此在设置参数时一定要适当。

**提示** 关于本效果组中的其他效果不再介绍，读者可以自己进行尝试。关于选项设置，可以参阅前面几种效果的介绍。

## 12.10 "纹理"效果组

"纹理"效果组中共有6个效果。它们是"拼缀图"、"龟裂缝"、"颗粒"、"马赛克拼贴"、"染色玻璃"、"纹理化"，如图12-54所示。这些效果可以使图像产生各种纹理效果，还可以使用前景色在空白的图像上制作纹理图。

### 12.10.1 "拼缀图"效果

"拼缀图"效果可以产生类似于瓦片的自由拼贴效果。在如图12-55所示"拼缀图"效果对话框中有两个选项。

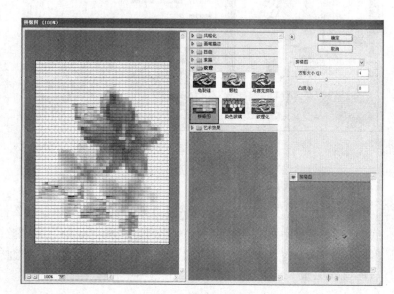

图12-54 "纹理"效果组

图12-55 "拼缀图"对话框

图12-56 拼缀图效果

• 方形大小：设置瓦片的尺寸，取值范围从0到10。

• 凸现：设置瓦片的起伏程度，取值范围从0到25。值越大，浮雕效果越明显。

如图12-56左图所示的为原图，右图为经过"拼缀图"效果处理之后的效果图。

### 12.10.2 "龟裂缝"效果

"龟裂缝"效果可以产生裂纹效果，还可以在空白画面上直接生成裂纹效果。在如图12-57所示的"龟裂缝"效果对话框中，可以设置"裂缝间距"、"裂缝深度"、"裂缝亮度"3项。

- "裂缝间距": 设置裂纹纹理间的间距, 取值范围从2到100。值越大, 裂纹越细。
- "裂缝深度": 设置裂纹的深度, 取值范围从0到10。值越大, 裂纹越深, 图像也越模糊。
- "裂缝亮度": 设置裂缝的亮度, 取值范围从0到10。值为零时, 裂纹为黑色。

如图12-58所示的左图为原图, 右图为经过"龟裂缝"效果处理之后的效果。

图12-57 "龟裂逢"效果对话框

图12-58 "龟裂缝"效果

### 12.10.3 "马赛克拼贴"效果

"马赛克拼贴"效果能够产生分布均匀, 但形状不规则的马赛克效果。它作用之后的效果与"龟裂缝"效果比较相似, 只是后者的立体感要强些。在如图12-59所示的"马赛克拼贴"效果对话框中有"拼贴大小"、"缝隙宽度"、"加亮缝隙"三个选项。

图12-59 "马赛克拼贴"效果对话框

图12-60　"马赛克"效果

・"拼贴大小"用来设置马赛克的大小，取值范围从2～100。

・"缝隙宽度"用来设置马赛克间的缝隙宽度，取值范围从1～15。

・"加亮缝隙"用来设置马赛克间缝隙的亮度，取值范围从0～10。

如图12-60所示的左图为原图，右图为经过"马赛克拼贴"效果处理之后的效果。

**提示**　关于本效果组中的其他效果不再介绍，读者可以自己进行尝试。关于选项设置，可以参阅前面几种效果的介绍。

## 12.11　"艺术效果"效果组

为了使计算机中的图像更加人性化，更加具有艺术创作的痕迹，Illustrator提供了"艺术效果"效果组，这是最重要的一个效果组。使用这个效果组，在Illustrator CS4中就可以模拟使用不同介质作画时得到的特色性的"艺术"作品。在Illustrator CS4中，"艺术效果"效果组共包含15种效果，如图12-61所示。

### 12.11.1　"塑料包装"效果

塑料包装松软时会使包装上印刷的图案发生扭曲变形，"塑料包装"效果正是要产生这种效果。如图12-62所示的为"塑料包装"对话框。

图12-61　"艺术效果"效果组

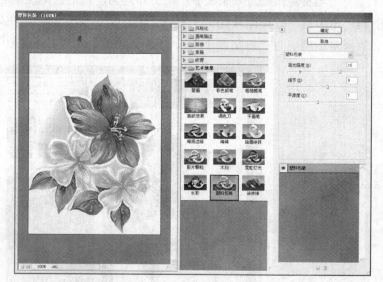

图12-62　"塑料包装"对话框

"塑料包装"对话框中共有三项选项："高光强度"、"细节"和"平滑度"。

・"高光强度"选项可以设置图像在扭曲时的"突起"区域的光亮度，其取值范围为从0到20。取值越大，高光越强，反光也就越明显。

• "细节"选项可以设置图像变形时的精度，取值为从0到50，取值越大，图像变换越细腻。

• "平滑度"选项可以设置"塑料包装"的光滑程度，取值范围为从1到15。

如图12-63所示的左图为原图，右图为使用塑料包装效果后所产生的效果。

图12-63 "塑料包装"效果（右图）

## 12.11.2 "壁画"效果

壁画是中国及世界其他地方古文化中非常重要的艺术形式。在色彩上，其特点主要是颜色、亮度层次较少，笔画较粗。在介质上，由于时间的原因或作画的岩石本身的纹理、裂纹等会在壁画上产生出许多纹理。"壁画"效果可以使图片暗度及亮度的层次减少，加大图片的明暗对比度，并且在图案上产生一种古壁画的斑点效果。

执行"效果→艺术效果→壁画"命令即可打开"壁画"对话框，右上角有3个选项，如图12-64所示，

• "画笔大小"：取值范围为从0到10，表示生成的"壁画"线条的粗细，取值越大表示笔画越宽。

• "画笔细节"：取值范围为从0到10，表示生成"壁画"时使用的笔触的细腻程度，取值越大，则生成的"壁画"中反映的原始图像的信息就越丰富。

• "纹理"：取值范围为从1到3，表示在生成的"壁画"中纹理的数量。使用此选项可以控制颜色的过渡及分布。

如图12-65所示的右图效果是使用"壁画"效果对话框中的默认设置得到的变换效果。

图12-64 "壁画"对话框

图12-65 "壁画"效果

### 12.11.3 "彩色铅笔"效果

使用"彩色铅笔"效果可以得到类似彩色铅笔画的效果。"彩色铅笔"效果可以使图片上的颜色形成方向性的分布，产生如同铅笔作画时所具有的笔触，同时使图片的亮度、对比度变小。

执行"效果→艺术效果→彩色铅笔"命令即可打开"彩色铅笔"对话框，右上角有3个选项，如图12-66所示，

"彩色铅笔"效果共有三项设置，分别为"铅笔宽度"、"描边压力"和"纸张亮度"。

·"铅笔宽度"类似于作画时彩色铅笔笔尖的粗细程度，该选项取值范围为从1到24，选取的值越大，铅笔的笔尖越细，绘出的图像也越细腻，笔触越硬。这与美术中"笔触"的"硬"和"软"是密切相联系的，"硬"的笔触通常比较细，笔画有锐利的边缘，一般用来表达表面比较光滑，硬度比较大，有金属质感的物体；"软"的笔触通常用于表达表面柔软、多毛的物体，在很多情况下，"软"的笔触宽度较大，边缘模糊。由于以上原因，在选取"铅笔宽度"时需要考虑的最重要的一个因素就是图片中对应物体的质感。

·"描边压力"刻画了铅笔笔画的力度，取值范围为从0到15，取值越大，则铅笔的力度越大，画出的线条越锐利，相应的笔触也越明显。其取值为0时，画面整体将全部成为灰色。

·"纸张亮度"刻画了纸张本身的亮度，取值范围为从0到50，取值越大，纸张的亮度越大。该值取为0时，纸张为黑色；该值取50时，纸张为白色。

如图12-67所示的左图和右图分别为原始图像和应用该效果后的图像。观察应用"彩色铅笔"效果后生成的图像，图像中所有的笔触都沿45度方向，且排列紧密，没有出现背景色外露的情况，这是与点状化等效果不同的。

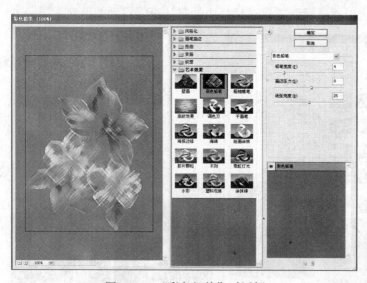

图12-66　"彩色铅笔"对话框

图12-67　"彩色铅笔"效果

### 12.11.4 "粗糙蜡笔"效果

所谓"粗糙蜡笔"，事实上就是彩色蜡笔或粉笔。"粗糙蜡笔"效果可以模拟粉笔或蜡笔一类的质地较软、线条边缘粗糙的绘图的效果。粉笔和蜡笔作画时的效果不仅取决于笔的硬度，更取决于绘图材料（如纸张）本身的硬度、起伏程度及细小纹理（如木纹）。如果将软的纸张

铺垫在有凹凸的硬质木板上绘图，很明显，木板的细小纹理会反映在绘制的图片上。与这些特性相对应，"粗糙蜡笔"效果提供了相应的控制选项。下面是制作的粗糙蜡笔效果，如图12-68所示。

"粗糙蜡笔"效果对话框中列出了两组选项，分别是选项和纹理，在此不再介绍，读者可以参阅前面内容的介绍。

**提示**　关于本效果组中其他效果的选项也不再详细介绍，读者可以参阅前面内容的介绍。

### 12.11.5　"底纹效果"效果

与"粗糙蜡笔"效果相似，"底纹效果"效果也会产生纹理效果，但是"底纹效果"效果不使图像的颜色形成方向性的分布，而仅形成类似喷绘的纹理效果。

如图12-69所示的左图是原图，右图所示的是应用该效果后的效果。

图12-68　"粗糙彩笔"效果　　　　　　　图12-69　"底纹效果"效果

### 12.11.6　"调色刀"效果

所谓"调色刀"，是油画中用于切割块状颜料、使用有机溶液调和颜料，并将颜料涂抹到画布上时使用的工具。通常，由于使用调色刀作画时颜料是通过调色刀刮平、涂抹到画布上的，因此，颜料通常会成块状，一定颜色的色块覆盖一定的范围，图中还有刮平的痕迹，"调色刀"效果正是要模拟这种效果。

图12-70　"调色刀"效果

如图12-70所示的左图为原图，其右图所示的为使用"调色刀"效果后得到的效果。

**提示**　在该效果的选项对话框中有一个"软化度"选项，该选项用于刻画笔画边缘的柔和程度，其取值范围为0到10。类似于一般图形处理中的抗锯齿选项，软化度较大时，笔画边缘有抗锯齿属性；软化度较小时，笔画边缘没有抗锯齿选项；当笔画与背景颜色有较大差异时，笔画边缘将会出现锯齿。

### 12.11.7　"干画笔"效果

"干画笔"效果可以将图片变换为由大小色块组成的图案，如同不饱和与干枯的油画效果。

如图12-71所示的左图为原图，右图是使用了"干画笔"效果得到的效果。

## 12.11.8 "海报边缘"效果

"海报边缘"效果可以自动查找图片中色阶过大的区域，在色阶变化较大的轮廓边缘产生黑色的边框，从而使图片的色阶减小，同时使图片具有海报的风格。

如图12-72所示的左图为原图，该右图所示为使用该效果后得到的图片。

图12-71 "干画笔"效果        图12-72 "海报边缘"效果

**提示** *有些效果需要在彩色模式才能看清楚，读者需要在Illustrator中置入合适的位图后进行尝试。*

## 12.11.9 "海绵"效果

"海绵"效果可以将图片制成像海绵涂擦的效果，使画面中有画面被浸湿的效果，同时还可改变图片局部的颜色。如图12-73所示的左图为原图，右图所示为使用了"海绵"效果得到的效果。

## 12.11.10 "绘画涂抹"效果

"绘画涂抹"效果可以产生绘图时涂抹的效果。使用它可以将图片处理为色块涂抹的样式，使影像的细节消失。如图12-74所示的左图为原图，右图所示即为所得的效果。

图12-73 "海绵"效果        图12-74 "绘画涂抹"效果

## 12.11.11 "胶片颗粒"效果

"胶片颗粒"效果可以使图片产生使用粗粒胶片拍摄景物时拥有的颗粒效果，同时可以在图片的高亮区和阴影区加入不同的杂色颗粒。如图12-75所示的左图为原图，右图所示为使用了"胶片颗粒"后的效果。

## 12.11.12 "木刻"效果

"木刻"效果英文原意为"彩色雕刻"，它可以用来制作像剪纸拼贴的效果，用该效果处理后的图片由许多色块组成。在"木刻"对话框中可以设置色块的各种属性。如图12-76所示的左图为原图，右图是使用了"木刻"效果后得到的效果图。

图12-75 "胶片颗粒"效果　　　　　　　　　　图12-76 "木刻"效果

### 12.11.13 "霓虹灯光"效果

使用"霓虹灯光"效果可以使图像边缘的亮部产生霓虹灯的边光并使图像整体的色度降低。如图12-77所示的左图为原图，右图所示的是应用该效果后的效果。

### 12.11.14 "水彩"效果

在Illustrator CS4中，"水彩"效果可以使图片产生水彩画的效果。如图12-78所示的左图为原图，右图所示的是应用该效果后的效果。

图12-77 "霓虹灯光"效果　　　　　　　　图12-78 "水彩"效果

### 12.11.15 "涂抹棒"效果

"涂抹棒"效果可以生成使用柔和工具涂抹颜料的效果。如图12-79所示的左图为原图，右图是应用该效果后所得到的效果。

图12-79 "涂抹棒"效果

# 第13章 图层、蒙版和链接

在Illustrator CS4中，使用图层可以重新组织图形中不同元素的显示顺序，而且可以作为单独的单元进行编辑，另外还可以查看不同层的内容。每个文件都至少包含一个层。如果在图形中应用蒙版的话，那么可以控制图形的显示区域，从而获得一些特殊的效果。

在本章中主要介绍下列内容：

- 图层面板的使用
- 图层的显示、隐藏和锁定
- 图层的移动、复制、合并和删除
- 蒙版的应用

## 13.1 图层

在Illustrator CS4中，每个文件至少包含一个图层，有的文件是由多个层合并而成的，如图13-1所示。通过在线稿中创建多个图层可以容易地控制如何打印、组织、显示和编辑我们的作品。

在创建图层后，就能够以不同的方式使用图层，比如复制、重排、合并、拼合这些图层，以及向图层上添加对象。甚至可以创建模板图层，以便进行描画。另外，还可以从Photoshop中导入图层。

### 13.1.1 "图层"面板

"图层"面板是进行图层编辑不可缺少的工具，几乎所有的图层操作都可以通过它来实现，所以，要使用图层功能，首先要了解"图层"面板。

执行菜单栏中的"窗口→图层"命令，使"图层"面板出现在工作页面上，如图13-2所示。如果在"窗口"菜单上出现的"图层"前有个勾选符号，则表示此时"图层"面板已经出现在工作页面上了，如果执行此命令，"图层"面板将被关闭。

图13-1 由多个图层合成的文件

图13-2 "图层"面板（右侧图层面板中的图层被锁定了）

"图层"面板中包括了不少专用于图层的组件，现在对它们一一介绍如下。

·图层名称：每个层都可以定义不同的名称以便区分，如果在建立层时没有命名，Illustrator CS4将会自动依照顺序定名为图层1、图层2……，也可以在以后利用"图层选项"窗口来重新命名图层。

·图层颜色标记：显示图层中默认时使用的颜色色样，该色样在创建时由用户自己指定。指定了图层颜色之后，在该图层中绘制图形、创建文本时，默认状态下都将对文本或者路径的描边采用该颜色。

·眼睛图标（👁）：专业名称为"切换可视性"。用于显示或者隐藏图层。当不显示眼睛图标时，这一图层被隐藏，反之表示显示这一图层。用鼠标点击眼睛图标就可以切换"显示"和"隐藏"状态。当图层被隐藏时，在Illustrator CS4的绘图页面中，将不显示此图层，而且不能对此图层进行任何图像编辑。

·"图层"面板弹出菜单按钮：单击这个黑色的小三角将打开"图层"面板的弹出式菜单，该菜单中包括了更为丰富的控制选项，如图13-3所示。具体的菜单命令将在后面的内容中进行详细介绍。

·切换锁定（🔒）：当某一图层添加了这个带有红色斜线的铅笔形状标记时，表明该图层不能被编辑或者修改。这一特性和"锁定"命令大致相同，可以再次单击该标记来取消锁定状态，重新对该图层中所包括的各种图形元素进行编辑工作。

·建立/释放剪切蒙版按钮（▣）：该按钮用于创建剪切蒙版和释放剪切蒙版。

·创建新子图层按钮（⬒）：单击该按钮可以建立一个新的子图层。

·创建新图层按钮（◫）：单击该按钮可以建立一个新图层，如果用鼠标拖曳某一图层到该按钮上，则可以复制此图层。

·删除所选图层按钮（🗑）：单击该按钮时，可以把当前图层删除。或者把不再需要的图层拖曳到该按钮时，也可删除该图层。

## 13.1.2　图层的基本操作

当在Illustrator CS4文件中只有一个层时，就不能够删除图层了。图层叠加在一起，每一层可以包含任意数量的页面元素，顶部的层元素自动出现在下层元素的前面。如图13-4所示，在左侧图中树叶就显示在甲虫和矩形的上层，在右侧图中甲虫显在最上层。

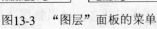

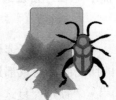

图13-3　"图层"面板的菜单　　　　　　　图13-4　图层的叠加效果

使用鼠标单击位于"图层"面板右上角的黑色小三角▤，将弹出一个关联菜单命令，如图13-3所示。在Illustrator CS4中进行各种图层的相关操作，主要是通过"图层"面板弹出式菜单中的相关命令来进行的。现在我们对该菜单进行介绍。

## 1. 新建图层

对于在什么时候建立图层，不同的用户会有不同的看法。一些人喜欢在一开始就建立几个图层，并且在随后的绘制过程中把图像加到每一层。一些人则喜欢在需要的时候才建立或者删除图层。还有一些人喜欢在完成整个作品后再把它分解成不同的图层。不论你用哪一种方式工作，建立图层都是图层处理的基础。

在Illustrator CS4中有两种方法用来新建图层：

• 最简单的方法是单击"图层"面板底端的"创建新图层"按钮，这将在当前的图层之上创建一个新的图层，并自动为新建图层命名为图层1、图层2等。

• 单击"图层"面板右边的黑色小三角，将会弹出菜单，选择菜单中的"新建图层"命令。

当我们用第二种方法创建一个新的图层时，或者在"图层"面板中双击某个图层时，Illustrator CS4将会打开如图13-5所示的"图层选项"对话框。使用该对话框中的选项能够为新创建的图层命名、制定图层的透明度以及选用不同的笔刷模式等。

该窗口包括如下选项：

• "名称"：在该框中为新建的图层命名。默认时将以图层1、图层2等名字依次作为新建图层的名称。

• "颜色"：该选项用以指定新建图层所用的默认颜色。Illustrator CS4在该列表框中提供了28种颜色选项，如果想选择所提供的固定颜色以外的颜色，可以在列表框中选择"其他"选项，这将打开如图13-6所示的"颜色"对话框，可以从中选择一种自定义的颜色，选好后，单击"确定"按钮即可。

图13-5　"图层选项"对话框

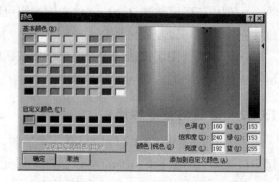

图13-6　"颜色"对话框

**提示**　在"图层选项"对话框中双击"颜色"选项右侧的颜色框也可以打开"颜色"对话框。

• "模板"复选框：启用该选项时，将把新建的图层当作一个固定的模板。这时，该图层中的所用图形对象都处于不可编辑状态。

• "锁定"复选框：启用该选项时，将自动锁定新建的图层。

• "显示"复选框：启用该选项时，将新建的图层处于可见状态。如果禁用该选项，所创建的新图层和其中的图形对象就不能显示在绘画页面上，并且不能够被选中和编辑。

• "打印"复选框：启用该选项时，将新建的图层设置为可打印状态。如果不选取该复选框，将不会打印该图层的任何对象。

• "预览"复选框：启用该选项时，在该新图层中的图形将以"预览"视图模式显示。如果没有选中这个复选框，新图层中的图形则以"线条稿"模式显示。

• "变暗图像至"复选框：启用该选项时，可以将图层中的图像变暗，变暗的程度以这一复选框后面的数值确定。

设定好以上选项之后，单击"确定"按钮，就完成了新图层的设置。

### 2. 图层的显示和隐藏

当在Illustrator CS4中处理具有多个图层的图像时，常常需要查看某个层或者某些层，而把其他层暂时隐藏起来，可以通过单击"图层"面板中各层最左端的眼睛图标来显示和隐藏图层。另外单击并且按住鼠标左键拖过眼睛图标列时，可以把所有被拖过的层变为隐藏层，再次拖动则使它们重新成为可见层。

### 3. 图层的移动

单击"图层"面板上所要选中的图层，并一直按住鼠标，把鼠标拖动到适当的层上，放开鼠标就可以完成图层的次序调整。如图13-7所示。

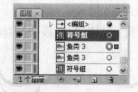

图13-7 调整图层的顺序

在"符号组"图层上单击并且按住鼠标往上拖拉，一直拖到第一个"鱼类3"图层的上方，然后释放鼠标。得到的效果如图13-5中的右图所示。而且随着图层的移动，层上所有物体也相应随之移动，同一层物体的前后顺序不会遭到破坏，不同层物体的顺序随着层的顺序的改变而改变，如图13-8所示。

图13-8 小鱼改变了显示位置

### 4. 复制图层

在Illustrator CS4中复制图层会在当前选中的图层上放一个新图层，同时复制所有原来的图层选项。复制图层包括了原来图层上所有线稿的副本。

下面介绍一下复制图层的操作步骤：

（1）启动Illustrator CS4，使用椭圆工具画一个圆。在圆的中心使用"点文本工具"写入一个"5"字，如图13-9所示。然后执行对象菜单中的"组合"命令，将圆路径和文本路径组合。

（2）选取旋转工具，将图像顺时针方向转过90度。选取缩放工具将圆缩放成椭圆。然后执行"窗口"菜单中的"描边"命令，打开"描边"面板。用直接选取工具选中数字"5"，然后将笔画宽度设为4磅。最终效果如图13-10所示。

（3）执行"窗口→色板"命令，打开"色板"面板，如图13-11所示，将"5"的描边和填充都设为红色，最终效果如图13-12所示。

  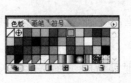 

图13-9　绘制圆　　　图13-10　调整图形　　　图13-11　"色板"面板　　　图13-12　"描边"面板

（4）用选取工具将图像选中，然后按住**Ctrl+**上向键，不断地复制图像，直到图像的厚度适合。

（5）选取工具 ，将图像全部选中，然后执行对象菜单中的"编组"命令。将所有路径组合在一起。

（6）选择"窗口→图层"命令，打开"图层"面板。在"图层"中，包含了椭圆图层，而且此图层处于当前可编辑状态。

（7）执行"图层"面板菜单中的"复制图层"命令，系统将会自动复制第一个图层的副本，并显示为"图层 1"。这时"图层 1"成为当前的可编辑图层。

图13-13　复制并移动后的效果

（8）由于复制层和原图层完全相同，所以绘图窗口无法看出复制层的效果。现在移动复制层，使它稍微偏离原来的位置。绘图窗口将会出现两个叠放在一起的椭圆。重复上述步骤，得到的最终效果如图13-13所示。

### 5. 合并图层

在Illustrator CS4中，允许将两个或者多个图层合并到一个图层上。方法是首先启动"图层"面板，用鼠标在图层名称列表中把所有要合并图层的名称选中，然后从该面板的弹出式菜单里选择"合并图层"命令，即可将这些图层合并到一个图层中，并且系统会保留最先选中的图层的名称作为合并图层的名称。

按住**Alt**键的同时，在"图层"面板中单击要进行合并的图层，就可以选中几个不连续的图层进行合并。按住**Shift**键的同时，在"图层"面板中单击要进行合并的图层，就可以选中几个连续的图层进行合并。

### 6. 删除图层

对于某些不再需要的图层，可以方便地删除掉。要删除图层，首先要使该图层成为可编辑的当前目标图层，然后使用以下几种方法之一：

· 执行"图层"面板菜单中的"删除图层"命令。

· 把要删除的图层拖动到"图层"面板右下角的删除所有图层按钮上 ，将直接删除该图层。

### 7. 图层的锁定与解锁

锁定图层的作用和选择对象菜单上的"锁定"命令一样，被锁定图层上的线稿将不能以任何方式被选中或编辑。如果图层被锁定,光标在该页上时将变为打叉的铅笔,同时在编辑列中也将出现打叉的铅笔。如果图层没有锁定,那么编辑列将为空。

如果对于一层中的图形对象已经修改完毕,为了避免不小心再更改其中某些信息,最好采用锁定图层的方法使图层上的图形对象处于锁定状态。

"图层"面板中在眼睛和图层名称之间有一个空方格,使用鼠标在该空方格上单击左键,出现图标,表示此图层被锁定,在解锁之前,既不能编辑此层中的图形对象,也不能在此层中增加其他元素。

如果想对此图层解锁,再次单击图标,使图标隐藏起来,这时就可以对此层以及此层中的图形对象进行编辑了。

### 8. 使用"锁定所有图层"命令

当处理多个图层时,经常可能会无意修改了非当前活动图层中的图形对象。为了限制选取范围,并且只编辑当前活动图层,可以选择"图层"面板菜单中的"锁定所有图层"命令将其锁定。

### 9. "粘贴时记住图层"命令

如果"图层"面板的弹出式菜单中的"粘贴时记住图层"命令处于被选中的状态,那么从不同的层剪切或者拷贝的物体,会保持原本的层关系,否则不同的层剪切或者拷贝的物体会被粘贴到当前活动上图层。

### 10. 创建模板图层

模板图层仅用于显示而不能用于打印输出。如果想根据已有对象绘制新的图形,那么就可以使用该命令。下面介绍一下创建模板图层的操作。

(1)双击一个图层,比如"图层1"。将打开"图层选项"对话框,如图13-14所示。

(2)在"图层选项"对话框中选中"模板"项,并单击"确定"按钮,如图13-15所示。

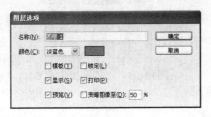

图13-14 "图层选项"对话框

图13-15 "图层选项"对话框

(3)此时,在"图层"面板中的图层1会被锁定,眼睛图标也会改变,如图13-16所示。同时,图形变得不可编辑。

图13-16 设置为模板之后的"图层"面板

## 13.2　剪切蒙版

使用剪切蒙版可以在视图中控制对象的显示区域，如图13-17所示。剪切蒙版的形状可以是Illustrator CS4中绘制的任意形状。在创建了剪切蒙版后，图形只显示剪切蒙版以内的部分，而且在打印时，也只打印剪切蒙版以内的部分。

### 13.2.1　剪切蒙版概述

剪切蒙版是一个可以用其形状遮盖其他图稿的对象，因此使用剪切蒙版，您只能看到蒙版形状内的区域，从效果上来说，就是将图稿裁剪为蒙版的形状。剪切蒙版和被蒙版的对象一起被称为剪切组合，并在"图层"面板中用虚线标出。可以从包含两个或多个对象的选区，或从一个组或图层中的所有对象来建立剪切组合。

创建剪切蒙版的条件：

·遮盖的对象将被移至"图层"面板中的剪切蒙版的组中（前提为它们不是位于其中）。

·只有矢量对象可以作为剪切蒙版；不过，任何图稿都可以被蒙版。

·如果使用图层或组来创建剪切蒙版，则图层或组中的第一个对象将会遮盖图层或组的子集的所有内容。

·无论对象先前的属性如何，剪切蒙版会变成一个不带填色也不带描边的对象。

　　**提示**　　若要创建一个半透明的蒙版，需要使用"透明度"面板创建一个不透明蒙版，然后调整其不透明度的数值即可。"透明度"面板如图13-18所示。

图13-17　蒙版效果　　　　　　　　　　图13-18　"透明度"面板

　　**注意**　　也有人把剪切蒙版简称为蒙版。

### 13.2.2　创建剪切蒙版

在Illustrator CS4中创建剪切蒙版的操作非常简单，下面简单介绍一下创建剪切蒙版的步骤。

（1）准备一幅用来作为剪切蒙版底版的图形对象。该图层可以是在Illustrator CS4工作页面上绘制出来的图形对象，也可以是从其他应用程序中导入的图像文件，如图13-19所示。

（2）创建作为剪切蒙版的形状，它同样可以是多种多样的，它既可以是很基本的图形对象，也可以是经过多种变换操作后的图像，甚至可以是一些较为复杂的路径或者文本对象。

（3）完成以上工作之后，选择选取工具选定作为剪切蒙版的路径，并且把这个路径移到所要遮挡的图层上，如图13-20所示。此时，要使作为剪切蒙版的路径对象处在所要遮挡的对象之前，方法是选定剪切蒙版路径，然后执行"对象→排列→置于顶层"命令。或者在选定剪切蒙版路径后，单击右键，并且从弹出的菜单中选择"排列"子菜单中的"置于顶层"命令。

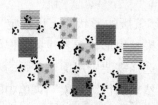

图13-19 剪切蒙版路径放在底版之前　　　　图13-20 剪切蒙版的底版图像

　　（4）激活选择工具 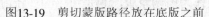，然后同时选定作为剪切蒙版底版的图形对象和用作剪切蒙版的路径，选择"对象→剪切蒙版→建立"命令即可。此时，在"预览"模式下，剪切蒙版以外的剪切蒙版底版图形的任何区域都将消失，但剪切蒙版内部的底版图形将会保持原来的形状和颜色。

　　虽然底版图形中的剪切蒙版以外部分已经不再显示，但那些没有显示出来的部分并没有消失，它仍然存在于Illustrator CS4的绘图页面上。这也就成了在"预览"模式下使用和理解剪切蒙版，要比在"轮廓"模式下容易得多的原因。

　　剪切蒙版的重要功能之一就是可以移动剪切蒙版内的图形对象。要移动剪切蒙版内的图形对象，可以用如下方法：

　　选择直接选取工具。然后在剪切蒙版的周围单击鼠标，将底版图形对象选中。随意移动底版图形对象，而使剪切蒙版保持不动，得到一组不同的图形。或者只是选定剪切蒙版，然后拖动鼠标，移动剪切蒙版使剪切蒙版下的图形对象保持不动。

　　其实，剪切蒙版就好象是一个窗口，在窗口下面可以放置各种图形，也可以在窗口中移动、编辑和定位这些图形，如图13-21所示。

图13-21 移动剪切蒙版的底版图像

　　把剪切蒙版放到合适的位置后，在选定剪切蒙版和底版图形的情况下，可以执行"对象→锁定"命令。当剪切蒙版被锁定后，作品和剪切蒙版就会作为一个整体一起移动。当然如果需要重新布置作品，可以解除对剪切蒙版的锁定。方法是执行"对象→全部解锁"命令。

　　如果要遮住当前没有遮住的图形对象，需要选定新的剪切蒙版路径和位于原剪切蒙版中的全部图形对象，包括原来创建的剪切蒙版路径，然后执行"对象→剪切蒙版→建立"命令，则剪切蒙版既可以用于新的图形对象，也可以用于先前被遮挡的对象。新对象与所有其他被遮挡的图形对象类似，必须位于剪切蒙版路径的后面。

　　剪切蒙版不能以分级的方式工作。每次剪切蒙版增加一个剪切蒙版对象，拥有这个对象的旧剪切蒙版就被释放，从而在生成新的剪切蒙版时，它就包含了原剪切蒙版的全部对象以及新的对象。释放剪切蒙版时会影响到剪切蒙版中的每一个对象。

### 13.2.3 创建文本剪切蒙版

Illustrator CS4允许使用各种各样的图形对象作为剪切蒙版的形状，无论选定了哪一种对象作为剪切蒙版的形状，具体的操作方法都大致相同。如果是用形状或者线条来作剪切蒙版，首先要创建用来做剪切蒙版的形状或者线条。然后创建并选择需要应用剪切蒙版的对象，并且确认剪切蒙版形状放在上面而且位于用户所需要的地方，然后执行"对象"菜单中的"剪切蒙版"子菜单中的"建立"命令。如果要用置入的图像作为剪切蒙版，也是可以的。任何光栅化的图像或者置入的图像都能够用来创建剪切蒙版。

使用文字作剪切蒙版可以创建出很多奇妙的文字效果。用户在用文本创建剪切蒙版之前，可以首先把文本转化为路径，也可以直接将文本作为剪切蒙版。

（1）创建需要作为文本剪切蒙版的文本。创建的文本可以是点文本也可以是文本块，如图13-22所示。

（2）可以在Illustrator CS4工作页面上创建出自己的剪切蒙版背景图像。也可以执行"文件→打开"命令，打开一幅图像来作剪切蒙版的背景图像，如图13-23所示。

图13-22　准备做剪切蒙版的文本　　　　　　　　　　图13-23　用作背景的图形对象

（3）使用直接选取工具选中文本，然后拖动鼠标把文本拖动到需要的地方，按Ctrl+A键选中全部文本和背景图像，如图13-24所示。

（4）执行"对象→剪切蒙版→建立"命令，创建剪切蒙版。如果需要还可以移动文本剪切蒙版或者背景图像，直到从剪切蒙版透出的图像效果最好。最终结果如图13-25所示。

图13-24　把文本剪切蒙版放到背景图像之前　　　　　图13-25　文本剪切蒙版应用举例

（5）当文本剪切蒙版和背景图像之间的相对位置调整合适后，在选定文本剪切蒙版和背景图形的情况下，可以执行"对象→锁定"命令。当剪切蒙版被锁定后，作品和剪切蒙版就会作为一个整体一起移动。当然如果需要重新布置作品，可以解除对剪切蒙版的锁定。方法是执行"对象→全部解锁"命令。

（6）这样一个文本剪切蒙版就创建出来了。由于我们并没有将文本转换为轮廓，因此仍然可以对文本进行编辑。可以改变字体的大小、样式等，还可以改变文字的内容。用文字工具

或者选取工具选中文本后，就可以用"字符"面板对
文本进行编辑。如图13-26所示。

图13-26 编辑文本

还可以将文本转换为路径之后，再创建剪切蒙
版。如果这样的话，就没法再进行文本编辑了。一旦
文字转换为路径之后，就可以用功能强大的滤镜，而
且不再用考虑字体的问题了。

将文本转换成路径后创建剪切蒙版的步骤和上面
的方法基本项同。多出的两个差别是：

· 创建需要作为文本剪切蒙版的文本时，创建的文本同样既可以是点文本也可以是文本块，
但在输入完文本后，必须把文本选中，并且执行文字菜单下的"创建轮廓"命令，以便把文字
转换为路径。

· 用选取工具选中创建的文本，执行"对象→复合路径→建立"命令，将选中的文本转换
为复合路径。如果忘记了执行这一步，将只有一个汉字或者字母成为剪切蒙版。

创作完成剪切蒙版后，用直接选取工具单独选中剪切蒙版，然后就可以尽情地用那些奇妙
得不可思议的滤镜了。如图13-27所示，是对文本剪切蒙版执行了"效果"菜单中"扭曲"子
菜单中的"扭拧"命令得到的；而如图13-28所示，是对文本剪切蒙版执行了滤镜菜单中的"扭
曲"子菜单中的"收缩和膨胀"命令得到的。

图13-27 应用"扭拧"滤镜

图13-28 应用"收缩和膨胀"滤镜

### 13.2.4 编辑剪切蒙版

另外，还可以对剪切蒙版进行一定的编辑。操作步骤如下：

（1）在"图层"面板中选择剪贴路径。

（2）请执行下列任一操作可执行不同的功能：

· 使用"直接选择"工具拖动对象的中心参考点，以此方式移动剪贴路径。

· 使用"直接选择"工具改变剪贴路径形状。

· 还可对剪贴路径应用填色或描边操作。

另外，还可以从被遮盖的图形中添加内容或者删除内容。操作非常简单，只要在"图层"
面板中，将对象拖入或拖出包含剪贴路径的组或图层即可，如图13-29所示。

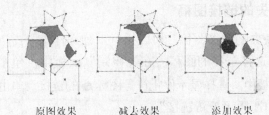

原图效果 　　减去效果 　　添加效果

图13-29 添加和删除内容

### 13.2.5 释放剪切蒙版

如果要释放剪切蒙版，首先选定剪切蒙版对象，然后执行"对象→剪切蒙版→释放"命令即可。如果不能确定哪个对象是剪切蒙版对象或者选定剪切蒙版时有问题，可以首先执行"选择→全部"命令（最省事的是按下**Ctrl+A**键全选图形对象），然后执行"对象→剪切蒙版→释放"命令即可，但要注意，当使用"全部"命令时，会导致当前活动窗口中的所有剪切蒙版都一律被释放。

## 13.3 使用"链接"面板

我们还可以使用"链接"面板来查看和管理Illustrator CS4文档中所有链接或嵌入的图稿。选择"窗口→链接"命令即可打开"链接"面板，如图13-30所示。

从图中可见，所有链接的文件都以列表方式显示在"链接"面板中，可以通过"链接"面板来选择、识别、监控和更新链接文件。

如果要隐藏或更改缩览图大小，从"链接"面板菜单中选择"面板选项"，然后选择一个用来显示缩览图的选项即可，如图13-31所示。另外还可以显示或隐藏不同类型的链接并根据名称、种类或状态对项目进行排序。

图13-30 "链接"面板

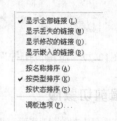

图13-31 选项命令

### 13.3.1 在源文件更改时更新链接的图稿

在源文件更改时如果要更新链接的图稿，有两种方法：

· 在插图窗口中选择链接的图稿。在"控制"面板中，单击文件名并选择"更新链接"。

· 在"链接"面板中，选择显示感叹号图标的一个或多个链接 ⚠。单击"更新链接"按钮 🔄，或从面板菜单中选择"更新链接"。

### 13.3.2 重新链接至缺失的链接图稿

如果要重新链接至缺失的链接图稿，可以执行下列操作之一：

（1）在插图窗口中选择链接的图稿。在"控制"面板中，单击文件名并选择"重新链接"。或者在"链接"面板中，选择显示停止符号图标 ⊘ 的链接。单击"重新链接"按钮 🔗，或从"链接"面板菜单中选择"重新链接"。

（2）选择文件替换"置入"对话框中链接的图稿，然后单击"确定"。

新图稿将保留所替换图稿的大小、位置和变换特征。

### 13.3.3　将链接的图稿转换为嵌入的图稿

执行下列操作之一：

- 在插图窗口中选择链接的图稿。在"控制"面板中单击"嵌入"按钮即可。
- 在"链接"面板中，选择链接，然后从面板菜单中选择"嵌入图像"即可。

### 13.3.4　编辑链接图稿的源文件

执行下列任一操作即可：

- 在插图窗口中选择链接的图稿。在"控制"面板中单击"编辑原稿"按钮。
- 在"链接"面板中，选择链接，然后单击"编辑原稿"按钮 。或者，从面板菜单中选择"编辑原稿"。
- 选择链接的图稿，然后选择"编辑→编辑原稿"命令即可。

## 13.4　实例：宣传画

在这一部分内容中，通过1个实例来巩固在这一章中学习到的相关知识。在本实例中我们将制作一副宣传彩页，让大家对剪切蒙版有一个深入的了解。主要使用的工具有"椭圆工具"和剪切蒙版制作工具，绘制的最终效果如图13-32所示。

（1）在菜单栏中执行"文件→新建"命令，在弹出的对话框中将"名称"设为"宣传彩页"，颜色模式设为"CMYK"，单击"确定"按钮创建一个新的文档。如图13-33所示。

图13-32　绘制的最终效果

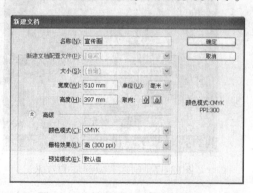

图13-33　"新建文档"对话框

（2）绘制背景。单击工具箱中的"矩形工具" ，在页面上创建一个矩形，如图13-34所示。

（3）导入图片。在菜单栏中选择"文件→置入"命令。导入图片。如图13-35所示。

图13-34　绘制的矩形和填充颜色

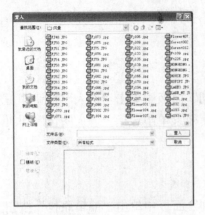

图13-35 置入对话框

（4）单击工具箱中的"矩形工具" □，在页面上创建一个矩形，如图13-36所示。

（5）选中置入的图片和图片上方的矩形，然后选择菜单栏里的"对象→剪切蒙版→建立"命令，建立剪切蒙版。如图13-37所示。

（6）单击工具箱中的"矩形工具" □，在页面上创建一个矩形，然后将描边设为8pt。将轮廓颜色填充为白色。如图13-38所示。

图13-36 绘制的矩形

图13-37 创建蒙版前后的效果

图13-38 绘制的矩形边框

（7）导入图片。在菜单栏中选择"文件→置入"命令。导入一幅风景图片。如图13-39所示。

图13-39 置入对话框

（8）单击工具箱中的"矩形工具" ，在页面上创建一个矩形，然后将描边设为8pt。将轮廓颜色填充为白色。如图13-40所示。

（9）导入图片。在菜单栏中选择"文件→置入"命令。导入一幅花草的图片。如图13-41所示。

（10）单击工具箱中的"椭圆工具" ，在页面上创建一个正圆，如图13-42所示。

图13-40 绘制的矩形边框

图13-41 置入对话框和置入的图片

（11）选中置入的图片和图片上方的正圆，然后选择菜单栏中的"对象→剪切蒙版→建立"命令，建立剪切蒙版。如图13-43所示。

图13-42 绘制的正圆

图13-43 创建蒙版后的效果

（12）单击工具箱中的"椭圆工具" ，在页面上创建一个正圆，然后将描边设为8pt。将轮廓颜色填充为白色。如图13-44所示。

（13）绘制边框。单击工具箱中的"矩形工具" ，在页面上创建一个矩形，然后将描边设为8pt。将轮廓颜色填充为白色。如图13-45所示。

图13-44　绘制的正圆　　　　　　　　　　　　　　图13-45　添加的矩形框

（14）添加文字。在工具箱中选择"文字工具" **T**，然后在页面中输入文字，在其属性栏中设置字体的类型和大小，将字体填充颜色设为白色。如图13-46所示。

图13-46　添加的文字

（15）这样一副简单的宣传彩页就制作完成了，绘制的最终效果如前图13-32所示。

# 第14章 制作图表

在Illustrator CS4中共有9种图表工具，使用它们可以制作出各种各样的图表效果，包括柱形表、条形表和折线图表等。在企事业单位的数据统计、宣传或者管理中，图表是其中常用的方式之一。

在本章中主要介绍下列内容：
- 利用图表工具创建各种图表
- 图表的编辑以及各种图表类型的互换
- 为图表进行设置

## 14.1 图表的创建

通常，在企事业单位中会进行数据统计或者管理，图表就是其中常用的方式之一。图表由数轴和导入的数据组成，可以利用Illustrator CS4中的图表工具创建不同类型的图表。不同类型的图表不光外观不同，可以设置的各种选项也有所不同。在这一节里，将介绍各种不同图表的创建方法。

### 14.1.1 创建图表

在Illustrator CS4的工具箱中提供了9种图表工具，而且在"对象"菜单下提供了一个"图表"子菜单，可以用来设置图表的各种属性。

1. 图表工具

创建各种图表的工具位于工具箱中图表工具的打开式工具栏中，如图14-1所示。

图表工具栏中共有9种图表工具，从左到右依次是：柱形图工具、堆积柱形图工具、条形图工具、堆积条形图工具、折线图工具、面积图工具、散点图工具、饼图工具、雷达图工具。每一种类型的图表都有自己的优势和特点，但也各有不足之处。对于不同的需要，可以选择不同的图表类型。

这9种图表的特点如下：

柱形图：默认的图表类型。使用其长度与数值成比例的矩形来比较一组或多组数值，如图14-2所示。

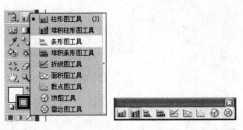

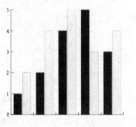

图14-1　Illustrator CS4中的图表工具栏

图14-2　柱形图

堆积柱形图：与柱形图类似，但矩形条是堆放的，而不是并排放置的。这种图表可用来反映部分与整体的关系，如图14-3所示。

条形图：与柱形图类似，但矩形是水平放置的，而不是垂直放置的，如图14-4所示。

堆积条形图：与堆积柱形图类似，只是将横条按水平方向放置而不是垂直方向堆积，如图14-5所示。

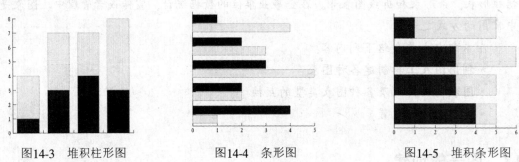

图14-3　堆积柱形图　　　　图14-4　条形图　　　　图14-5　堆积条形图

折线图：用点来表示一组或多组数值，用不同的折线连接每组的所有点。这种类型的图表通常用来显示在一段时间内，一个或多个主题的变化趋势，可以将数据变化的走向很明显地表示出来，如图14-6所示。

面积图：与折线图类似，但是强调整体在数值上的变化，如图14-7所示。

散点图：根据一组成对的x和y轴坐标来绘制数据点。散点图可用于反映数据的模式或变化趋势。该图表也可以说明一个变量是否会影响另一个变量，如图14-8所示。

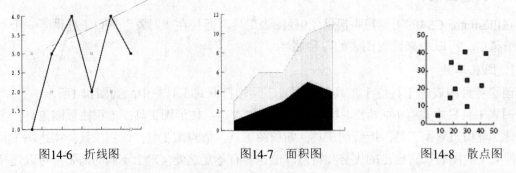

图14-6　折线图　　　　　图14-7　面积图　　　　图14-8　散点图

饼图：是一个圆形图，其中的楔形图反映了所比较的数值对应的百分比，圆饼的大小表示总量的多少，如图14-9所示。

雷达图：在时间或某种特定分类的给定点上比较各组数值，并且以一种环行方式显示。这类图表也称为网状图，如图14-10所示。

### 2. 设定图表的宽度和高度

在Illustrator CS4中创建图表时，需要首先确定图表的宽度和高度。可以用以下两种方法来设定图表的宽度和高度。

· 在工具箱中选取图表工具，移动鼠标到绘图窗口中。在想要绘制图表的地方按下鼠标左键，直接在绘图页面上拖拉鼠标，然后松开鼠标左键。拖拉的矩形框的大小即为所创建图表的大小。用这种方法设定图表的宽度和高度很方便，但是不能精确设定宽度和高度的值。

· 在工具箱中选取图表工具，移动鼠标到绘图窗口中。在想要绘制图表的地方单击鼠标左键，打开如图14-11所示的"图表"对话框。在此对话框中导入图表的宽度和高度，单击"确定"按钮即可。用这种方法设定图表的宽度和高度虽然烦琐了些，但可以得到所需宽度和高度的图表。

图14-9 饼图

图14-10 雷达图

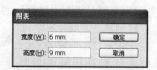

图14-11 "图表"对话框

## 14.1.2 柱形图

柱形图能够显示事物随着时间的变化趋势，可以给人一种非常直观的印象。这是我们最经常使用的一种图表格式。

### 1. 创建柱形图

创建柱形图的步骤如下：

（1）选择工具箱中的柱形图工具。双击图表工具，将会打开如图14-12所示的"图表类型"对话框，在对话框中的"类型"栏中选择柱形图，也就是第一个按钮所表示的图表类型。还可以执行"对象"菜单中的"图表"命令，也将打开"图表类型"对话框，从中选择柱形图。

（2）在绘图页面上按下并拖拉鼠标，定义图表的宽度和高度。或者在绘图页面上单击鼠标左键，然后在打开的"图表"对话框中输入图表的宽度和高度。

（3）这时，最初的图表将出现在绘图页面上。同时系统会自动打开"图表数据"窗口。如图14-13所示。

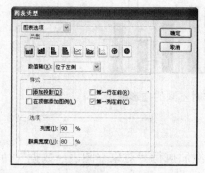

图14-12 "图表类型"对话框

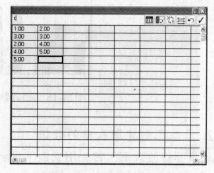

图14-13 "图表数据"窗口

在"图表数据"窗口的左上角有一个文本框，可以在文本框中输入数据。在该对话框的右上角有一排小图标，如图14-14所示。

这6个小图标从左到右依次为：

· 导入数据 ：用来导入其他软件产生的数据。

· 换位行/列 ：用来将数据框中横排的数据和竖排的数据相互调换。

· 切换X/Y ：用来调换X轴和Y轴的位置。

· 单元格样式 ：用来调整数字栏的宽度并控制小数点的位数。当用鼠标单击此图标时，将会打开"单元格样式"对话框，如图14-15所示。

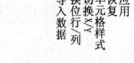

图14-14　"图表数据"窗口的工具图标　　　　图14-15　"单元格样式"对话框

可以在"单元格样式"对话框中设定小数位数和列宽度，然后单击"确定"按钮。也可以将鼠标光标放在栏间的竖线上，光标就会变成两条竖线和左右箭头的形状，此时按住鼠标左键左右拖动就能单独调节某一栏的宽度。

· 恢复 ：单击此按钮可以使"图表数据"窗口中的设定恢复到刚打开时的状态。

· 应用 ：单击此按钮就可以采用图表设计窗口中设定的数据制作成图表，这时可以看到页面上图表的变化。

（4）在文本框中输入数据后，按键盘上的Enter键、方向键或Tab键，就可以继续输入数据。也可以使用鼠标选中单元格输入数据。

如果要将竖排和横排相互交换，用鼠标单击"图表数据"窗口中的切换X/Y按钮即可。如果需要将数据从某一单元格移动或复制到另外一个单元格中，可以按下鼠标左键在单元格中将其选中，执行"复制"命令，用鼠标选中另一单元格，然后执行"粘贴"命令。

（5）用鼠标单击"应用"按钮，可以看到图表的预视效果。单击"图表数据"窗口的关闭按钮关闭该对话框。如图14-16所示的就是一组相同的数据在横排和竖排时不同的柱形图效果。可以看出，柱形图是将每一行的数据放在一起进行比较的。

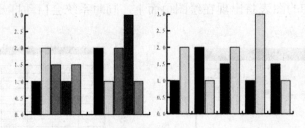

图14-16　相同数据横排和竖排时不同的柱形图

## 2. 修改已创建图表中的数据

如果要修改数据，首先用选取工具将图表选中，然后执行"对象→图表→数据"命令，就会打开"图表数据"窗口。在对话框中可以修改图表中的数据，修改完成后单击"应用"按钮

✓就可以应用修改后的数据。然后单击"关闭"按钮将对话框关闭即可。

### 3. 给图表加上图例

如果给图表加上图例，就能得到更直观的信息，下面结合一个实例来说明。例如为某企业每个季度的产值做一个图表，把年度和季度作为图例加上去。图表的制作步骤如下：

（1）创建一个柱形图。

（2）在第一列中从第二行开始向下竖向输入"2001"、"2002"、"2008"、"2009"，注意每个数字都必须带上双引号，这样，Illustrator CS4就不会将这些数据放入到图表内，而只是作为一些指示符号。在第一行中从第二列开始横向输入"一季度"、"二季度"、"三季度"、"四季度"，在这些文字的前面不需要加任何符号，Illustrator CS4会自动识别。输入数据之后的"图表数据"窗口如图14-17所示。

（3）所有数据导入完成之后单击"应用"按钮✓应用数据，将最终生成这个企业2001～2004年各个季度产值的比较图表。如图14-18所示，其中横轴表示年度，纵轴表示产值，右上角有图例，分别注明了各个季度。

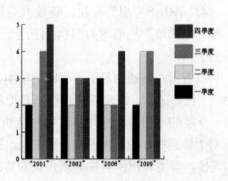

图14-17 输入数据之后的"图表数据"窗口　　　　　图14-18 在柱形图中加入图例

（4）将图表选中，双击工具箱中的图表工具，系统会打开"图表类型"对话框，如图14-19所示。

**提示** 读者也可以通过单击鼠标右键，从打开的关联菜单中选择"类型"命令来打开"图表类型"对话框。

（5）在"图表类型"对话框中的样式栏中选中"在顶部添加图例"复选项，单击"确定"按钮，图例就会被放到图表的顶部，如图14-20所示。

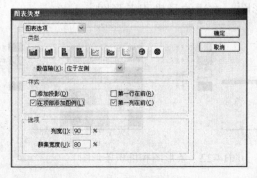

图14-19 "图表类型"对话框

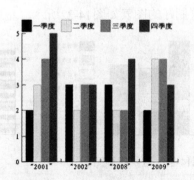

图14-20 将图例放到图表的顶部

图表中的任何部分都可以用工具箱中的直接选取工具单独选中，然后设置颜色填充、渐层填充或编辑轮廓线等操作。其实，一个图表就相当于一群组合的图形，可以随时选中其中的单元进行修改和编辑。

### 14.1.3　堆积柱形图

堆积柱形图和普通柱形图，都能够显示相同数量的信息，但组织信息的方式不同。普通柱形图用于每一类中单个表目的比较，而堆积柱形图可以用来显示全部表目的总数，将总数进行比较。因此，在表示某类的总数以及每一个分类对总数的作用时，堆积柱形图是一种理想的图表。

堆积柱形图的创建方法和普通柱形图的创建方法基本相同，大致步骤如下：

（1）选择图表工具打开工具栏中的堆积柱形图工具。

（2）移动鼠标到绘图页面上，在要绘制图表的地方按下鼠标左键。拖拉出绘制图表所占有区域的大小，松开鼠标左键，将打开"图表数据"窗口。

（3）在"图表数据"窗口中输入数据、指定图例名称等。

（4）单击"应用"按钮，将数据应用到图表。

绘制好的堆积柱形图如图14-21所示，其中的数据与图14-20所示普通柱形图中的数据完全一样。

可以看出，普通柱形图是将同一年中各个季度的产值并列放在同一组中，每个季度的产值各用一个柱形表示。而堆积柱形图则是把每一年中各个季度的产值叠加起来用一个柱形表示，将每一季度的产值按顺序用不同的颜色块区分开。

对于普通柱形图和堆积柱形图来说，还有柱宽和簇宽是两个可定制的选项。柱宽是指每个柱的宽度，簇宽是指所有柱形所占据的簇的可用空间。柱宽和簇宽的调整范围是1%～100%。

### 14.1.4　条形图和堆积条形图

条形图和堆积条形图的创建方法与柱形图的创建方法基本相同，创建的大致步骤如下：

（1）选择图表工具打开工具栏中的"条形图工具"，或"堆积条形图工具"。

（2）移动鼠标到绘图页面上，在要绘制图表的地方按下鼠标左键。拖拉出绘制图表所占有区域的大小，松开鼠标左键，将打开"图表数据"窗口。

（3）在"图表数据"窗口中输入数据、指定图例名称等。

（4）单击"应用"按钮，将数据应用到图表。

绘制好的图表如图14-22所示，左边的是条形图，右边的是堆积条形图。

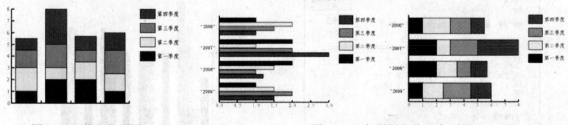

图14-21　堆积柱形图　　　　　　　　　　图14-22　条形图和堆积条形图

将条形图和柱形图相比较可以看出，条形图使用水平方向的柱形来表示各种数据。横坐标表示产值，纵坐标表示年份。而柱形图中横坐标表示年份，纵坐标表示产值。堆积条形图和条形图类似，不同之处在于堆积条形图中的比较数值是叠加在一起的。

## 14.1.5 折线图

折线图最大的优势是能够显示出随着时间的发展趋势，将数据变化的走向很明显地显示出来，帮助我们把握事物发展的进程，识别主要的变化特性。如果需要了解事物变化的趋势，折线图是最理想的图表。在很多地方都能见到折线图表，比如证券交易所中的股市行情图，医院中的体温变化图等。

折线图创建的大致步骤如下：

（1）选择图表工具打开工具栏中的"折线图工具" 📉。

（2）移动鼠标到绘图页面上，在要绘制图表的地方按下鼠标左键。拖拉出绘制图表所占有区域的大小，松开鼠标左键，将打开"图表数据"窗口。

（3）在"图表数据"窗口中输入数据、指定图例名称等。

（4）单击"应用"按钮，将数据应用到图表。绘制好的折线图如图14-23所示。

折线图能够纵向比较每一年度中各个季度产值的变化情况，在每一年份上面都有四个点，分别表示当年中各个季度的产值。如果同一年中两个或多个季度的产值相同，则表示季度产值的点将会重合。横向能够比较不同年度的同一季度的产值变化趋势，中间用连接线连接着相同季度的产值的变化趋势。

## 14.1.6 面积图

面积图用点来表示一组或者多组数据，以不同颜色的折线连接不同组的所有点，从而形成面积区域。它将显示的数据点用连接线相连，它们彼此堆积在一起以显示图表标记对象的全部区域。面积图的外观就像是一个填充了的折线图表。创建面积图的大致步骤如下：

（1）选择图表工具打开工具栏中的"面积图工具" 📉。

（2）移动鼠标到绘图页面上，在要绘制图表的地方按下鼠标左键。拖拉出绘制图表所占有区域的大小，松开鼠标左键，将打开"图表数据"窗口。

（3）在"图表数据"窗口中输入数据、指定图例名称等。

（4）单击"应用"按钮，将数据应用到图表。

绘制好的面积图如图14-24所示。

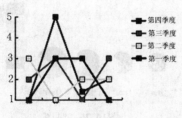

图14-23 折线图

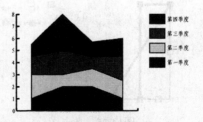

图14-24 面积图

面积图能够纵向比较每一年度总产值的变化情况。在每一年份上面都有四个点，相邻两点之间的距离分别表示当年中各个季度的产值，最上面的点对应的数值表示当年的总产值，从顶端的折线可以看出年度总产值的变化情况。横向能够比较不同年度的同一季度的产值变化趋势，图表用连接线连接着相同季度的产值，根据相邻两条折线之间色带的宽度可以比较同一季度的产值变化。

### 14.1.7 散点图

散点图主要用来对科技图表进行说明。跟Illustrator CS4中的其他数据图表相比较，散点图是很特殊的一种数据图表。散点图的X轴和Y轴都是数据坐标轴，在两组数据的交汇处形成坐标点。每一个数据点都用X坐标和Y坐标给定位置，各个点之间用连接线相互连接，连接线可以贯穿自身，但没有具体的方向。使用散点图能够反映出数据的变化趋势。

创建散点图的大致步骤如下：

（1）选择图表工具打开工具栏中的"散点图工具" 。

（2）移动鼠标到绘图页面上，在要绘制图表的地方按下鼠标左键。拖拉出绘制图表所占有区域的大小，松开鼠标左键，将打开"图表数据"窗口。

（3）在"图表数据"窗口中输入数据、指定图例名称等。

（4）单击"应用"按钮，将数据应用到图表。

绘制好的散点图如图14-25所示。

**注意** 散点图只能同时表示同一类型中的两种数据。

### 14.1.8 饼图

饼图把数据总和作为一个圆饼，其中各组数据所占的比例用不同的颜色表示。它非常适合于显示各种内部数据的相互比较，能够很直观地显示出在一个整体中各个部分所占的比例。这是一种应用很广的数据图表类型，比如当我们使用电脑时，选中一个硬盘后，在"我的电脑"窗口中就会给出一个立体饼状图，说明这个硬盘的已用空间和可用空间的大小。在Illustrator CS4中，饼图的创建步骤大致如下：

（1）选择图表工具打开工具栏中的"饼状工具" 。

（2）移动鼠标到绘图页面上，在要绘制图表的地方按下鼠标左键。拖拉出绘制图表所占有区域的大小，松开鼠标左键，将打开"图表数据"窗口。

（3）在"图表数据"窗口中输入数据、指定图例名称等。

（4）单击"应用"按钮，将数据应用到图表。绘制好的饼图如图14-26所示。

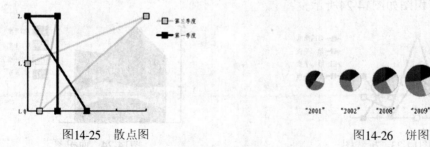

图14-25　散点图　　　　　　　　　　　图14-26　饼图

饼图能够比较各年度的总产值，年度总产值越大，圆饼的面积也就越大。在同一个圆饼中，各个季度的产值也按照比例显示。饼图虽然能够很直观地显示出同组数据中各个组所占的比例，但它也有不足之处。它的不足之处就是不能显示各个数据的具体数值。

### 14.1.9 雷达图

雷达图是以一种环形方式显示各组数据进行比较的图表。这是一种比较特殊的图表，它能够将一组数据在一个环中分布，从而形成一种较为明显的比较效果。

创建雷达图的大致步骤如下：

（1）选择图表工具打开工具栏中的"雷达工具" 。

（2）移动鼠标到绘图页面上，在要绘制图表的地方按下鼠标左键。拖拉出绘制图表所占有区域的大小，松开鼠标左键，将打开"图表数据"窗口。

（3）在"图表数据"窗口中输入数据、指定图例名称等。

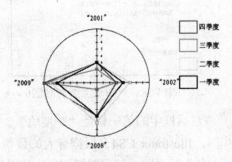

图14-27　雷达图

（4）单击"应用"按钮，将数据应用到图表。绘制好的雷达图如图14-27所示。

**注意** 因为Illustrator CS4默认的表示不同数据的折线的颜色比较相近，在雷达图表中，如果设定的各组数据差别不大，表示不同数据的线条就较难分辨。

## 14.2 编辑图表

当在Illustrator CS4中创建完图表后，还可以对生成的各类图表进行编辑。比如部分数据更新之后，原有的图表已不再适用。但是没有必要重新创建图表，可用通过编辑图表中的数据将数据更新。另外，也可以对图表进行重新定义坐标轴，或者将各种图表类型相互转换、更改图表选项等操作。

### 14.2.1 定义坐标轴

在前面的创建图表中，都涉及了坐标轴的使用。在这一个小节里，结合柱形图介绍坐标轴的定义方法。定义坐标轴的步骤如下：

（1）创建一个柱形图，在"图表数据"窗口中输入数据后应用。

（2）将图表选中，然后双击工具箱中的图表工具，也可以执行"对象→图表→类型"命令，系统将打开"图表类型"对话框。如图14-28所示。

在类型栏中，上面有一排图标分别代表不同类型的图表。下面有一个"数值轴"选项，单击右侧的小三角形，将会打开一个下拉列表。在下拉列表中有三个选项："位于左侧"、"位于右侧"和"位于两侧"，分别表示纵坐标轴在图表的左侧、右侧，以及在图表的左右两侧都有坐标轴。这里我们选择"位于左侧"。

（3）选定坐标轴的位置之后，单击"图表类型"对话框上部"图表选项"旁边的小三角形，从打开的下拉列表中选择"数值轴"，将打开如图14-29所示的"图表类型"对话框。

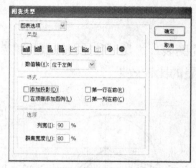

图14-28  "图表类型"对话框

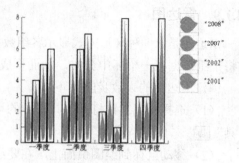

图14-29  "图表类型"对话框

该对话框中的第一栏是"刻度值"。栏中有一个"忽略计算出的值"的选项，当选项没有选中时，Illustrator CS4会根据导入的数值自动计算并定义数值坐标轴的刻度。当选中"忽略计算出的值"选项时，就可以根据自己的需要定义坐标轴的刻度。这时，下面的三个选项被激活，"最小值"文本框中的数值表示坐标轴的起点值，也就是原点的坐标值。"最大值"文本框中的数值表示坐标值最大的刻度值。"刻度"文本框中的数值表示将坐标值分为几个部分，在这里分别设为"-2"、"5"、"7"。

第二栏是"刻度线"栏，栏中的"长度"选项后面有三个可选项："无"、"短"和"全宽"。"无"表示没有刻度标记，"短"表示有短的刻度标记，"全宽"表示刻度线贯穿整个图表。"绘制"选项中的数值用来表示每一个坐标轴分隔之间用多少个刻度来标记。在这里，将"长度"选项设为"全宽"，"绘制"选项的值设为2。

第三栏是"添加标签"栏，下面有两个选项："前缀"和"后缀"。"前缀"表示在数值的前面加符号，"后缀"表示在数值的后面加符号。在"前缀"中导入符号"￥"，在"后缀"中导入汉字"万"作为纵轴的数据单位。

（4）以上设置完成之后，单击"确定"按钮，就可以看到柱形图的变化，如图14-30所示。

## 14.2.2  不同图表类型的互换

在Illustrator CS4中，当我们绘制完成一个图表之后，突然觉得图表类型选择得不太好。这时，是不是要重新绘制一个图表呢？不必，我们可以很方便地在各种图表类型之间转换。

转换图表类型的步骤如下：

（1）用选取工具选取图表。

（2）在工具箱中双击图表工具 📊 ，或者执行"对象→图表→类型"命令，将会打开"图表类型"对话框，如图14-31所示。

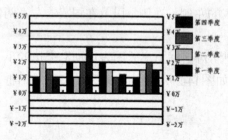

图14-30  定义坐标轴后的柱形图

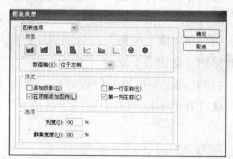

图14-31  "图表类型"对话框

（3）在"图表类型"对话框中选择一种所需的图表类型，单击"确定"按钮关闭窗口即可。如图14-32所示，左边的雷达图经过以上操作步骤转换图表类型后生成的同样数据的柱形图。

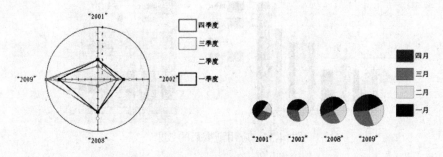

图14-32 类型转换后的图表

## 14.3 自定义图表工具

在前面的内容中已经介绍了图表的创建和编辑。创建好的图表相当于一个图形的组合体，可以用直接选取工具选中其中的任何一个部分，然后对选中的部分进行编辑和修改。所有对图形的编辑命令对图表的一部分而言，都是有效的。

在这一节里，我们将介绍怎样改变图表中的部分显示，使用图案图形来表现图表和对图表进行"取消编组"。

### 14.3.1 改变图表中的部分显示

图表制作完成之后，会自动处于选中状态，并且图表中的所有元素自动成组。可以使用直接选取工具选中图表的一部分，对它进行编辑，使得图表的显示更为生动。也可以对图表进行取消组合操作，但取消组合之后的图表不能再进行更改图表类型的操作。下面结合一个实例来说明怎样改变图表中的部分显示。

（1）在Illustrator CS4中创建一个柱形图，如图14-33所示。图中的四组比较数值都用不同灰度的柱形表示。

（2）在工具箱中选取"直接选取工具" 来选择一个柱形，在这里我们选择每一组中的第1个柱形。选定一个以后按下Shift键，再选定同类柱形。如图14-34所示。

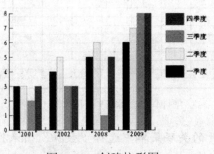

图14-33 创建柱形图

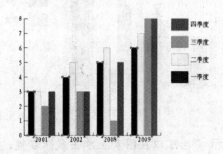

图14-34 选择后的效果

（3）执行"窗口"菜单中的"渐变"命令，打开"渐变"面板。然后还要把"色板"面板打开。

（4）在“渐变”面板中，设置渐变“类型”为“线性”，再设置渐变的颜色。应用之后图表将会生成如图14-35所示的效果。

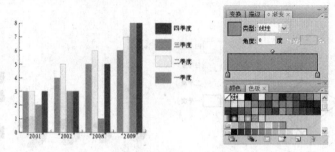

图14-35　应用渐变后的效果

（5）重复以上操作步骤可以接着改变其他柱形的显示方式。也可以在选择每个对应的柱形图后直接使用颜色面板给图表的各个部分设置不同的颜色，从而得到一个色彩艳丽的图表。如图14-36所示。

**提示**　由于本书黑白印刷，因此读者需要在彩色模式下才能看到色彩的变化，可以在Illustrator中看到。

## 14.3.2　调整图表的行/列

在Illustrator中，调整图表的行/列就是将“图表数据”对话框中数据的行/列互换，然后生成图表。这与左边纵轴与横轴的互换不同，调整行/列前后使用的还是同样的数据，并且坐标纵轴仍然表示比较数值。调整图表的行/列有时候会收到意想不到的效果。

调整图表的行/列的步骤如下：

（1）选中一个创建好的图表。

（2）单击鼠标右键，从打开的快捷菜单中选择“数据”命令，将打开“图表数据”窗口。或者执行“对象→图表→数据”命令，同样可以打开“图表数据”窗口，如图14-37所示。

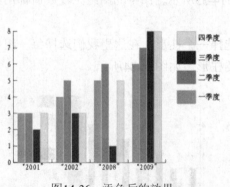

图14-36　添色后的效果

| | 一季度 | 二季度 | 三季度 | 四季度 |
|---|---|---|---|---|
| "2001" | 2.00 | 3.00 | 4.00 | 5.00 |
| "2002" | 3.00 | 2.00 | 3.00 | 3.00 |
| "2008" | 3.00 | 2.00 | 2.00 | 4.00 |
| "2009" | 2.00 | 4.00 | 4.00 | |

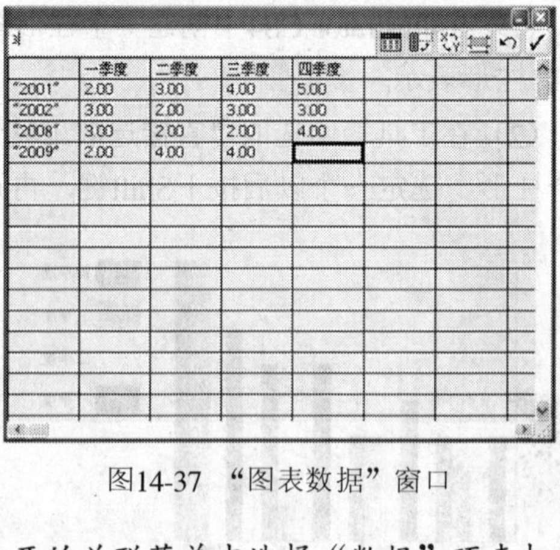

图14-37　“图表数据”窗口

**提示**　也可以在图表上单击鼠标右键，然后从打开的关联菜单中选择“数据”项来打开数据窗口。

（3）单击“图表数据”窗口中的调整图表的“换位行/列”按钮，可以看到，“图表数据”窗口中的数据变换了行/列，可参照前图。如图14-38所示。

（4）单击"图表数据"窗口中的应用按钮☑，将调整行/列后的数据应用到图表。如图14-39所示。

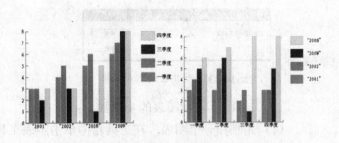

图14-38 调整图表中的行/列　　　　　图14-39 调整图表中的行/列（右图）

### 14.3.3 使用图案来表现图表

在Illustrator CS4中，不仅可以给图表的一部分应用单色填充和渐变填充，还可以使用图案图形来表现图表，其中包括位图图形和矢量图形。

#### 1. 应用矢量图形表现图表

创建矢量图形的步骤如下：

（1）新建一个文档。然后在工具箱中选取"钢笔工具" ，在矩形框中绘制一个如图14-40所示的桃子的形状。

（2）选中矩形框和所绘桃子物体，执行"对象→图表→设计"命令，打开如图14-41所示的"图表设计"对话框。

图14-40 绘制的图形

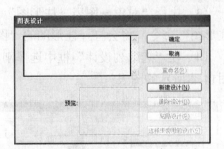

图14-41 "图表设计"对话框

（3）单击"图表设计"对话框中的"新建设计"按钮，在上面的空白框中出现"新建设计"的文字，在预览框中出现了桃形的预览视图。如图14-42所示。

（4）单击"图表设计"对话框中的"重命名"按钮将打开"重命名"对话框，可以重新定义图案的名称，如图14-43所示。

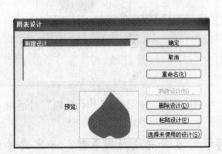

图14-42 新增设计

（5）单击"粘贴设计"按钮，图案就被粘贴到绘图页面上，可以对它进行修改，然后将其重新定义。

（6）单击"确定"按钮，一个图表图案就生成了。如图14-44所示。

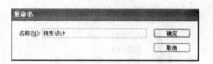

图14-43　"重命名"对话框

图14-44　生成的图案

应用矢量图形表现图表的步骤如下：

（1）先制作一个图表，在工具箱中单击图表工具 ，然后在工作区中单击生成一个输入数据的图表，并输入数据，如图14-45所示。

（2）确定后生成的柱形图表如图14-46所示。

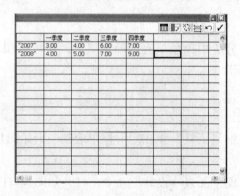

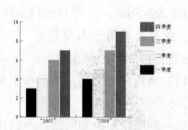

图14-45　输入数据的图表

图14-46　选中的图表

（3）执行"对象→图表→柱形图"命令。或者单击鼠标右键，从打开的快捷菜单中选择"柱形图"命令，将会打开柱形图的"图表列"对话框，如图14-47所示。

（4）在"选取列设计"框中选择刚才定义好的图案名称，单击"确定"按钮，就会得到如图14-48所示的图表。

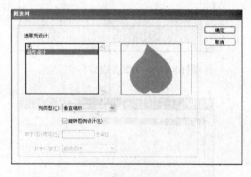

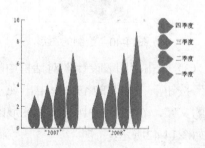

图14-47　柱形图的"图表列"对话框

图14-48　生成的图表效果

**提示**　在开始设计图表时，一定要考虑图表的宽度和高度，如果宽度不够的话，那么生成的图表效果不是很好看，下图就是一幅宽度不够的效果，如图14-49所示。

（5）在柱形图窗口中还可以选择柱形图类型，共有四个可选项：垂直缩放、一致缩放、重复堆叠和局部缩放。如图14-50所示。

· 垂直缩放：这种方式的图表是根据数据的大小对图表的自定义图案进行垂直方向的放大和缩小，而水平方向保持不变所得到的图表。如图14-49所示的图表的柱形图类型就是选择垂直缩放的效果。

· 一致缩放：这种方式的图表是根据数据的大小对图表的自定义图案进行按比例的放大和缩小所得到的图表。效果如图14-51所示。

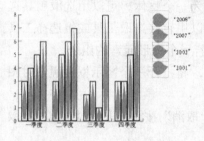

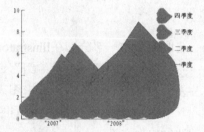

图14-49　宽度不够的图表效果　　　　图14-50　四个选项　　　　图14-51　一致缩放的效果

· 重复堆叠：选中此选项后，"柱形图"对话框下面的两个选项将被激活。首先必须在"每个设计表示....个单位"中输入一个数值，导入的数值表示每一个图案代表数字轴上的多少个单位，如输入数值1就表示一个图案代表数字轴上的一个单位。

如图14-52所示的是将"每个设计表示....个单位"分别设为3和0.5产生的图表。

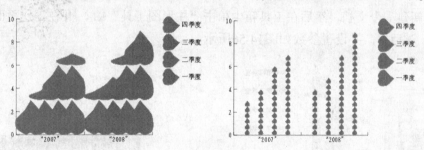

图14-52　不同单位表示的图表

"对于分数"部分有两个选项，分别是"截断设计"和"缩放设计"。"截断设计"代表取图案的一部分来表示小数部分，"缩放设计"代表对图案进行比例缩放来表示小数部分。

如图14-53所示的分别是将"对于分数"栏中设为"截断设计"和"缩放设计"产生的图表，每个设计单位均为3个图案表示数字轴上的一个单位。

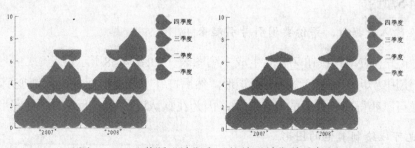

图14-53　"截断设计"和"缩放设计"的比较

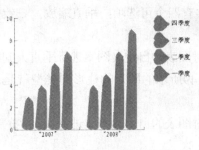

图14-54 局部缩放的效果

·局部缩放：局部缩放跟垂直缩放的效果比较类似，但它是将图案进行局部拉伸。效果如图14-54所示。

### 14.3.4 对图表进行"取消编组"

在Illustrator CS4中生成图表之后，其中的各个元素，如坐标轴、柱形数值条、图例等将会自动组合成为一个整体。可以用选取工具选取整体，也可以用直接选取工具或组选择工具选取图形的一部分。在Illustrator CS4中，一个图表就相当于若干个图形元素的组合。

执行"对象→取消编组"命令，或者按下Ctrl+Shift+G键，将打开一个警示框提醒你对图表取消编组后就不能再编辑图表了。

单击"确定"按钮将取消图表中各个元素的组合，单击"取消"按钮将取消对图表的"取消编组"命令。

## 14.4 实例：制作一个简单的产量对比表

在这一部分内容中通过一个简单的实例来介绍产量对比图表的制作，制作的最终效果如图14-55所示。

（1）新建一个文档。然后在工具箱中单击"柱形图工具" ，并在工作页面中单击，打开"图表"对话框，并设置参数如图14-56所示。

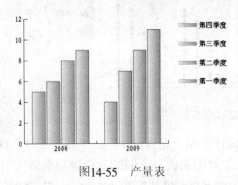

图14-55 产量表

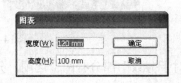

图14-56 "图表"对话框

（2）单击"确定"按钮，打开用于输入数据的窗口，然后根据需要输入4个季度的产量数据。如图14-57所示。

**注意** 在输入数据时，年份要用引号引起来。

（3）单击"应用"按钮 后，生成下列图表。如图14-58所示。

（4）使用"矩形工具"绘制一个矩形，然后打开"渐变"面板设置渐变填色，如图14-59所示。这样可以获得比较好看的彩色效果，因为在默认设置下，生成的图标图形是灰黑色的。

**提示** 也可以绘制其他的图形。

图14-57 输入的数据

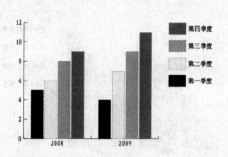

图14-58 生成的图形

（5）执行"对象→图表→设计"命令，打开"图表设计"对话框，单击"新建设计"按钮创建新的图表图案，如图14-60所示。

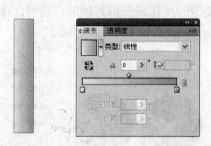

图14-59 绘制的矩形和"渐变"设置

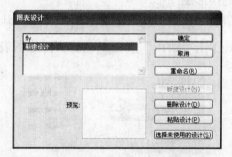

图14-60 "图表设计"对话框

（6）在"图表设计"对话框中，单击"重命名"按钮，打开"重命名"对话框，将名称设置为渐变，如图14-61所示。

（7）执行"对象→图表→柱形图"命令，打开"图表列"对话框，并设置选项，如图14-62所示。

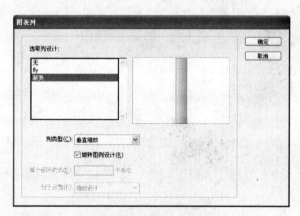

图14-62 "图表列"对话框

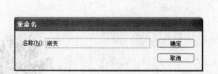

图14-61 在"重命名"对话框中设置的新名称

（8）在"图表列"对话框中单击"确定"按钮，得到如图14-63所示的图形。

（9）执行"对象→图表→类型"命令，打开"图表类型"对话框，如图14-64所示。

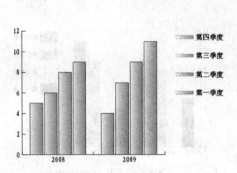

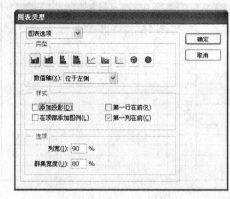

图14-63　获得的产量对比效果图形　　　　　图14-64　"图表类型"对话框

（10）如果要将其转换为条形图图表，那么单击"条形图"按钮 ▇，即可得到如图14-65
所示的条形图图形。

（11）还可以在"图表类型"对话框中单击其他类型的按钮来获得其他的产量对比图形，
下面是单击"饼图"按钮 ◉ 之后获得的图表效果，如图14-66所示。

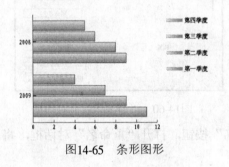

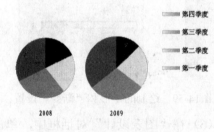

图14-65　条形图形　　　　　　　　　图14-66　饼形图形

# 第15章 Web设计、打印和任务自动化

Illustrator CS4在网页设计领域也具有重要的应用，包括整体网页的设计、网页元素的设计等。在这一章的内容中就介绍有关使用Illustrator设计网页方面的知识。

在本章中主要介绍下列内容：

- 使用"存储为Web和设备所用格式"命令将图形存储为JPEG、GIF、PNG格式
- 使用SWF矢量图动画格式存储图像
- 文档设置和打印设置

## 15.1 输出为Web图形

在Illustrator CS4的"文件"菜单中有一项"存储为Web和设备所用格式"命令。如图15-1所示。使用该命令可以很方便地设置存储的文件格式以及各项参数。

### 15.1.1 Web图形文件格式

Illustrator CS4支持网页上使用的三种主要图形文件格式，分别是GIF格式、JPEG格式和PNG格式。另外还支持SWF格式、SVG格式和WBMP格式。选择"存储为Web和设备所用格式"命令后，会打开"存储为Web和设备所用格式"对话框，单击GIF右侧的下拉按钮，将会打开一个下拉列表，从中可以看到Illustrator CS4所支持的文件格式。如图15-2所示。

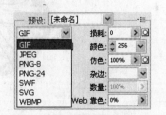

图15-1 "存储为Web和设备所用格式"命令　　　　图15-2 几种可支持的文件格式

GIF格式主要用于大面积单色图像，如风格化的艺术作品和标语等，所有的网络浏览器都支持这种格式。GIF使用一种固定压缩的格式，这种格式与TIFF所用格式相似。这种压缩方案属于无损压缩，经这种压缩方案压缩的图像质量不会下降。

JPEG格式主要由于照片图像以及包含多层色彩的图像，它也可以在所有浏览器上使用。与GIF不同的是，JPEG使用有损压缩。压缩的时候删除了部分数据，从而损坏了图像的质量。用户可以选择每幅图像的压缩量，压缩量越大，储存文件时所占的空间就越少，但是图像质量的下降也就越大。

PNG-8格式和GIF文件支持8位颜色，因此它们可以显示可达256位的颜色。确定使用哪种颜色的过程称为索引，因此GIF和PNG-8格式中的图像称为索引颜色图像。当图像转换为索引颜色时，Illustrator将构建一个颜色查找表，用以存储并索引图像中的颜色。如果原始图像中的颜色没有在颜色查找表中显示，则应用程序可以选取表中最接近的颜色或者使用可用颜色的组合模拟颜色。

PNG-24格式适合于压缩连续色调图像；但它所生成的文件比JPEG格式生成的文件要大得多。使用 PNG-24的优点在于可在图像中保留多达256个透明度级别。

Macromedia Flash（SWF）文件格式是基于矢量的图形文件格式，它用于创建适合Web的可缩放的小型图形。因为文件格式基于矢量，所以在任何分辨率下图稿都可以保持图像品质，特别适用于动画帧的创建。

SVG是将图像描述为形状、路径、文本和滤镜效果的矢量格式。生成的文件很紧凑，在Web上、印刷时，甚至在资源十分有限的手持设备中都可提供高品质的图形。

WBMP格式是用于优化移动设备（如移动电话）图像的标准格式。WBMP支持1位颜色，即WBMP图像只包含黑色和白色像素。

## 15.1.2  使用JPEG格式存储图像

当我们制作好图像，并需要用JPEG格式储存图像时，最好先以Illustrator格式存储文件。因为在制作原始文件时，无法在Illustrator中编辑位图文件。使用JPEG格式储存图像的步骤如下。

（1）选择"文件"菜单中的"存储为Web和设备所用格式"命令，打开如图15-3所示的"存储为Web和设备所用格式"对话框。

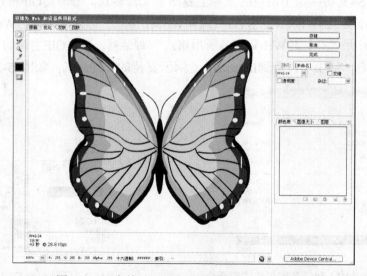

图15-3　"存储为Web和设备所用格式"对话框

（2）单击"预设"左侧的下拉按钮，在打开的保存类型下拉列表中选择JPEG类型，可以在"JPEG高"、"JPEG低"和"JPEG中"之间选择一种，如图15-4所示。其中使用"JPEG高"保存的图片质量最好，但下载所需的时间也最长；JPEG低保存的图片质量最差，但下载所需的时间最短。所以，一般选择"JPEG中"项。

（3）在"预设"栏中还可以对图片进行各种预先设置，比如品质、模糊和杂边等。如图15-5所示。

**提示**  在"预设"中设置的文件格式不同，那么将会打开不同的参数选项，下面是选择GIF格式后打开的参数选项，如图15-6所示。

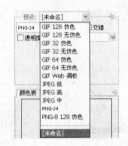

图15-4  保存类型下拉列表    图15-5  参数选项    图15-6  GIF格式的参数选项

（4）单击图片预览对话框右侧的"优化菜单"按钮 ≡，将打开如图15-7所示的菜单命令，从中可以选择优化设置。选择不同的命令，就会打开不同的设置对话框，比如选择"存储设置"后就会打开"存储优化设置"对话框。

（5）单击打开的对话框顶部的"双联"或"四联"标签，就可以预览图片在不同质量参数设置下的质量以及下载所需的时间。如图15-8所示。

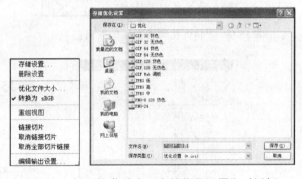

图15-7  打开的菜单和"存储优化设置"对话框

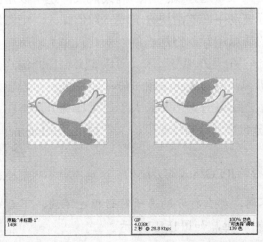

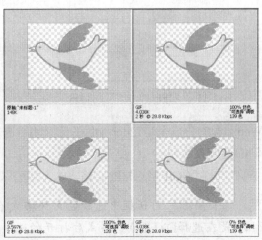

图15-8  双联或四联显示效果

（6）设置完成之后，单击"存储"按钮，系统将打开如图15-9所示的对话框，在其中输入保存的路径。如果选中"HTML和图像"，则在保存文件为JPEG格式的同时，还将文件存为HTML格式。

另外，选择菜单栏中"文件→导出"命令，也可以将文件存为JPEG格式。操作步骤如下：

（1）选择"文件→导出"命令，打开"导出"对话框，如图15-10所示。在该对话框中选择保存类型为JPEG格式。

图15-9 "将优化结果存储为"对话框

图15-10 "导出"对话框

图15-11 "JPEG 选项"对话框

（2）单击"保存"按钮，将会打开如图15-11所示的"JPEG 选项"对话框。

（3）设置好"JPEG 选项"的各项参数后，单击"确定"按钮即可。

在"JPEG 选项"对话框中，可以通过在"图像"区中的"品质"栏中输入0～10中的一个数值来决定图像的质量，也可以在后面的下拉列表中选择低、中、高或最大，还可以用鼠标拖动下面的滑块来完成。数值越大，则图像的质量越好，但所占的空间也就越大。

在"分辨率"区，可以定义输出图像的分辨率。因为Web图像一般在计算机显示器上显示，所以分辨率不必大于显示器的分辨率。大部分Web图像的分辨率是72dpi，而不是打印所需分辨率。分辨率越低，文件越小，在Internet网上传输的速度就越快。

将文件保存为GIF格式和PNG格式的方法与保存为JPEG格式的方法相似，这里就不再赘述。

**提示** 在"导出"对话框中选择的文件格式不同，那么打开的选项对话框也不同，下面是在选择DXF/DWG格式后打开的选项对话框，如图15-12所示。

### 15.1.3　用SWF格式存储图像

SWF是一种矢量图动画格式，比如说Flash文件就是使用的SWF格式。在Illustrator以前的版本中，如果想要以SWF格式输出矢量图形，则必须安装Macromedia公司开发的Illustrator插件。但在Illustrator　CS4中，不需要安装Macromedia开发的Illustrator插件就可以用SWF格式存储文件。

使用SWF格式存储文件的步骤如下：

（1）在菜单栏中选择"文件→导出"命令，打开"导出"对话框。

（2）在保存类型下拉列表中选择SWF类型，如图15-13所示。

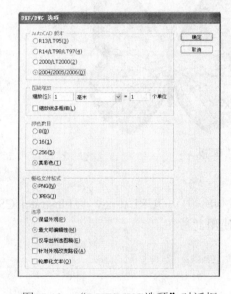

图15-12　"DXF/DWG选项"对话框

图15-13　在"导出"对话框中选择文件格式

（3）单击"保存"按钮，将会打开如图15-14所示的"SWF选项"对话框。

（4）设置好"SWF选项"的各项参数，单击"确定"按钮即可。

一般将分辨率设为72dpi，在"导出为"栏中选择"AI文件到SWF文件"。

### 15.1.4　为图像指定URL

URL（使Uniform　Resource　Locators的缩写，统一资源定位器）是用在WWW上的网址，每个URL都会给出网上一个文件或目录的位置，并向Web浏览器给出寻找该文件或目录的各种信息，将其显示在屏幕上。URL通常如下表示：

http://www.goverment.com/

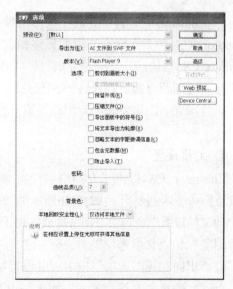

图15-14　"SWF选项"对话框

Illustrator CS4允许用户在图像上嵌入URL。当用户选择网页上的图像时，位于URL上的那一页就会显示出来。使用这项功能，用户可以将多个URL嵌入到图像中，单击图像的不同部分就能与不同的URL相连。

给图像指定URL的步骤如下：

（1）在Illustrator CS4中选择一个或一组需要与URL建立链接的对象。

（2）从菜单栏中选择"窗口→属性"命令，或者按下Ctrl+F11键将会打开如图15-15所示的"属性"面板。

图15-15　"属性"面板

（3）在URL文本域中输入需要链接的URL。

（4）按下"浏览器"按钮就可以将Web浏览器和所输入的URL相连，但Illustrator CS4本身不带浏览器，只有当用户安装了浏览器之后才能使用此按钮。

（5）图像制作完成之后，以GIF格式输出。

## 15.2　打印

当在Illustrator CS4中完成了图形的绘制之后，接下来的工作就是将作品打印出来。由于Illustrator CS4与工业标准的页面描述语言PostScript拥有同一指导思想，所以在商业印刷中，Illustrator CS4在快速、准确地完成打印工作方面是具有很大优势的。但它也有不足之处，即在处理打印的细节方面，往往达不到预期的效果。

在打印之前，需要先进行页面设置、打印设置等各项设置，这样才能按照我们的要求进行打印。

### 1. 文档设置

Illustrator CS4提供了专门用来设置文档页面的选项。要进行页面设置，选择"文件→文档设置"命令，将打开如图15-16所示的"文档设置"对话框。

"文档设置"窗口由三部分构成，用于设置不同的参数，它们分别是"出血和视图选项"、"透明度"和"文字选项"。

在"出血和视图选项"栏中可以设置单位和出血的大小。"单位"选项用来确定度量的单位，有磅、毫米、字符、英寸、厘米等度量单位可供选择，可以根据自己的习惯选择。

在"透明度"栏中可以设置与透明度相关的选项，比如网格大小、网格颜色等。

在"文字选项"栏中可以设置与文字相关的选项，比如语言类型、符号、上标字、下标字以及字母的大小等。

关于"文档设置"对话框中的这些选项，由于本书篇幅有限，不做详细介绍，读者可以根据中文释义进行理解。

### 2. 打印设置

在Illustrator CS4中，支持专业的PostScript打印机，强化"分色印刷"的"补漏白"功能。并支持Adobe Press Ready打印（使用普通的打印机模拟PostScript打印效果）。

在菜单栏中选择"文件→打印"命令，或者按Ctrl+P组合键，即可打开如图15-17所示的"打印"对话框。

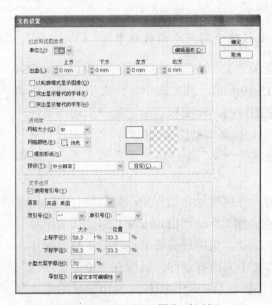

图15-16 "文档设置"对话框

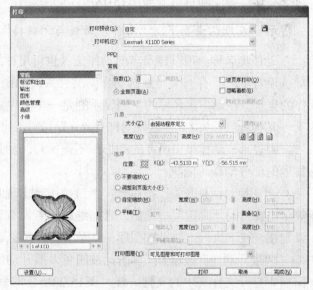

图15-17 "打印"对话框

在"打印"窗口中可以设置纸张的大小和方向、标记和出血、图形和颜色管理。在左上侧的列表栏中单击选择不同的选项，即可显示出相应的选项设置内容。设置完成之后，单击"完成"按钮就可以进行打印了。

## 15.3 任务自动化

### 15.3.1 概述

在Illustrator CS4应用程序中，动作是在使用的过程中记录下来的一系列任务，包括菜单命令、面板选项、工具动作等。当播放动作时，Illustrator CS4会执行所有已记录下的任务。

Illustrator CS4原带一些预录的动作，使用它们可以帮助完成一些常用任务。这些动作以默认动作集的形式安装在"动作"面板中。

在创建新动作时，最好记住下列规则：

虽然不是全部，但多数任务都可以记录下来。不过，可以使用"动作"面板菜单中的命令来插入无法记录的任务。

在记录一项动作时，回放结果取决于当前填色和描边颜色这类变量以及文件和程序的设置。

一套动作会被自动存储在首选项文件中，直到我们需要存储这些动作为止。如果该首选项文件丢失或删除，所有已创建但未存储的动作就都会丢失。要确保将动作存储在一个单独的文件中，以便日后可加载。

因为Illustrator CS4的命令是随记录随执行，所以最好是用文件的副本记录复杂动作，然后在原文件上播放该动作。

### 15.3.2 "动作"面板

在Illustrator CS4中，如果要使用各种批处理功能，需要使用"动作"面板。通过选择"窗口→动作"命令即可打开如图15-18所示的"动作"面板。

**提示** 在默认设置下，"动作"面板与"链接"面板位于同一个面板组中。

动作集名称：用以显示当前动作集（也可用称之为"文件夹"）的名称。在Illustrator CS4默认设置下，只有一个"默认动作"文件夹，如图15-19所示，其实这个文件夹里面是一组动作的集合。在动作集名称的左侧显示的是一个文件夹图标，此图标表示这是一个动作集合。

切换项目开关：当该按钮打有"✔"号时，可以切换某一动作是否执行；若没有打"✔"号，则表示该动作集里所要的动作都不能执行。如果这个"✔"呈红色显示，那么表示该动作集中的部分动作不能执行。

"切换对话框开关"按钮：当该按钮出现时，在执行动作过程中，会暂停在窗口里，等单击窗口的"确定"按钮后，才能继续。若没有显示图标，则Illustrator CS4会按动作集的设定逐一往下执行。如果图标呈红色显示，那么表示动作集中只有部分动作设了暂停操作。

"展开动作"按钮：单击此按钮可以展开动作集中的所有动作，就像在"资源管理器"窗口中打开文件夹中的文件一样。图15-20所示的就是扩展后的动作面板，其中显示的是"默认动作"集中的所有动作，每一个动作中也都有"切换项目开关"、"切换对话框开关"、"展开动作"按钮和该动作的名称，它们的功能与上面介绍的相同，只不过它们作用的对象不同而已。再次单击"展开动作"按钮，则可以展开这个动作中的所有操作步骤，即用户录制的命令。再次单击"展开动作"按钮，则可以显示该操作中的具体参数设置。

图15-18 "动作"面板

图15-19 扩展后的面板

图15-20 展开动作操作步骤

当前活动动作：在动作面板中以显眼的蓝色显示的为当前活动动作，执行时，只会执行活动的动作。用户可以一次设置多个活动动作，按下Shift键单击所要执行的动作即可。Illustrator CS4将会按设定依次进行操作。

"创建新动作集"按钮：单击此按钮可以建立一个新动作集，以便保存新的动作。单击此按钮时，将打开如图15-21所示的"新建动作"对话框，在该对话框中可以为新动作集重命名。

"创建新动作"按钮（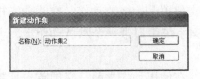）：单击此按钮可以建立一个新动作，新建立的动作会出现在当前选中的动作集中。单击此按钮时，将打开如图15-22所示的"新建动作"对话框，在该对话框中可以指定新建动作的名称、放置新动作的位置为新动作添加的快捷键以及动作按钮的颜色等。

图15-21 "新建动作集"对话框

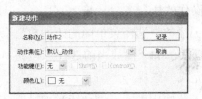

图15-22 "新建动作"对话框

"删除所选动作"按钮（）：单击此按钮可以将当前所选中的动作或者动作集删除。

"执行动作"按钮（▶）：单击此按钮可以执行当前选中的动作。

"录制动作"按钮（●）：用以录制一个新动作，处于录制状态时，该按钮呈红色显示。

"停止/播放记录"按钮（■）：只有当"停止/播放记录（■）"按钮被按下时，该按钮才可以使用，单击它可以停止当前的录制操作。

动作面板菜单：单击动作面板右上角的黑色小三角按钮，可以打开"动作"面板的菜单命令，如图15-23所示，从中可以执行有关动作的功能命令。例如，执行菜单中的"按钮模式"命令，则动作面板中的各个动作将以按钮模式显示，如图15-24所示。此时不显示动作集，而只显示动作的名称。如果为动作设置了颜色，则同时会显示出动作的颜色，以便于区分。如果想恢复为原来的状态，那么再次执行"按钮模式"命令即可。

图15-23 动作面板菜单

图15-24 以按钮模式显示面板

### 15.3.3 "动作"面板菜单

在Illustrator CS4中，动作面板的菜单包括了用以设置动作面板、录制或者播放动作集以及设定所选动作属性的各种命令。

该菜单中命令的作用如下：

· 新建动作：该命令用以创建新的动作，它相当于动作面板底部的"创建新动作"按钮，选择此命令后，将打开"新建动作"对话框，可以指定新建动作的名称、颜色等属性。

· 新建动作集：该命令用以创建新的动作集合，它相当于"动作"面板底部的"创建新动作集"按钮，选择此命令后，将打开"新建动作集"对话框，以在指定的地方插入一个自定义、自命名的动作集。

• 复制：该命令能够为当前选定的动作创建一个动作副本，并放到动作列表中所复制动作的后面。在执行动作时，能够为指定的对象同时应用两次指定的效果。

• 删除：选择菜单中的"删除"命令能够将选定的动作从系统中删除掉。它的功能和动作面板底部的"删除选择"按钮相对应。在动作面板中选中了某一动作，然后执行该命令，此时系统将会打开如图15-25所示的警告框。单击"是"按钮，删除动作；单击"否"按钮，取消删除操作的执行。

• 播放：选择菜单中的"播放"命令，可以从指定位置开始播放动作，它的功能相当于动作面板底部的"播放当前选择"按钮。在Illustrator CS4系统中自带一个默认动作集，可以利用它来完成一些操作。

• 开始记录：一个动作必须录制才能使用，所以，在使用动作之前，必须首先录制动作。

在录制动作之前，建议首先新建一个动作集，以便与Illustrator CS4自带的默认动作集区分。单击动作面板上的"新建动作集"按钮 ▢ ，或者执行动作面板菜单中的"新建动作集"命令，打开"新建动作集"对话框，如图15-26所示，建立一个新的动作集"动作集1"。

图15-25　删除动作的警告对话框

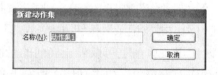

图15-26　"新建动作集"对话框

下面可以开始录制动作了，假设现在要录制将RGB模式转换成CMYK模式的过程，则可按以下方法进行：

（1）在动作面板菜单中单击"创建新动作"按钮（ ▢ ），打开"新建动作"对话框。

（2）设置"新建动作"对话框，如图15-27所示，然后单击"记录"按钮。设置时其各项参数功能如下：

• 名称：用来设置新动作的名称。

• 动作集：其中显示了在动作面板中的所有动作集，打开下拉列表即可选择。如果在打开该对话框时，已经选定要放置的文件夹，那么打开面板后，表框中自动显示我们选择的文件夹。

• 功能键：用于选择执行动作功能时的快捷键。

• 颜色：用于选择动作的颜色。此处设定的颜色，会在"按钮模式"的"动作"面板中显示出来。

（3）在执行上一步操作后，进入录制状态。此时"记录"按钮（ ▣ ）呈按下状态，并以红色显示，如图15-28所示。接着，就可以按平常转换CMYK模式的方法进行操作，完成转换后，Illustrator CS4就将这一过程录制下来了。

图15-27　"新建动作"对话框

图15-28　进入录制状态

（4）录制完毕后，单击"停止录制（■）按钮停止录制，这样一个动作就成功录制完成了。

・再次记录：在进行了第一次录制工作后，如果由于某种原因而选择了"停止播放/记录"按钮停止了记录，要想继续录制，可以选择菜单中的"再次记录"命令。

・插入菜单项：选择菜单中的"插入菜单项"命令，将打开如图15-29所示的"插入菜单项"对话框。该对话框允许在选定的动作名称前插入一个新的动作集，也可以单击该对话框中的"查找"按钮来查找需要的动作子集。

・插入停止：在进行动作系列的播放或者录制工作时，选择播放方式为"让系统自动播放"，则选定的动作依次添加到选定的图形对象上。但在一些特殊的绘图工作中需要添加一些人为的停顿，以便更好地选择录制或者播放的最终效果。这时就需要使用"插入停止"功能。选择动作面板菜单中的"插入停止"命令，将打开如图15-30所示的"记录停止"对话框。在"信息"框中键入停顿时显示的消息，也可以启用"允许继续"复选框，以指定在停顿后允许使用"继续记录"命令来继续进行录制工作。

图15-29　"插入菜单项"对话框

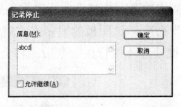

图15-30　"记录停止"对话框

・插入选择路径：选择菜单的这条命令可以将在Illustrator CS4中所创建的自定义路径形状作为一种动作添加到动作列表中去。使用这条命令时，必须先绘制路径，然后使用选择工具选定它。

・选择对象：菜单中的"选择对象"命令能够为添加到动作面板中的某个对象添加一些说明性消息。当执行该命令时，将打开如图15-31所示的"设置选择对象"对话框，在该对话框中可以键入解析性文字。可以启用"全字匹配"复选框以指定只将单词进行匹配，或者启用"区分大小写"复选框来规定必须区分大小写。

・动作集选项：该命令能够对选定的动作统一设置一些相关属性。例如，该动作的名称、所属动作集的名称、使用的颜色、相关的快捷键等。

・回放选项：该命令主要用来设定录制或者播放动作系列时的不同方式。当执行了动作面板菜单中的"回放选项"命令后，将打开如图15-32所示的"回放选项"对话框。该对话框包括了三个设置播放时的不同切换方式的选项。如果启用"加速"单选框时，播放时速度将会增快，这也是系统默认的切换方式。如果启用"逐步"单选框，将转换为根据用户控制而一步一步地播放各种动作。如果启用"暂停"单选框，右边的时间框处于可用状态，它允许以指定的时间值来控制

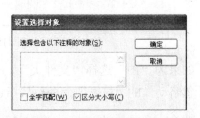

图15-31　"设置选择对象"对话框

图15-32　"回放选项"对话框

切换速度。完成设置后，单击"确定"按钮即可用指定的设置来播放动作系列。

· 清除动作：该命令用于删除在动作面板列表中的所有动作选项。

· 重置动作：在动作面板中，Illustrator CS4自带一个"默认动作"集，在经过一些动作的添加、删除、移动等等有关动作的操作后，动作列表会变得面目全非，这时只要执行"重置动作"命令，动作列表就会重新恢复到系统默认时的状态。

· 载入动作：除了默认的动作集，Illustrator CS4还允许载入其他应用程序所提供的各种动作集。动作集文件的扩展名为.aia。

· 替换动作：该命令能够重置各种动作按钮。

· 存储动作：如果指定了某种新的动作，并为它进行指定命令、指定颜色、分配快捷键等操作以后，就可以将它保存到动作文件夹中以备以后使用。具体方法是，首先选中动作所在的动作集，然后执行动作面板菜单中的"存储动作"命令，将打开"保存"对话框，从中选好保存位置、文件名即可。

· 按钮模式：该命令能够设置动作面板中各种动作的显示方式。在默认设置下，动作面板的动作列表中各动作都会显示动作集属性、图标以及动作名称。要改变它，选择菜单中的"按钮模式"命令，该面板的显示方式就会完全改变。

· 批处理：执行该命令后，将会打开"批处理"对话框，如图15-33所示。

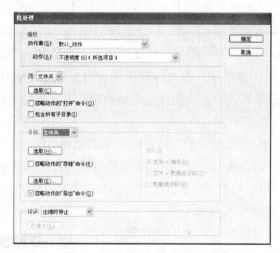

图15-33  "批处理"对话框

如果为"源"选择"文件夹"，可以设置下列选项：

忽略动作的"打开"命令：从指定的文件夹打开文件，忽略记录为原动作部分的所有"打开"命令。

包含所有子目录：处理指定文件夹中的所有文件和文件夹。

如果动作含有某些存储或导出命令，可以设置下列选项：

忽略动作的"存储"命令：将已处理的文件存储在指定的目标文件夹中，而不是存储在动作中记录的位置上。单击"选取"以指定目标文件夹。

忽略动作的导出命令：将已处理的文件导出到指定的目标文件夹，而不是存储在动作中记录的位置上。单击"选取"以指定目标文件夹。

如果为"源"选择"数据组"，可以设置一个在忽略"存储"和"导出"命令时生成文件名的选项：

·文件+编号：方法是取原文档的文件名，去掉扩展名，然后加一个与该数据组对应的三位数字来生成文件名。

·文件+数据组名称：方法是取原文档的文件名，去掉扩展名，然后加下画线加该数据组的名称来生成文件名。

·数据组名称：取数据组的名称生成文件名。

## 15.4　脚本

使用脚本也可执行任务自动化。执行脚本时，计算机会执行一系列操作。这些操作可以只涉及Illustrator CS4，也可以涉及其他应用程序，如文字处理、电子表格和数据库管理程序。Illustrator CS4支持多脚本环境（包括微软的Visual Basic、Visual C、AppleScript和JavaScript）。我们可以使用Illustrator CS4自带的标准脚本，还可自建脚本并将其添加到"脚本"子菜单中。

如果要在Illustrator CS4中运行脚本，那么选择"文件→脚本"命令，然后从子菜单中选择一个脚本命令，如图15-34所示。

比如，在执行"文件→脚本→将文档存储为SVG"命令后，将会打开一个"选取文件夹"对话框，从中可以设置文件夹和名称，如图15-35所示。设置完毕后，单击"确定"按钮即可。

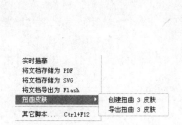

图15-34　脚本命令

图15-35　"选取文件夹"对话框

如果要在系统中安装脚本，需将该脚本复制到计算机的硬盘上。如果把脚本放在Illustrator CS4应用程序文件夹里的Presets\Scripts文件夹中，则该脚本会出现在"文件→脚本"子菜单中。

如果Illustrator CS4运行时编辑脚本，必须存储更改后才能让更改生效。如果在Illustrator CS4运行时将一个脚本放入"脚本"文件，必须重新启动Illustrator CS4才能让该脚本出现在"脚本"菜单中。

# 附录A　常用键盘快捷键

为了提高工作效率，读者最好能够掌握Illustrator CS4中文版中的这些常用快捷键。为了便于读者记忆，我们对这些快捷键进行了分类，把它们分为工具箱中的工具、文件操作、编辑操作、视图操作和文字操作。

## 1. 工具箱中的工具

选择工具　【V】

直接选取工具、组选取工具　【A】

钢笔、添加锚点、删除锚点、改变路径角度　【P】

添加锚点工具　【+】

删除锚点工具　【-】

文字、区域文字、路径文字、竖向文字、竖向区域文字、竖向路径文字　【T】

椭圆、多边形、星形、螺旋形　【L】

增加边数、倒角半径及螺旋圈数（在【L】、【M】状态下绘图）　【↑】

减少边数、倒角半径及螺旋圈数（在【L】、【M】状态下绘图）　【↓】

矩形、圆角矩形工具　【M】

画笔工具　【B】

铅笔、圆滑、抹除工具　【N】

旋转、转动工具　【R】

缩放、拉伸工具　【S】

镜向、倾斜工具　【O】

自由变形工具　【E】

混合、自动勾边工具　【W】

图表工具（七种图表）　【J】

渐变网点工具　【U】

渐变填色工具　【G】

颜色取样器　【I】

油漆桶工具　【K】

剪刀、餐刀工具　【C】

视图平移、页面、尺寸工具　【H】

放大镜工具　【Z】

默认前景色和背景色　【D】

切换填充和描边　【X】

标准屏幕模式、带有菜单栏的全屏模式、全屏模式　【F】

切换为颜色填充　【<】

切换为渐变填充　【>】

切换为无填充　【/】

临时使用抓手工具　【空格】

精确进行镜向、旋转等操作　选择相应的工具后按【回车】

复制物体　在【R】、【O】、【V】等状态下按【Alt】+【拖动】

2. 文件操作

新建图形文件　【Ctrl】+【N】

打开已有的图像　【Ctrl】+【O】

关闭当前图像　【Ctrl】+【W】

保存当前图像　【Ctrl】+【S】

另存为...　【Ctrl】+【Shift】+【S】

存储副本　【Ctrl】+【Alt】+【S】

页面设置　【Ctrl】+【Shift】+【P】

文档设置　【Ctrl】+【Alt】+【P】

打印　【Ctrl】+【P】

打开"预置"对话框　【Ctrl】+【K】

回复到上次存盘之前的状态　【F12】

3. 编辑操作

还原前面的操作(步数可在预置中)　【Ctrl】+【Z】

重复操作　【Ctrl】+【Shift】+【Z】

将选取的内容剪切放到剪贴板　【Ctrl】+【X】或【F2】

将选取的内容拷贝放到剪贴板　【Ctrl】+【C】

将剪贴板的内容粘到当前图形中　【Ctrl】+【V】或【F4】

将剪贴板的内容粘到最前面　【Ctrl】+【F】

将剪贴板的内容粘到最后面　【Ctrl】+【B】

删除所选对象　【Delete】

选取全部对象　【Ctrl】+【A】

取消选择　【Ctrl】+【Shift】+【A】

再次转换　【Ctrl】+【D】

发送到最前面　【Ctrl】+【Shift】+【]】

向前发送　【Ctrl】+【]】

发送到最后面　【Ctrl】+【Shift】+【[】

向后发送　【Ctrl】+【[】

群组所选物体　【Ctrl】+【G】

取消所选物体的群组　【Ctrl】+【Shift】+【G】

锁定所选的物体　【Ctrl】+【2】

锁定没有选择的物体　【Ctrl】+【Alt】+【Shift】+【2】

全部解除锁定　【Ctrl】+【Alt】+【2】

隐藏所选物体　【Ctrl】+【3】

隐藏没有选择的物体　【Ctrl】+【Alt】+【Shift】+【3】

　显示所有已隐藏的物体　【Ctrl】+【Alt】+【3】

　连接断开的路径　【Ctrl】+【J】

　对齐路径点　【Ctrl】+【Alt】+【J】

　调合两个物体　【Ctrl】+【Alt】+【B】

　取消调合　【Ctrl】+【Alt】+【Shift】+【B】

　调合选项　选【W】后按【回车】

　新建一个图像遮罩　【Ctrl】+【7】

　取消图像遮罩　【Ctrl】+【Alt】+【7】

　联合路径　【Ctrl】+【8】

　取消联合　【Ctrl】+【Alt】+【8】

　图表类型　选【J】后按【回车】

　再次应用最后一次使用的滤镜　【Ctrl】+【E】

　应用最后使用的滤镜并调节参数　【Ctrl】+【Alt】+【E】

4. 视图操作

　将图像显示为边框模式（切换）　【Ctrl】+【Y】

　对所选对象生成预览（在边框模式中）【Ctrl】+【Shift】+【Y】

　放大视图　【Ctrl】+【+】

　缩小视图　【Ctrl】+【-】

　放大到页面大小　【Ctrl】+【0】

　实际像素显示　【Ctrl】+【1】

　显示/隐藏路径的控制点　【Ctrl】+【H】

　隐藏模板　【Ctrl】+【Shift】+【W】

　显示/隐藏标尺　【Ctrl】+【R】

　显示/隐藏参考线　【Ctrl】+【;】

　锁定/解锁参考线　【Ctrl】+【Alt】+【;】

　将所选对象变成参考线　【Ctrl】+【5】

　将变成参考线的物体还原　【Ctrl】+【Alt】+【5】

　贴紧参考线　【Ctrl】+【Shift】+【;】

　显示/隐藏网格　【Ctrl】+【"】

　贴紧网格　【Ctrl】+【Shift】+【"】

　捕捉到点　【Ctrl】+【Alt】+【"】

　应用敏捷参照　【Ctrl】+【U】

　显示/隐藏"字体"面板　【Ctrl】+【T】

　显示/隐藏"段落"面板　【Ctrl】+【M】

　显示/隐藏"制表"面板　【Ctrl】+【Shift】+【T】

　显示/隐藏"画笔"面板　【F5】

　显示/隐藏"颜色"面板　【F6】/【Ctrl】+【I】

　显示/隐藏"图层"面板　【F7】

　显示/隐藏"信息"面板　【F8】

显示/隐藏"渐变"面板　【F9】

显示/隐藏"描边"面板　【F10】

显示/隐藏"属性"面板　【F11】

显示/隐藏所有命令面板　【Tab】

显示或隐藏工具箱以外的所有调板　【Shift】+【Tab】

选择最后一次使用过的面板　【Ctrl】+【~】

## 5. 文字处理

文字左对齐或顶对齐　【Ctrl】+【Shift】+【L】

文字中对齐　【Ctrl】+【Shift】+【C】

文字右对齐或底对齐　【Ctrl】+【Shift】+【R】

文字分散对齐　【Ctrl】+【Shift】+【J】

插入一个软回车　【Shift】+【回车】

精确输入字距调整值　【Ctrl】+【Alt】+【K】

将字距设置为0　【Ctrl】+【Shift】+【Q】

将字体宽高比还原为1比1　【Ctrl】+【Shift】+【X】

左/右选择1个字符　【Shift】+【←】/【→】

下/上选择1行　【Shift】+【↑】/【↓】

选择所有字符　【Ctrl】+【A】

选择从插入点到鼠标点按点的字符　【Shift】加点按

左/右移动1个字符　【←】/【→】

下/上移动1行　【↑】/【↓】

左/右移动1个字　【Ctrl】+【←】/【→】

将所选文本的文字大小减小2点像素　【Ctrl】+【Shift】+【<】

将所选文本的文字大小增大2点像素　【Ctrl】+【Shift】+【>】

将所选文本的文字大小减小10点像素　【Ctrl】+【Alt】+【Shift】+【<】

将所选文本的文字大小增大10点像素　【Ctrl】+【Alt】+【Shift】+【>】

将行距减小2点像素　【Alt】+【↓】

将行距增大2点像素　【Alt】+【↑】

将基线位移减小2点像素　【Shift】+【Alt】+【↓】

将基线位移增加2点像素　【Shift】+【Alt】+【↑】

将字距微调或字距调整减小20/1000 em　【Alt】+【←】

将字距微调或字距调整增加20/1000 em　【Alt】+【→】

将字距微调或字距调整减小100/1000 em　【Ctrl】+【Alt】+【←】

将字距微调或字距调整增加100/1000 em　【Ctrl】+【Alt】+【→】

光标移到最前面　【Home】

光标移到最后面　【End】

选择到最前面　【Shift】+【Home】

选择到最后面　【Shift】+【End】

将文字转换成路径　【Ctrl】+【Shift】+【O】

# 反侵权盗版声明

电子工业出版社依法对本作品享有专有出版权。任何未经权利人书面许可，复制、销售或通过信息网络传播本作品的行为；歪曲、篡改、剽窃本作品的行为，均违反《中华人民共和国著作权法》，其行为人应承担相应的民事责任和行政责任，构成犯罪的，将被依法追究刑事责任。

为了维护市场秩序，保护权利人的合法权益，我社将依法查处和打击侵权盗版的单位和个人。欢迎社会各界人士积极举报侵权盗版行为，本社将奖励举报有功人员，并保证举报人的信息不被泄露。

举报电话：（010）88254396；（010）88258888

传　　真：（010）88254397

E-mail：dbqq@phei.com.cn

通信地址：北京市万寿路173信箱
　　　　　电子工业出版社总编办公室

邮　　编：100036

# 欢迎与我们联系

为了方便与我们联系，我们已开通了网站（www.medias.com.cn）。您可以在本网站上了解我们的新书介绍，并可通过读者留言簿直接与我们沟通，欢迎您向我们提出您的想法和建议。也可以通过电话与我们联系：

电话号码：（010）68252397。

邮件地址：webmaster@medias.com.cn